先秦汉魏科技思想与美学理论研究

刘敏 著

商务印书馆
The Commercial Press

商务印书馆（成都）有限责任公司出品

目录

第一章　先秦美学的科学基础

春秋战国是中国美学的发生期，中国美学的发生是人与自然关系发展到新的历史阶段的产物，这一时期的美的命题如以和为美、美善相因、立象尽意等，是在中华文明童年期赋予自然的最初理性，也是在观察自然、认识自然、改造自然活动中人的直观自身，是理性思维发展和主体力量加强带来的人的发现与解放。

春秋战国时期，人们逐渐摆脱原始巫术的混乱蒙昧，也与由超越的至上神"天"来统治世界的宗教思维渐行渐远。据《左传·昭公十七年》记，冬天出现彗星，郑裨灶预言"宋卫陈郑将同日火"，请求子产给他玉器禳祭，子产不给。第二年，四国果然发生火灾，裨灶又要求禳祭，子产仍不给，并且说："天道远，人道迩，非所及也。何以知之，灶焉知天道！"认为神秘的天命非人力所能逮，真实的自然和人的活动才是可以把握的。又据《国语·鲁语》，海鸟停在鲁国东门外三天，臧文仲让国人去祭祀，展禽不同意，说："今兹海其有灾乎？夫广川之鸟兽，恒知避其灾也。"用普遍的自然法则（鸟兽知避灾）推知自然现象，把天象与人事分开，从其自身现象寻找各自的规律，是自然观的一个重大进步，也是人的理性力量的重大提高。这一时期，由"怨天""怒天""问天"的怀疑天命到专注于真实世界的求真致善，从天命神学统治下初步解放出来的人们积极建构初期的宇宙图式。铁器时代的到来使得农业迅猛发展，农业的发展又推动了地理学、植物学和气象学的发展，人们对土壤、物候、地貌的分类认识更加精细，对运动、光和力量的辨析导致了对无限的领悟，物质生产的发达又丰富了数的概念。总之，这不仅是一个思想上自由争鸣、百花齐放的时代，也是一个生产力与科学技术迅猛发展的时代。准确地讲，生产力与科学技术的进步在提高物质生活水平的同时引发了社会制度的变革，奴隶贵族制度的没落与诸侯争雄局面导致了"士"阶层的产生与百家争鸣、百花齐放的学术自由。思想繁荣与科技发展是相互促进、互为因果的。事实上，这一时期的诸子百家为了论述其治世主张和政治理想的需要，为了帮助自己的君主增强国力，大都不同程度地关心科学技术的发展，对与现实生活相关的科学理论与实践保有极大的兴趣，一些学派甚至亲自从事科学发明与技术创造实践，如墨家、农家。"在当时这一场百家争鸣、百花齐放的学术争论中，除了政治、哲学、伦理、军事思想等内容外，科学思想的内容也占了很大的比重。"①

---

① 袁运开、周瀚光：《中国科学思想史》，安徽科技出版社1991年版，第208页。

物质生活水平的提高，人的实践活动范围的扩大，让人的审美体验更加丰满；理性力量的提高，也使得美的思考更加清晰。原始陶器纹样和青铜铭文中朦胧隐含的审美意识，到春秋战国时期发展为明确的审美观念和美学命题，如美是和谐、美善相因、里仁为美、大美不言等。这一系列命题和判断是在物质生产与科学技术的长足进步的基础上产生的，检讨春秋战国时期美学理论与科技思想的关系，可以深层次地察始原终，呈现美与世界的复杂关联，还原美学理论丰盈的生活意味。

第一节 以和为美：自然最初获得的理性

李约瑟博士认为，西方古人把自然法则或自然规律看作上帝赋予宇宙万物的，是外在的；中国古人则把自然规律看作事物自身所固有的，是内在的。① 中国文化从一开始就把思考与探索指向对自然规律的寻找。《诗经》就有"悠悠苍天，曷其有常"② 的追问，又说"天生烝民，有物有则"③，认为人与物都是遵循一定的法则的。《尚书》记载周王言："天有显道，厥类惟彰。"④《左传·昭公二十一年》记州鸠言："小者不窕，大者不摦，则和于物，物和则嘉成。"到战国时，"天行有常，不为尧存，不为桀亡。应之以治则吉，应之以乱则凶"⑤，"道者，万物之所然也，万理之所稽也。理者，成物之文也，道者，万物之所以成也"⑥，已经是一般性的认识了。中国古人用各种术语来表达他们对自然规律的认识，常、和、道、则、理等概念的提出，表明此时人们眼中的自然已经不是一片无序的混沌，自然变化发展的规律、

---

① 参见李约瑟：《中国科学技术史》第二卷，科学技术出版社1991年版，第596页。

② 《毛诗正义·唐风·鸨羽》，阮元校刻：《十三经注疏》，中华书局1960年影印版，第365页。

③ 《诗经·大雅·烝民》，阮元校刻：《十三经注疏》，中华书局1960年影印版，第568页。

④ 《尚书正义·泰誓》，阮元校刻：《十三经注疏》，中华书局1960年影印版，第182页。

⑤ 王先谦撰，沈啸寰、王星贤点校：《荀子集解·天论》，中华书局1988年版，第306—307页。

⑥ 王先慎撰，钟哲点校：《韩非子集解·解老》，中华书局2013年版，第146页。

自然之间的关系、人进入自然的方式等逐渐为人所认识，自然获得了最初的理性。

在常、和、道、则、理等一系列指代自然规则的概念中，和与经验世界有更为直接的联系：男女结合、时序更迭、物质分类、阴阳交替等现象，都存在着和谐的特征，显示着和谐的重要性；生命的化育、物质生产的开展、技术的进步等，都离不开和的体验与对和谐的追求。和的观察与体验，更多地与感性生活的开展相伴随，更多地浸染着人的情感体验。如果说常、道、则、理显示出早期中华文明的理性探索，和则彰显出理性对感性的整顿与提升，而以和为美的观念就是这种整顿与提升的集中体现。李泽厚先生也说："中国古代思想家最初是从对自然现象的观察上认识到'和'的。因为自然现象的规律经常在广大的范围内重复着，它同人的合目的性活动有着密切的关系，并在人的经常不断反复进行的物质生活活动中为人们所感知。"[①] "和"是在分类辨别时令、季节、土壤、天象的基础上对其关系的认识，是对有利于人类生存的自然环境的寻找，将"和"推广到社会人事，就成了美的表述。

一、辨别：和的最初来源

"和"的观念源于辨别思想的发展。辨别归类是人类认识世界的开始，混沌一团的世界没有认识。在夏商时代，古人已经认识了很多事物：据杨升南《商代经济史》记载，商人已经将农作物分为禾、秫、黍、麦、菽、秕数种；温少峰、袁庭栋《殷墟卜辞研究·科学技

---

① 李泽厚、刘纲纪：《中国美学史》，安徽文艺出版社1999年版，第93页。

术篇》认为甲骨文中已经出现了马、牛、羊、鸡、犬、豕六畜的名称。周人有了自觉的辨别思想，并且将辨别与归类普遍推广。《周礼》所载的职官几乎都有辨别的责任：小司徒"辨其贵贱、老幼、废疾"；大司徒"辨其山林、川泽、丘陵、坟衍、原隰之名物"，"以土会之法，辨五地之物生"，"以土宜之法，辨十有二土之名物"；庖人"掌共六畜、六兽、六禽，辨其名物"；冯相氏"掌十有二岁，十有二月，十有二辰，十日，二十有八星之位。辨其叙事，以会天位"；典同"掌六律六同之和，以辨天地四方阴阳之声，以为乐器"。辨别的思想广泛运用于政治、时间、天文、动物、植物和地理等一切领域，人们的思维逐渐摆脱了蒙昧与混沌，在对事物的细致清晰辨别分类中开始构建世界的框架。

追求"和"是辨别的自然延续，在事物个别的样貌、特性和规律为人所认识后，其相互之间的关系及互动模式就顺理成章地成为探讨的焦点。早在春秋初年我国人民就能用圭表测日影的方法确定春分、夏至、秋分、冬至四大节气："乃命羲和，钦若昊天，历象日月星辰，敬授民时。分命羲仲，宅嵎夷，曰旸谷。寅宾出日，平秩东作。日中，星鸟，以殷仲春。厥民析，鸟兽孳尾。命羲叔，宅南交。平秩南讹，敬致。日永，星火，以正仲夏。厥民因，鸟兽希革。分命和仲，宅西，曰昧谷。寅饯纳日，平秩西成。宵中，星虚，以殷仲秋。厥民夷，鸟兽毛毨。申命和叔，宅朔方，曰幽都。平在朔易。日短，星昴，以正仲冬。厥民隩，鸟兽氄毛。"①《尚书》所载的"日中""日永""宵中""日短"就是春分、夏至、秋分和冬至。到汉代就已经详细地区

① 阮元校刻：《十三经注疏》，中华书局1960年影印版，第119—120页。

分了二十四节气，节气概念的建立提出了人的活动与季节运行和谐的要求，《周礼》记载了当时对人的活动的时令限制的系统规定："兽人掌罟田兽，辨其名物。冬献狼，夏献麋，春秋献兽物，时田，则守罟。及弊田，令禽注于虞中。"[1] "鳖人掌取互物，以时籍鱼鳖龟蜃凡貍物。春献鳖蜃，秋献龟鱼。"[2] 当时，把握在合适的节气从事合适的活动是职官的重要职守，以时取物，人的活动必须合乎时令的要求，甚至被抬到了最高的地位。《礼记·祭义》载："曾子曰：'树木以时伐焉，禽兽以时杀焉。'夫子曰：'断一树，杀一兽，不以其时，非孝也。'"后来被抽象为普遍的行为规范的"礼"，最早其实是指对天地自然规则的深刻认识与自如运用："天地以合，日月以明，四时以序，星辰以行，江河以流，万物以昌，好恶以节，喜怒以当。以为下则顺，以为上则明，万物变而不乱，贰之则丧也。礼岂不至矣哉！"[3]

　　除了人的行为与自然的节奏和谐一致，春秋战国时期在人的活动与地理环境相谐和方面也成果丰富。当时有一种叫土宜的学问，专门研究什么土壤适宜生长什么植物，据《周礼》记载，掌管这一事务的官员是大司徒："以土宜之法，辨十有二土之名物，以相民宅而知其利害，以阜人民，以蕃鸟兽，以毓草木，以任土事。"[4] 《尚书·禹贡》对于土壤的颜色、性状和分布有较详细的分类；《管子》将土壤分为三类十八种，论述了坡地的高度、土壤的性质决定着植物的种类，植物的分布与地势相关，形成了对土地与植物生长关系的系统认识。《吕

①　阮元校刻：《十三经注疏》，中华书局1960年影印版，第663页。
②　阮元校刻：《十三经注疏》，中华书局1960年影印版，第664页。
③　王先谦撰，沈啸寰、王星贤点校：《荀子集解·礼论》，中华书局1988年版，第355页。
④　阮元校刻：《十三经注疏》，中华书局1960年影印版，第703页。

氏春秋》的"任地""辨土""审时"，具体分析如何根据土地的坚软、松密和肥力不同而合理地进行耕地、整地、播种和保墒定苗等活动，并且强调农业活动要与天时相配合："得时之稼兴，失时之稼约。""凡农之道，候之为宝。"

及至五行学说的出现，朴素的辨别认识发展成一套抽象的思想体系，人的行为与天时相合、与土地为宜的和谐追求上升为一种普遍的原则。五行最早是对自然物质基本形态的分类认识。《尚书·洪范》载："五行：一曰水，二曰火，三曰木，四曰金，五曰土。水曰润下，火曰炎上，木曰曲直，金曰从革，土爰稼穑。润下作咸，炎上作苦，曲直作酸，从革作辛，稼穑作甘。"孔颖达疏曰："《书传》曰：'水火者百姓之所饮食也，金木者百姓之所兴作也，土者万物之所资生也。是为人用。'五行即五材也，《左传》云'天生五材，民并用之'，言五者各有材干也。谓之'行'者，若在天则五气流行，在地世所行用也。"五行即五种物质元素，但五行说并不是要对这种五种元素进行探究，而是要以此为基础建立世界秩序的框架。《尚书·洪范》把五行与五味相配——"润下作咸，炎上作苦，曲直作酸，从革作辛，稼穑作甘"，在水与咸、火与苦、木与酸、金与辛、土与甘之间建立起对应关系。后来这种伍偶配合进一步扩大，五行系统囊括了四时、五方、五音、五味，《管子·四时》曰："东方曰星，其时曰春，其气曰风，风生木与骨。""南方曰日，其时曰夏，其气曰阳，阳生火与气。""中央曰土，土德实辅四时。""西方曰辰，其时曰秋，其气曰阴，阴生金与甲。""北方曰月，其时曰冬，其气曰寒，寒生水与血。"明确地以五行配五方、四时。到《吕氏春秋》"十二纪"中，已经形成了一个囊括季节、方位、色彩、味道、虫兽、人事的完备系统，《孟春纪》

记："孟春之月，日在营室，昏参中，旦尾中。其日甲乙，其帝太皞，
其神句芒，其虫鳞，其音角，律中太蔟，其数八，其味酸，其臭膻，
其祀户，祭先脾。东风解冻，蛰虫始振，鱼上冰，獭祭鱼，候雁北。
天子居青阳左个，乘鸾辂，驾苍龙，载青旗，衣青衣，服青玉，食麦
与羊，其器疏以达。是月也，以立春。先立春三日，太史谒之天子曰：
'某日立春，盛德在木。'"

二、和：自然最初的理性

　　以五行为统帅解释自然、人事甚至历史进程，当然会漏洞百出，
五行说在当时就遭到了诘难，孙子、墨子都起来批驳过，但是并未动
摇它的地位，到董仲舒建立天人相与的一体化世界时，五行更是其重
要的骨骼，事实上在整个中国古代的思想中，五行观念一直是基础性
的思维模式。五行说在中国思想史上的意义并不在于它的科学认识价
值，它的魅力在于体现了人们对世界的抽象与概括："人们建立五行相
胜说的本义，并不在认真研究自然物的实际关系，而是急于求成地把
世界上的一切因素都包罗在五行框架之内，就像他们急于把整个国家
的臣民都纳入自己的统治体系一样。""五行已由质朴的五材，成为一
种抽象的思想体系，一种新的世界模式说。其中的金木水火，已不是
实际的金木水火，而是它们象征的事物。"① 也就是说，五行中的金木
水火土五种元素，已经脱离了具体的物质实体，而成为人们解释世界
的抽象性符号，或者说，以五行配五方、五色、五味、五脏等形成的
结构关系，成为人以自己的观察思考为基础加上想象演绎后赋予自然

---

　　① 席泽宗：《中国科学思想史》，科学出版社 2009 年版，第 173 页。

的理性；这理性并不是自然原本固有的，它起源于人们对客观事物的感性经验，又超越了事物的物质性，是人们自以为他们发现的世界发展变化、运动生产的真理。比如"五"这个数字，可以说是这一时期的人所发现的团体群属关系的特征，他们用五来概括带有类特征的集合体，如五行、五方、五色、五味、五脏。迷恋与崇拜数字是童年期文明的特征：古希腊哲学家在探索世界的构成时也提出了水、火、气、土四大元素，认为任何事物都是由这四大元素构成的，世界的运动变化就这四大元素的升降与相互转化；古印度哲人也将世界构成的基本成分设想为地、水、火、风四大元素。无论是五或者四，与客观物质的实际情况都不尽吻合，但从纷繁的事物中抽取了五或四的概念后，人们会以为自己找到了个别事物的一般性，从而使杂多的事物具有了秩序。用抽象化的数字，可在具体的感性世界之上建构起理性："为了从黑暗过渡到光明，数学是一种理想的方法。一方面，数学属于感觉世界，数学知识与地球上的实体有关，它毕竟是物质性质的一种表示，另一方面，仅仅从理念论的角度去考虑，或仅仅作为一种智力活动，数学的确与它描绘的物质实体相区别。而且，在进行论证时，物质的含意必须剔除。因此，数学思维就为心灵做好了思考更高级思维形式的准备。通过使心灵抛弃可感知和易逝事物的思考，而转向对永恒事物的沉思，这样数学就净化了心灵。"①

同样地，"和"也不仅仅是自然事物之间的和谐、人的活动与天时之间的相宜或者合理地利用地势这些具体的关系，而是用来描述事物生成发展规律、世界运动变化轨迹的抽象概念。在这一时期著名的

① M·克莱茵：《西方文化中的数学》，复旦大学出版社2004年版，第32页。

单穆公与州鸠论"和"的言论中，可以清楚地看到"和"的这种抽象特征。当周景王准备铸造无射钟时，单穆公反对：

> 夫耳目，心之枢机也，故必听和而视正。听和则聪，视正则明。聪则言听，明则德昭，听言昭德，则能思虑纯固。以言德于民，民歆而德之，则归心焉。上得民心，以殖义方，是以作无不济，求无不获，然则能乐。夫耳内和声，而口出美言，以为宪令，而布诸民，正之以度量，民以心力，从之不倦。成事不贰，乐之至也。口内味而耳内声，声味生气。气在口为言，在目为明。言以信名，明以时动。名以成政，动以殖生。政成生殖，乐之至也。若视听不和，而有震眩，则味入不精，不精则气佚，气佚则不和。于是乎有狂悖之言，有眩惑之明，有转易之名，有过慝之度。出令不信，刑政放纷，动不顺时，民无据依，不知所力，各有离心。上失其民，作则不济，求则不获，其何以能乐？①

单穆公是从声音的角度来讲"和"的，他并没有直接说什么是和谐的声音，而是说和谐的声音可以让人获得智慧、心明眼亮，甚至德行广茂、天下昌盛。这就是说，"和"不是一个具体的特征或事物，是一切聪明、圆满的正能量的总括。在这场关于"无射"的讨论中，州鸠的话或更能代表当时对"和"的一般认识：

---

① 左丘明著，上海师范大学古籍整理组校点：《国语·周语下》，上海古籍出版社 1978 年版，第 125 页。

　　夫政象乐，乐从和，和从平。声以和乐，律以平声。金石以动之，丝竹以行之，诗以道之，歌以咏之，匏以宣之，瓦以赞之，革木以节之，物得其常曰乐极，极之所集曰声，声应相保曰和，细大不逾曰平。如是，而铸之金，磨之石，系之丝木，越之匏竹，节之鼓而行之，以遂八风。于是乎气无滞阴，亦无散阳，阴阳序次，风雨时至，嘉生繁祉，人民和利，物备而乐成，上下不罢，故曰乐正。今细过其主妨于正，用物过度妨于财，正害财匮妨于乐，细抑大陵，不容于耳，非和也。听声越远，非平也。妨正匮财，声不和平，非宗官之所司也。夫有和平之声，则有蕃殖之财。于是乎道之以中德，咏之以中音，德音不愆，以合神人，神是以宁，民是以听。①

　　州鸠详细阐发了声音的品质与政象之间的对应关系：阴阳合调、五行相序，依照其规律自然生长的万事万物就是乐的最高形态。乐表现为声音，则各种声音的谐调融洽叫作"和"，大小高低适度叫作"平"，而以各种乐器演奏出这种"平和"之声，就能有"气无滞阴，亦无散阳，阴阳序次，风雨时至，嘉生繁祉，人民和利"的盛大气象了。很明显，"这里所说的'乐'之'和'，已经从'乐'的各种声音之'和'扩大到整个宇宙之'和'了"，"最高的'和'在于整个宇宙的合乎规律的发展。"② 可以说，"和"是这一时期人们所发现的事物之真，是人们对自然规律的另一种表述，正如《中庸》所说：

————————

①　左丘明著，上海师范大学古籍整理组校点：《国语·周语下》，上海古籍出版社 1978 年版，第 128 页。

②　李泽厚、刘纲纪：《中国美学史》，安徽文艺出版社 1999 年版，第 85—86 页。

"喜怒哀乐之未发谓之中，发而皆中节谓之和。中也者，天下之大本也；和也者，天下之达道也。"

三、从物质之和到美的发现

"和"为世界发展变化的规律，是自然界的秩序，也是人与自然相处的最重要法则，"和"是自然最初获得的理性，也就顺理成章地与美的发现、美的认识关联了起来。按照实践论美学的观点，大自然本无美丑，人类的科学技术、认识发现等实践活动使自然界发生了巨大的变化。马克思在《1844 年经济学哲学手稿》中说："人类的劳动不仅引起了自然物种形态的变化，同时通过自然物来实现自己的目的。"为了更好地认识和改造自然，人要寻找自然界的规律，人所发现的规律又反过来影响人自身的行为，塑造着人自身。发现与创造一个新世界的过程也是人直观自身的过程，也就是说，人不仅创造了新的世界，也获得了新的自我实现、自我确证。这也是美的起源，用马克思的话来说就是，人会按照美的规律来生产。在人们对美认识的初期，美的规律与真的规律是紧紧相联系的，史伯和晏婴关于美是"和"的表述就是从真的角度来认识美的：

　　夫和实生物，同则不继。以他平他谓之和，故能丰长而物生之。若以同裨同，尽乃弃矣。故先王以土与金、木、水、火杂，以成百物。是以和五味以调口，刚四支以卫体，和六律以聪耳，正七体以役心，平八索以成人，建九纪以立纯德，合十数以训百体。出千品，具万方，计亿事，材兆物，收经入，行姟极。故王者居九畡之田，收经入以食兆民，周训而能用之，和乐如一。夫

如是，和之至也。于是乎先王聘后于异姓，求财于有方，择臣取
谏工而讲以多物，务和同也。声一无听，物一无文，味一无果，
物一不讲。①

在史伯看来，动听的声音、美妙的味道、华美的事物都是各种不
同的事物综合兼杂的结果，即"以他平他"。只有各种不同事物协调
配合，如五味、四肢、六律、七体等，才会有整个世界丰富的生长和
发展；如果只取一种事物"以同稗同"，则最终会导致世界的停滞断
裂。在这里，"和"既是真的规律也是美的规律。晏婴则进一步看到
了"和"所体现的对立统一的辩证关系。他认为："和如羹焉，水、
火、醯、醢、盐、梅，以烹鱼肉，燀执以薪，宰夫和之，齐之以味，
济其不及，以泄其过。君子食之，以平其心。"又说："声亦如味，一
气、二体、三类、四物、五声、六律、七音、八风、九歌，以相成也；
清浊、小大、短长、疾徐、哀乐、刚柔、迟速、高下、出入、周疏，
以相济也。君子听之，以平其心。心平德和。"晏婴看到"和"的声
音能使人"心平"，从而"德和"——从物质之和过渡到人的情感之
和并进而达到整个社会人事之和，虽然不是直接讨论美，但其思路却
与后世的美学理论相契合。

康德认为，审美判断在现实功利的层面上是无目的的，它超越了
事物的因果逻辑、物质利益、功名政治，但在本质上又是合目的的，
具有合规律性，是合目的与合规律的统一。这里的目的是指有利于人
的本质展开，符合人类不断超越、追求光明、向上攀登的最终目的；

---

① 《国语·郑语》，上海古籍出版社1978年版，第515—516页。

规律则是人类社会向前发展、文明不断进步的理性法则。春秋战国时期对"和"的重视甚至赞美，实际上就是对他们所发现的自然的理性法则的推崇——"和"会带来世界的秩序，"和"会保证物质的丰富多彩，"和"会产生高尚的品德，"和"自然也会给人以美的愉悦；"和"不仅合规律，也合目的。在中国古代，乐常常被抬到很高的位置，原因在于它是"和"的典型表达："礼交动乎上，乐交应乎下，和之至也。礼也者，反其所自生；乐也者，乐其所自成。是故先王之制礼也以节事，修乐以道志。"礼与乐在本质上与"和"是相通的，礼是"和"的自然理性向人事领域的演绎，乐是"和"的符号化表现；人们重视制礼作乐，便能保证自然的有序更迭、国家的繁荣昌盛。这样，源自于对自然法则的最初认识的"和"便具有了本体论的意义："大乐与天地同和，大礼与天地同节。和，故百物不失。节，故祀天祭地。明则有礼乐，幽则有鬼神，如此，则四海之内，合敬同爱矣。"①

第二节　象：从宇宙图式到"理想形式"

"象"不仅是中国美学中的一个概念，而且是体现中国美学基本思维方式、决定中国美学基本面貌的重要概念，甚至是中国文化最基

---

① 《礼记正义·乐记》，阮元校刻：《十三经注疏》，中华书局1960年影印版，第1530页。

本的思维方式和文化基因。① "象"的概念和"象思维"，是在长期观察自然、认识自然的过程中，随着人们认识能力的提高和理性思维的增强而出现的。最早的"象"为人们在观察星空、认识宇宙中获得的物质之象，主要指天象；在与抽象概括的理性思维相结合后，成为与物质世界相联系又超越物质的象征性符号系统，进而发展为与人的内心世界深层次关联的意象。考察"象"概念的产生及进入审美领域的历程，可以细致地还原早期中国美学的概念及审美意识与物质世界、生活日用的契合与渗透。

一、观象授时：作为天象的"象"

"象"概念源于天文观察，指天文学中的天象，是天体观察、天文学知识发展的产物。在农业社会中，人类的活动受天气影响很大，而农牧业是在大自然中的开放性生产，牲畜的生长和收成的多寡都取决于天气，观察星空掌握日月星辰运行的奥秘，是关系到生产生活的头等大事。中国原始宗教就有"天人感应"的认识，以为天与人事之

----

① 王树人认为中国文化的思维是"象思维"："中国的特殊性在于语言文字和逻辑产生之后，由于其语言文字在符号化中仍然保留象形性根基，以及在中国经典《周易》中，把中国成熟的思维方式显示为'观物取象'和'象以尽意'，这就使得中国易、道、儒、禅经典都主要是象思维的产物。"（参见王树人：《中国哲学与文化之根："象"及"象思维"引论》，《河北学刊》2007年第5期，第21页。）顾晓鸣说："我国传统学术中的'象'的概念以及以'象'为中心的各种学说，是中国传统的'抽象概括方式'的集中体现。《易经》所提出的'象'，是以后包括玄学、理学在内的各思想流派的理论基点之一，在漫长的历史发展过程中，'象'与'阴阳'、'五行'相互渗透，它们本身具有本质上的相似性，以后又由历代学者作了理论上的调和与契合，这种广义上的'象数之学'沟通儒、道诸家，成为传统中国文化的一种共同思想方式。以"象"为核心的思想方式和工作方式，广泛而又深刻地影响了中国文化的各个领域和各个层面，其表现虽各不相同，但几乎都可以找到共同的'基因'。"（参见顾晓鸣：《"象"：中国文化的一种"基因"》，《复旦学报》1986年第3期，第27页。）

间存在着某种关系，日月星辰的变化是人事变化的某种预兆和警示。因此中国人特别重视对天体、天象的观察：对统治阶级而言，天文历法是掌握天下的政治手段，中国古代的每一个朝代都设官职专司天文历法；对普通老百姓而言，观察星空掌握天气物候的变化情况是日常生活中的普遍行为内容，人们以此窥知祸福吉凶，确定自己的生产生活行动。顾炎武《日知录》卷三十说："三代以上，人人皆知天文。'七月流火'，农夫之辞也；'三星在户'，妇人之语也；'月离于毕'，戍卒之作也；'龙尾伏辰'，儿童之谣也。""七月流火"出自《诗经·豳风》，描述的是在农历七月天气转凉的时节，天刚擦黑的时候，大火星从西方落下去的景象；据《左传·僖公五年》记载，"龙尾伏辰"出自讲述尾宿被水星的光芒遮住景象的童谣，而"三星在户""月离于毕"都是《诗经》中的诗句。可见当时观察星空、天体是普遍的行为，天文学知识非常普及。这是"象"概念产生的背景。

春秋战国的文献使用"象"字，主要是指天象。《国语·周语上》曰："夫天事恒象，任重享大者必速及。"《国语·晋语四》曰："天事必象，十有二年，必获此土。"《左传·昭公十七年》曰："天事恒象，今除于火，火出必布焉，诸侯其有火灾乎！"《易·系辞上》曰："天垂象，见吉凶"，"在天成象，在地成形"。人们通过对天体的分布、运行轨迹的观察，来推知他们认为影响生产与生活的天意。《尚书·尧典》记载：

乃命羲和，钦若昊天，历象日月星辰，敬授民时。分命羲仲，宅嵎夷，曰旸谷。寅宾出日，平秩东作。日中，星鸟，以殷仲春。厥民析，鸟兽孳尾。命羲叔，宅南交。平秩南讹，敬致。日永，星火，以正仲夏。厥民因，鸟兽希革。分命和仲，宅西，曰昧谷。寅饯纳日，平秩西成。宵中，星虚，以殷仲秋。厥民夷，鸟兽毛毨。申命和叔，宅朔方，曰幽都。平在朔易。日短，星昴，以正仲冬。厥民隩，鸟兽氄毛。帝曰："咨！汝羲暨和。期三百有六旬有六日，以闰月定四时，成岁。允厘百工，庶绩咸熙。"

这就是传统的观象授时。帝尧命羲仲、羲叔、和仲、和叔四人分驻四方，他们在旸谷、南交、昧谷、幽都观察鸟、火、虚、昴等星体的位置，确定春分、夏至、秋分、冬至的日子，而人的生活状态、鸟兽的活动都随节气的变化而不同。从这段文字我们知道："象"即是天象，它是古人心目中有决定意义的东西，与人的生活与生产、动物的生存、万物的生长都息息相关，它决定着时序的分别、人的行为方式、动物的繁衍；有了对"象"的精细观察、准确掌握，就能"允厘百工，庶绩咸熙"，规定职官的职责，兴盛各种事情；对于"象"，人们心存敬畏。今天的考古发掘成果可以让我们比较形象地知道古人观象授时的具体情形。研究者发现山西襄汾陶寺城址祭祀区建筑"IIFJT1"很有可能是一所兼观象授时和祭祀功能于一体的多功能建筑，在这里可以通过夯土柱缝隙、延长线及与周边山峰的关系来进行观象。研究者进行了模拟观测，据东2号缝观察日出的情况可以确定，2003年12月22日冬至日的确切时间是早8时17分至8时20分；据东3号缝观察日出的情况可以确定，2004年1月21日大寒的确切时间是早 8 时 15 分至 8 时 21 分。①

"象"即天象，这种观念一直延续到后代，如晋韩康伯《易传》注："象况日月星辰，形况山川草木也。"阮籍说："形谓之石，象谓之星。"②

二、星表与星官：观"象"中的思维

"观象授时"的重点在"观"，以对象的精细观察确定人的生产生活活动。随着天文知识的不断积累，也因为人的生产生活对天文学提出了更高的要求，人们不再停留于对星空的简单观察，将个别的、零散的、无序的天象进行整理排列，形成对宇宙的整体认识成为古代文学发展的必然趋势，而星表和星官的出现，则是在观象基础上宇宙认识提高的表现。

据司马迁《史记·历书》："幽厉之后，周室微，陪臣执政，史不记时，君不告朔，故畴人子弟分散。""学在官府"的局面被打破，原先职官观察天象制定历法并由政府推行的"观象授时"，发展为根据天象观测资料编制星表、命名星官。所谓星表是把观测到的行星和恒星的数量、位置、排列组合、运行及其他方面的数据记载下来的天文研究成果。和观察个别天体得到的"象"相比，星表是体系化、序列化的天象。春秋战国时从事天文学研究的人很多，《史记·天官书》

①　参见中国社科院考古研究所山西队、山西省考古研究所、山西省临汾市文物局：《山西襄汾县陶寺城址遗址发现陶寺文化大型建筑基址》，《考古》2004 年第 2 期，第 2—6 页；《山西襄汾县陶寺城址祭祀区大型建筑基址 2003 年发掘简报》，《考古》2004 年第 7 期，第 9—13 页。
②　《达庄论》，严可均：《全上古三代秦汉六朝文》卷 45，中华书局 1965 年版，第 1311 页。

曰："昔之传天数者：高辛之前，有重、黎；于唐、虞，羲、和；有夏，昆吾；殷商，巫咸；周室，史佚、苌弘；于宋，子韦；郑则裨灶；在齐，甘公；楚，唐昧；赵，尹皋；魏，石申。"《晋书·天文志》也载："鲁有梓慎，晋有卜偃，郑有裨灶，宋有子韦，齐有甘德，楚有唐昧，赵有尹皋，魏有石申夫皆掌著天文，各论图经。"甘德的《天文星占》，石申的《天文》，即是最古的星表。根据唐代瞿昙悉达的《天元占经》所述：石申的星表中列有 92 个星官，包括 632 颗星；甘德的星表中列有 118 个星官，包括 506 颗星。[①] 为了便于辨认天上群星，观测、记录和研究天象，中国古代天文学家将天空中若干相邻的星组合在一起，给以某个地面事物的名称，这样的组合称为星官。

星官已不是单纯的天体观察记录，而是将天上与地上的事物相联系，形成新的组合，这中间包含了人对天象的认识。《诗经》中有了不少关于恒星的记载，如"嘒彼小星，维参与昴"[②]"定之方中，作于楚宫"[③]"哆兮侈兮，成是南箕"[④]"七月流火，九月授衣"[⑤]，说明这时人们对星空已经很熟悉，各恒星已有确定的命名。恒星的命名是一

①《隋书·天文志》："三国时，吴太史令陈卓始列甘氏、石氏、巫咸氏三家星官，著于图录，并注占赞，总有二百五十四官，一千二百八十三星，并二十八宿及辅官附座一百八十二星，总二百八十三官，一千五百六十五星。"《晋书·天文志》："武帝时，太史令陈卓总甘、石、巫咸三家所著星图，大凡二百八十三官，一千四百六十四星，以为定纪。"

②《毛诗正义·召南·小星》，阮元校刻：《十三经注疏》，中华书局 1960 年影印版，第 292 页。

③《毛诗正义·鄘风·定之方中》，阮元校刻：《十三经注疏》，中华书局 1960 年影印版，第 315 页。

④《毛诗正义·小雅·巷伯》，阮元校刻：《十三经注疏》，中华书局 1960 年影印版，第 456 页。

⑤《毛诗正义·豳风·七月》，阮元校刻：《十三经注疏》，中华书局 1960 年影印版，第 389 页。

个思维的过程，以形象的联系为基础，也有理智的思考："人们将许多星用假想的线连接起来组成的图形，与生产、生活有关事物比较，以图形相似的事物作为恒星的命名。例如，古人把带柄的勺子叫做斗，'北斗'七星用线依次连接起来，就好象一只大勺子。又如，'箕宿'四星可以用线连接成一边宽、一边窄的四边形，很象一只农民用来簸扬谷物的簸箕，这四颗星由此而得到了'箕'的名称。'毕宿'八星也是因为像一把古时用来捕猎小兽的带柄的毕网而得名。"① 依据日用事物的形象展开联想而获得恒星的名字，是想在渺茫遥远的天象与人的生活之间建立联系，在客观实存的象之上建立起符号体系："恒星的命名，是概念在人头脑中的形成。而概念的形成，则是以形象为基础的。"②

甘德、石申的星表均列出具体的星官和星星的数量，使浩渺无垠的星空数量化，同时，他们描述的星空还呈现出区域划分的特点。石申还列出 92 个星官的标准星的具体坐标值，并对 92 颗标准星的具体坐标值加以测定，列出其赤道坐标。其中，二十八宿以"距度"和"去极度"记述，其他恒星则用"入宿度"和"去极度"记述。二十八宿沿赤道自西向东排列，每一宿选出一个代表星，叫作"距星"，"距度"就是两"距星"之间的"赤经差"。"入宿度"就是这颗恒星和"距星"之间的"赤经差"。"去极度"指该恒星和天极的角度。由此可见，石氏星表采用了赤道坐标系统，也就是以赤经和赤纬两个坐标表示天球上任一天体位置，能够确定各种天体运行和许多天象变化

---

① 刘金沂、王胜利：《〈诗经〉中的天文学知识〉》，《科技史文献》第 10 辑，上海科技出版社 1983 年版，第 1 页。

② 董英哲：《中国科学思想史》，陕西人民出版社 1980 年版，第 27 页。

发生的位置。

数量概念与区域概念下的星空，不再是零散无序的，"人们对广大无垠的天宇有了一种比较科学的'区域概念'，各种天象变化的发生位置不再是完全不可捉摸而成为可以测算乃至可以预知的了"①。星官的命名、星表的制定显示出这样的事实：人们用自己的联想、想象和抽象思考建立起一个个天象之间的联系，出现了对宇宙图景的初步构想，象也由纯然客观的天体形状样貌记录，转而越来越多地承载人的主观认识和意志，甚至出现了动词用法的"象"。《易·系辞上》说："天垂象，见吉凶，圣人象之。"第一个"象"是自然客观的天象，第二个"象"是依据天象等自然物象抽象概括出的显示一般性、普遍性的卦象。从天象到卦象，人们走的是一条从观察自然、认识自然到模仿自然，进而表现自然、创造新的自然的路。

三、"象者，像也"：作为"理想型式"意象

作为个别天体样貌的天象与作为初步的宇宙图式构想的星表，都还主要是对自然事物的记录或以记录为主的建构，偏重于客观事实，而《周易》中的卦象，则主要是用以阐述天地之道的人为创造的图式。春秋战国时期，"象"除了指自然事物的形貌，在很多时候，还被视为模拟、模仿的行为。可以用图式符号模仿自然事物，是《周易》卦象制造的思维基础。《左传·宣公三年》记载的"铸鼎象物"证明了这一点：

---

① 李瑶：《中国古代科技思想史稿》，陕西师范大学出版社 1995 年版，第 18 页。

楚子问鼎之大小轻重焉，对曰："在德不在鼎，昔夏之方有德
也，远方图物，贡金九牧，铸鼎象物，百物而之为备，使民知神
奸。故民入川泽山林，不逢不若。螭魅罔两，莫能逢之，用能协
于上下，以承天休。"

铸鼎首先要"远方图物"，即模拟、效仿百物的形状，鼎的成功
首先要有百物之象，铸鼎的过程即是认识自然、模仿自然的过程，却
又不止于模仿，而是在模仿基础上有创造。《周易》将这个过程简明
扼要地概括为"尚象制器"：

　　《易》有圣人之道四焉：以言者尚其辞，以动者尚其变，以
制器者尚其象，以卜筮者尚其占。①

《周易》将"尚象制器"提到与言辞表达、变化运动和占卜求筮
同样的地位，认为德行君子要想有所作为、恩泽苍生，就必须能够用
语言表达胸意、谙知事物的生长消息、依据自然物象创造器具，并且
还要能够预知吉凶："尚象制器"是成人之道。不过，"尚象制器"中
的"象"，已不是观象授时中的天象或其他自然物象，而是传说中起
于伏羲、由周公制作的卦象。人类制作器物的发明创造活动，始于观
察天象等自然物象，而后将观察所得的形象、性质、规律，按类概括
制成八卦与六十四卦模型，再根据实际生产生活的要求，依照卦象的
启示而发明创造，并将发明的成果用于生活与生产，推动文明的发展。

_____

① 周振甫译注：《周易译注·系辞上》，中华书局1991年版，第245页。

故而，"尚象制器"不仅仅是成人之道，而且是社会发展变化之道，是文明创造之道，因为"象"中有深刻丰富的内涵。

按照《易传》的解释，《周易》主要是阐述天地之道的书："易与天地准，故能弥纶天地之道。"① "夫易开物成务，冒天下之道，如斯而已者也。"② "易之为书也，广大悉备。有天道焉，有人道焉，有地道焉。"③《周易》"冒天下之道"的方式是设制卦象：

> 圣人有以见天下之赜，而拟诸其形容，象其物宜，是故谓之象。
>
> 圣人有以见天下之动，而观其会通，以行其典礼，系辞焉，以断其吉凶，是故谓之爻。④
>
> 古者包牺氏之王天下也，仰则观象于天，俯则观法于地，观鸟兽之文与地之宜，近取诸身，远取诸物，于是始作八卦，以通神明之德，以类万物之情。⑤

卦爻源自于对世界万物的观察，是以象征的方式对天地万物的描述，以高度抽象的符号对"天下之赜"和"万物之情"的探索，是自然与人事、具体与抽象、实物与象征相联系统一的符号化世界。卦象源于物象，又非具体的物象，具有形象与抽象概括的二重属性。一方面，卦是由阳爻与阴爻按不同的方式排列组合而成的一个具体图形，

---

① 周振甫译注：《周易译注·系辞上》，中华书局1991年版，第233页。
② 周振甫译注：《周易译注·系辞上》，中华书局1991年版，第246页。
③ 周振甫译注：《周易译注·系辞下》，中华书局1991年版，第273页。
④ 周振甫译注：《周易译注·系辞上》，中华书局1991年版，第237页。
⑤ 周振甫译注：《周易译注·系辞下》，中华书局1991年版，第257页。

另一方面，卦又是从自然现象中提炼出来、象征着一般规律的符号，是一个既与物象有关又与对物象的认识有关的概念。"象"在中国古代文化中有着重要作用，是因为在"象"中能够得见天地间最重要的大道。"古希腊天文学家所关注的是天体及天体间的几何关系，古代中国的天文学家所关注的是天象及天象所谕示的天道。"① 卦象所要显现的就是天象所谕示的天道。冯友兰先生说卦象"是一种符号，以符号表示事物的'道'或'理'。六十四卦和三百八十四爻都是这样的符号，它们是如逻辑中所谓变项。一变项，可以代入一类或许多类事物，不论甚么类事物，只要合乎条件，都可以代入某一变项。《系辞传》说：'方以类聚，物以群分。'它认为事物皆属于某类。某类或某某类事物，只要合乎条件，都可以代入某一卦或某一爻，这一卦或这一爻的爻辞也都是公式，表示这类事物在这种情形所应该遵行的'道'。"② 《周易》虽然只有六十四卦、三百八十四爻，但因其可以"引而申之，角类而长之"，《周易》中的象及公式实际上蕴含了整个天地宇宙之道。

胡适明确把卦象视为意象："象是能用某种符号表示的、或者在某些活动、器物中所能认知的意象或者观念。"③ 简洁的图式中蕴含丰富乃至无限的道，以抽象的符号象征道，而非用言诠解说道，"象"与道的这种关系确乎很接近艺术创造的思维——或许"象"字的原始含义及对"象"字的使用就包含了这种创造性思维。《说文解字》释"象"为"南越大兽"，甲骨文中"象"字也是指大兽，据徐中舒先生

① 陈美东：《中国古代天文学思想》，中国科学技术出版社 2007 年版，第 677 页。
② 冯友兰：《中国哲学史新编》，人民出版社 1998 年版，第 651 页。
③ 胡适：《先秦名学史》，安徽教育出版社 2006 年版，第 48 页。

《殷人服象及象之南迁》考证，殷商时代象不仅在南越，而且广布于中原地区，对于大兽如何与物象、观象或卦象联系起来，韩非子是这样解释的："人希见象也，而得死象之骨，案其图以想其生也，故诸人之所以意想者，皆谓之象也。"①商代以后象逐渐南迁，北人难再见到活的象，象也就成为诸人案图的想象。由此可见，"象"字一开始就是以物像为基础的人心对外物的领悟，是人心营构之像，正如《易传》所说："圣人有以见天下之至赜，而拟诸其形容，象其物宜，是故谓之象。""象者，像也。"中国古人很早就认识到：真实的自然物，虽在个别中也包含有一般性，但与个别特殊相结合的一般性不能使得人的思维由精研事物义理而达于神妙之境；只有在物的具体形状之上构思创造出有别于自然的形象，才能真正"通神明之德，类万物之情"——这是一种真正的艺术思维。孔颖达认为卦象分为两类："或有实象，或有假象。实象者，若地上有水、地中生木也，皆非虚言，故言实也。假象者，若天在山中，风自火出，如此之类，实无此象，假而为义，故谓之假也。"与真实的自然物有对应关系的是"实象"，"实象"指向具体的事物；与客观世界不存在对应关系，纯粹无中生有的叫"假象"，"假象"的作用在于传达义理。"实象"与"假象"的区别突显了卦象与艺术形象之间的相通性，孔颖达《周易正义疏》曰："凡《易》者，象也，以物象而明人事，若诗之比喻也。"

王弼对"象"的论述有很高的美学价值："夫象者，出言者也，言者，明象者也。尽意莫若象，尽象莫若言。言生于象，故可寻言以观象，象生于意，故可寻象以观意。意以象尽，象以言著，故言者所

---

① 王先慎：《韩非子集解·解老》，中华书局1960年版，第108页。

以明象，得象而忘言；象者所尽存意，得意而亡象。"① 王弼把有关
"象"的元素划分为言、象、意三个层次：意是核心的内容，在最里
面；言与象都是意的表达手段，只有作为呈示工具的辅助作用。也就
是说，中国古代把日月星辰等天体运动、云气虹霓等天气现象称为天
象，把自然事物的形貌称为象，一开始就透露出它所表达的重点不在
事物的客观存在，而在对其中所蕴含的意的领会。那么意又是什么呢？
意是圣人仰观俯察宇宙天地古往今来后抽象概括得来的规律法则，古
人谓之为理、道、则的东西，同时还包括圣人认为自然运动变化、人
与自然关系、人类历史进化应该有的发展方向和模式。胡适将其与亚
里士多德提出的"形式因"并提："'意象'是古代圣人设想并且试图
用各种活动、器物制度来表现的理想形式。这样看来，可以说意象产
生了人类所有的事业、发明和制度。用亚里士多德的术语来说，意象
是它们的'形式因'。"② 亚里氏多德的"形式因"指的是事物运动变
化的模式及包含着事物发展的可能性与发展方向的因素；而意象作为
形式因，正是因为其中蕴藏着天地宇宙的运动规律、人的自我认识和
自我提升，以及对于更加完美、和谐、丰富、自由的生活的寻求，体
现出人对自由自觉生活的向往和对美的规律的遵循。胡适非常看重意
象作为"理想形式"的特点："在它的近乎神秘的外衣后面，我们不
能不看到这种使得整个孔子哲学具有生气的实用的和人文主义的理想。
这种理想同为了人类的进步和完善而去了解自然的秘密的培根的理想
是相同的。"③

---

① 王弼著，楼宇烈校释：《王弼集校释》，中华书局1980年版，第613页。
② 胡适：《先秦名学史》，安徽教育出版社2006年版，第49页。
③ 胡适：《先秦名学史》，安徽教育出版社2006年版，第51页。

第三节　儒家人格美思想中的科学认识

春秋战国时期，科学技术并不是时代思潮的中心，这时候人们最为关心的是社会秩序、政治管理和人的个体力量提高。初期的人类社会，整个社会面临的最主要任务，是从自然界谋取生存所需的物质材料，科学技术是人的关注中心，巫术与科学混杂的原始宗教反映了人类早期的思想状况；随着人的认识能力、生产能力的提高，物质逐渐丰富，人口增加，社会结构也日益复杂，"在这样的时代，人类要想与自然界作斗争，必须先与人类自身作斗争；要解决人与自然的矛盾，必先解决人类自身的矛盾。一句话，要征服自然，必先征服自身。"①春秋战国诸子百家往复辩难，就天道、社会秩序、伦理道德、人格修养、名与实等问题进行讨论，孔孟儒家对人性、人生境界、人伦、人格修养的探索是这其中一道耀眼的光芒。和这时期其他学派一样，儒家也并不特别关注科学技术，甚至表现出了对技术或多或少的鄙夷不屑，但它的思考是以整个时代科学技术发展成果为基础的，并且其"仁"学直指现实秩序、日用人伦，不可避免地体现出自然观技术观。因此与这一时期其他诸子学派一样，科学技术成果与科学技术思想也是儒家学派立论的基础。人格理论这一儒家最为宝贵的思想财富，其尽心、养气、德行等一系列体现出对共通的人格美认识的观念，就是

---

① 席泽宗：《中国科学思想史》，科学出版社 2009 年版，第 223 页。

对天道之"诚"、养身、格物致知等当时流行的科学技术观念思考推衍的结果。

一、由"思诚"到"尽心"

孔子和孟子都谈到人格修养的问题。孔子认为圣人是不可追求的，但世间之人应该努力修炼以成为君子："圣人，吾不得而见之矣；得见君子，斯可矣。"① 君子就是孔子的理想人格，其核心是美与善的统一："文质彬彬，然后君子。"② 孔子主张理想的人首先要有内在的、充实的德行，在行为举止、容颜外在上和悦美好，自然地与社会规约相契合，能够"从心所欲不逾矩"；君子人格体现了孔子对人的主观能动性的高扬——人不仅是自然生理性或自然欲望性的，更是可以春风化雨般孕育与塑造的，这种后天的塑造和生成特性使得人可以不断自我提升、自我建设。孟子对人格修养的论述更为具体。孟子认为人生而有善，善是人的本性，但不是完美的道德，完美的道德要通过道德的修养来养成；道德修养是阶梯式的：

> 浩生不害问曰："乐正子何人也？"孟子曰："善人也，信人也。""何谓善？何谓信？"曰："可欲之谓善，有诸己之谓信，充实之谓美，充实而有光辉之谓大，大而化之之谓圣，圣而不可知之之谓神。乐正子，二之中，四之下也。"③

---

① 《论语集注·述而》，朱熹：《四书集注》，中华书局 1983 年版，第 99 页。
② 《论语集注·雍也》，朱熹：《四书集注》，中华书局 1983 年版，第 89 页。
③ 《孟子注疏·尽心》，阮元校刻：《十三经注疏》，中华书局 1960 年影印版，第 2775 页。

"善""信""美""大""圣""神"是道德修养从低到高的六个阶梯。孟子把"善"训为"可欲",将满足人的欲望、实现人的现实生存视为道德的第一步,将人的道德修养放在一个现实的起点上;第二个阶梯"信",则是指出了道德修养的知识理性内涵。

孟子训"信"为"有诸己",意为说到做到、言行一致,看起来是在说行为规范,行为规范的依据是对自然万物天地宇宙的认识。段玉裁《说文解字注》:"信:诚也。从人言。"又,"诚:信也。从言,成声。""信"与"诚"互训,皆为真实不欺,这是对天体运行变化、自然现象交替出没规律的认识,孟子将其概括为"诚":"是故诚者,天之道也。"① 这样的认识"是先秦天文学发展的结果"②。晏婴说"天道不韬",昭公二十七年"天命不慆",哀公十七年"天命不谄"。杨伯峻注认为"韬"通"慆""谄",意思是怀疑,是说天道是不可怀疑、真实可靠的,天道就是"诚"。在孟子的时代,自然现象的原因在于物的本性已是一种普遍的认识,孟子虽然也讲天命,但他的天命观与原始神学的天命观已有本质不同,比如他把天命与人心相联系:诸侯拥护舜、百姓爱戴舜,舜有天下就是天意是"天与之"。荀子也明确提出了"天道至诚":

变化代兴,谓之天德。天不言而人推高焉,地不言而人推厚焉,四时不言而百姓期焉:夫此有常,以至其诚者也。③

① 《孟子注疏·离娄》,阮元校刻:《十三经注疏》,中华书局1960年影印版,第2721页。
② 李申:《中国古代哲学与自然科学》,上海人民出版社2002年版,第117页。
③ 王先谦撰,沈啸寰、王星贤点校:《荀子集解·不苟》,中华书局1988年版,第46页。

和孟子一样，荀子也将天地宇宙、自然万物的规则概括为"诚"，并且指出了"诚"对于世界的生成论意义："天地为大矣，不诚则不能化万物。"如果不"诚"，失去的就不是人的品德，而是整个世界，四时不再相序、白天黑夜不能相继，万物无法化育，人也就失去了生存和生活的基本条件。《中庸》用"为物不贰""生物不测"来描述天道的至诚品格：

> 天地之道，可一言而尽也：其为物不贰，则其生物不测。天地之道：博也，厚也，高也，明也，悠也，久也。今夫天，斯昭昭之多，及其无穷也，日月星辰系焉，万物覆焉。今夫地，一撮土之多，及其广厚，载华岳而不重，振河海而不泄，万物载焉。今夫山，一卷石之多，及其广大，草木生之，禽兽居之，宝藏兴焉。今夫水，一勺之多，及其不测，鼋鼍蛟龙鱼鳖生焉，货财殖焉。①

天维系日月星辰，覆育万物：华岳、河海载于地，草木、禽兽、宝藏生于山，鱼鳖蛟龙藏于水，全都系于"诚"。"诚"不仅是万物化育的规则，而且是万物的开始："诚者，自成也；而道，自道也。诚者，物之终始；不诚，无物。"②

"诚"作为天道的基本品格，与道家的"道"非常相似，有人认为"诚"相当道家的"道"，其创生的特性又颇类上帝。③侯外庐认为

---

① 《中庸》第二十六章，朱熹：《四书集注》，中华书局1983年版，第34页。
② 《中庸》第二十五章，朱熹：《四书集注》，中华书局1983年版，第33—34页。
③ 参见杨向奎：《孔子思想及其学派》，山东人民出版社1961年版，第29页。

"诚"是儒学中沟通神人的概念："把孔子的知识论，比附引申，升华而为神秘性的形而上学，即把孔子'所思'部分之'学'扩大为'神'；把孔子'能思'部分的'知'，扩大为'诚'，于是人道与神道合一，真所谓'以意逆志'！""道"是道家的元概念，在儒家思想中，"诚"是道德修养的阶梯，又是宇宙观，也具有本体论意义，"诚"的本体论意义决定了它会从科学认识领域向道德精神领域迁移，成为体现出人格力量精神高度的概念。

在孔子孟子们的时代，培育至大至刚、充实奋发、顶天立地的崇高人格是思想家思考的焦点，这是脱离神学统治后人的主体性的高扬，是对人自主建设理想社会的期许，而崇高人格最基本的特点就是"诚"。"儒家思想的核心范畴是政治伦理，但这个思想核心又需要包括自然知识在内的各方面知识来给予支持和论证。毫无疑问，积极利用自然科学知识论证社会人事是儒家科技观的一大特点。"① 《礼记·礼运》："故人者，其天地之德，阴阳之交，鬼神之会，五行之秀气也。""故人者，天地之心也，五行之端也。"人是自然界的产物，并且是自然界之精华，人道本于天道是基本的原则。天道至诚，人道也应至诚。天道至诚能化万物，人道至诚能感动别人，使别人感化。而"诚"并非先天具有，需后天修炼方得，孟子将其称为"思诚"：

> 是故诚者，天之道也；思诚者，人之道也。至诚而不动者，未之有也；不诚，未有能动者也。②

---

① 袁运开、周瀚光：《中国科学思想史》，安徽科技出版社1991年版，第231页。

② 《孟子注疏·离娄》，阮元校刻：《十三经注疏》，中华书局1960年影印版，第2721页。

"诚"是天道的品格，努力探索天地宇宙的真相，使自己的言行举止与自然万物的本性相合而真实无妄，则是人格修炼的途径。通常将"思诚"看作纯粹的伦理道德修炼，其实对天地万物的认识理解也是"思诚"的内容。《中庸》说："自诚明，谓之性；自明诚，谓之教。诚则明矣，明则诚矣。"① 万物之诚是自明的，是天性，对"诚"的追求则是教化的过程，得到了"诚"、达到了"诚"的人，则呈现出明白敞亮的本真自我："诚则明矣，明则诚矣。""诚""明"互训，"明"是对天地自然，宇宙万物真相的发现与认识。《中庸》二十二章又说："唯天下至诚，为能尽其性；能尽其性，则能尽人之性；能尽人之性，则能尽物之性。"这就用"诚"沟通了万物的本性与人的作为、世界的客观规律与人的主观能动性。孟子的求"故"主张或能突显出"思诚"的认识论内涵："天之高也，星辰之远也，苟求其故，千岁之日至，可坐而致也。"② 求"故"就是探讨事物的本性，思诚与求故的结果是人的思想与行为同天地自然的本性相谐和，能够赞天地之化育、与天地相参，实现天人合一的理想，还能够超越时间与空间，达于自由纯粹之境，无怪乎儒学思想家们都格外看重"诚"了。

天道至诚，"思诚"求道，在明了宇宙万物真相、获得最根本的道的同时，个体的人格修养也获得最大的力量，上升到最高的境界。"诚"既是人格修养的基础阶梯，也通于最高阶，儒学思想家们无不将"诚"与他们理想的人格相联系。孔子说："不知命，无以为君子

① 《中庸》第二十一章，朱熹：《四书集注》，中华书局1983年版，第32页。
② 《孟子注疏·离娄》，阮元校刻：《十三经注疏》，中华书局1960年影印版，第2730页。

也。"① "君子有三畏：畏天命，畏大人，畏圣人之言。"② 孔子对天命、天道敬畏，又把知天命、天道视为君子的必需。孔子之后，莫不把思诚与尽心、尽性、成仁并提。《中庸》二十五章：

> 君子诚之为贵。诚者，非自成己而已也，所以成物也。成己，仁也；成物，知也。性之德也，合外内之道也，故时措之宜也。

将"思诚"看作君子品德修养中最重要的因素，"诚"不仅是个人的德行，而且是整个世界的品格，它兼顾内外、即仁即知："诚虽所以成己，然既有以自成，则自然及物，而道亦行于彼矣。"③ 荀子具体分析了君子"思诚"的作用：

> 君子养心莫善于诚，致诚，则无它事矣，唯仁之为守，唯义之为行。诚心守仁则形，形则神，神则能化矣；诚心行义则理，理则明，明则能变矣。
>
> 君子至德，嘿然而喻，未施而亲，不怒而威：夫此顺命以慎其独者也。善之为道者：不诚，则不独；不独，则不形；不形，则虽作于心，见于色，出于言，民犹若未从也；虽从必疑。天地为大矣，不诚则不能化万物；圣人为知矣，不诚则不能化万民；父子为亲矣，不诚则疏；君上为尊矣，不诚则卑。夫诚者，君子

---

① 《论语·尧曰》，朱熹：《四书集注》，中华书局1983年版，第195页。
② 《论语·季氏》，朱熹：《四书集注》，中华书局1983年版，第172页。
③ 朱熹：《四书集注》，中华书局1983年版，第34页。

之所守也，而政事之本也。①

荀子是一位喜欢观察自然，有着丰富的自然科学知识，主张积极认识自然、改造自然的思想家，他看到了"诚"在存形、作色、集义、化民等一系列活动中的基础性作用，并且将"思诚"与人格修养的最高阶"神"联系起来。

"神"是孟子人格六阶梯中的最高阶，是"思诚"的方向，也是"思诚"追求的圆满结果。如何"思诚"到"神"呢？孟子认为是"尽心"，把人观察世界所得之"诚"内化为自己的情志心性，内在的本质力量又外化为参赞天地、化育万民的社会力量，从而实现人与天、自然与人事相摩相荡相契相涵的圆融境界："尽其心者，知其性也。知其性，则知天矣。存其心，养其性，所以事天也。"② "尽心"指守住人的善端，努力培养人明诚行善的本性，这样的人就和天道之诚相合，就能事天、奉天了。"尽心""知性"和"存心""养性"，是发挥人的主观能动性；而"知天""事天"则是最终达到"天人合一"的神秘境界——这就是"思诚"到"神"的过程。焦循《孟子正义》："惟天实授我以善，而我乃能明；亦惟我实有此善，而物乃可动。诚则明，明生于天道之诚；明则诚，诚又生于人道之思诚。人能思诚，由其明也。人能明，由其诚也。惟天下至诚，为能尽其性；能尽其性，则能尽人之性；能尽人之性，则能尽物之性；能尽物之性，则可以赞

---

① 王先谦撰，沈啸寰、王星贤点校：《荀子集解·不苟》，中华书局1988年版，第46页。

② 《孟子注疏·尽心》，阮元校刻：《十三经注疏》，中华书局1960年影印版，第2764页。

天地之化育，可以赞天地之化育，则可以与天地参矣。此自诚明谓之性也。"《中庸》三十二章："唯天下至诚，为能经纶天下之大经，立天下之大本，知天地之化育。""诚"本来属于认识论的范畴，来源于对世界的科学认识，为先秦儒家的人格修养理论所借用后，成为儒家理想人格的基础和最高境界，正如郭沫若所说："'子思之儒'发挥了孔子的中庸思想，把儒家道德范畴'诚'这一精神实体提高到世界本原的地位，对儒家的心性之学有重大贡献。"①

儒家从自然界寻找其政治伦理的依据，将自然界的结论引入社会，认为人只要"思诚"，求得了万事万物之故，懂得了天道之常，就可悦亲化民，直至赞天地化育，进而预知国家兴亡、祸福寿夭，《中庸》二十四章："至诚之道，可以前知：国家将兴，必有祯祥；国家将亡，必有妖孽；见乎蓍龟，动乎四体。祸福将至，善，必先知之；不善，必先知之。故至诚如神。"孔子孟子们孜孜以求的造化天下、振救万民的伟岸人格，终于以"思诚""尽心"的方式通过自然与人事相契的途径得以确立；天道至诚的理性原则经由人心的内化，演化为"不可知"的神秘境界，这一境界带给人极大的审美愉悦："万物皆备于我矣，反身而诚，乐莫大焉。"②

二、仁与知

如果"诚"不仅是仁义道德，还是宇宙本体，由"思诚"而至的理想人格就必然包含对天地万物的认识，孔子将其称为仁与智的统一。

---

　　① 郭沫若：《十批判书》，东方出版社 1996 年版，第 53 页。
　　② 《孟子注疏·尽心》，阮元校刻：《十三经注疏》，中华书局 1960 年影印版，第 2764 页。

《论语·颜渊》："樊迟问仁。子曰：爱人；问智。子曰：知人。"孟子称孔子的人格为仁且智："昔者子贡问于孔子曰；'夫子圣矣乎？'孔子曰：'圣则吾不能。我学不厌而教不倦也。'子贡曰：'学不厌，智也；教不倦，仁也。仁且智，夫子既圣矣。'"① 荀子认为既仁且智才能真正透彻明了世界，上古的圣人多为仁智双全："孔子仁知且不蔽，故学乱术足以为先王者也。一家得周道，举而用之，不蔽于成积也。故德与周公齐，名与三王并。"② 仁与智是理想人格必不可少的元素，也是统理天下之利器："知而不仁，不可；仁而不知，不可；既知且仁，是人主之宝也，而王霸之佐也。"③

《大学》提出儒家修身的八个步骤："欲修其身者，先正其心；欲正其心者，先诚其意；欲诚其意者，先致其知。致知在格物。物格而后知至，知至而后意诚，意诚而后心正，心正而后身修，身修而后家齐，家齐而后国治，国治而后天下平。""格物""致知""诚意"被放到修身步骤的初始位置。《大学》解释"格物致知"曰："物有本末，事有终始，知所先后，则近道矣。"至于"本"，《大学》说："自天子以致庶人，壹是皆以修身为本。"又说："德者，本也。"

以德为本，这个德与今天纯伦理概念的德稍有不同。敬德是周人普遍的观念，敬德思想几乎贯穿《尚书·周书》各篇，《尚书·梓材》："肆王惟德用。"

---

① 《孟子注疏·公孙丑》，阮元校刻：《十三经注疏》，中华书局 1960 年影印版，第 2686 页。
② 王先谦撰，沈啸寰、王星贤点校：《荀子集解·解蔽》，中华书局 1988 年版，第 393 页。
③ 王先谦撰，沈啸寰、王星贤点校：《荀子集解·君道》，中华书局 1988 年版，第 240 页。

《尚书·君奭》:"其汝克敬德,明我后民。"《尚书·召诰》:"王敬作所,不可不敬德。"《无逸》篇详细罗列了君王之德的规定:要不过分饮酒耽于游玩打猎,要像农夫勤于农事那样勤于国事……可见周人所敬之德,主要不是父慈、子孝、兄友之类,而是不耽于享乐、勤于国事。后来,德的内容进一步扩展,德不仅是勤勉工作,还指遵守人与物所共有的法则,《诗经·烝民》:"天生烝民,有物有则。""敬德思想的提出,使人类这一自发的实践行为变成一种学说,这一学说,体现了人类对神祇、人和自然界相互关系的自觉认识,依照这种认识,人在与自然界的关系上,与他在对待国家政治的关系上一样,要达到预期的效果,必须依赖自身的努力。"① 人要靠自身的努力才能把握自然,才能治理好国家,而这样的人才是有德的人,儒者对圣人的描述证明了这一点:"圣人慎守日月之数,以察星辰之行,以序四时之顺逆。"② 子思认为孔子:

> 仲尼祖述尧舜,宪章文武。上律天时,下袭水土。辟如天地之无不持载,无不覆帱;辟如四时之错行,如日月之代明。万物并育而不相害,道并行而不相悖。小德川流,大德敦化。此天地之所以为大也。③

可见,遍察自然万物,遵循天道之诚是修身的根本,是大德,是

---

① 席泽宗:《中国科学思想史》,科学出版社 2009 年版,第 106 页。
② 《大戴礼记·天圆》,王聘珍撰:《大戴礼记解诂》,中华书局 1983 年版,第 100 页。
③ 《中庸》三十章,朱熹:《四书集注》,中华书局 1983 年版,第 37 页。

成仁的前提。

为了成仁成圣，大儒们都很重视学习，孔子说："吾尝终日不食，终夜不寝，以思。无益，不如学也。"① 主张人的智慧不是天生的，而是通过后天学习获得的，学习对于人格的形成有着极为重要的意义。儒家有"君子不器"的传统，还重义轻利，但这义不是虚无的道德训诫，不是离开生活日用的抽象之思，而是落实于国家社稷君臣夫妇的生产生活行为，是博施天下、化育万民的大仁大德，故而儒家又总是为学习科学技术、认识自然保留一定的空间："好学近乎知，力行近乎仁，知耻近乎勇。知斯三者，则知所以修身；知所以修身，则知所以治人；知所以治人，则知所以治天下国家。"②

与后世的想象不一样，儒家的好学并不只限于仁与义，为国计民生，儒者的视野囊括自然万物、天道运行，天文地理、农业手工、环境保护莫不在其中。孔子曾用他对北极星的观察来论述政德："为政以德，譬如北辰，居其所而众星共之。"③ 孟子讲人格也是利用自然现象："观水有术，必观其澜。日月有明，容光必照焉。流水之为物也，不盈科不行；君子之志于道也，不成章不达。"④ 他还用观天的心得解释仁政："天油然作云，沛然下雨，则苗浡然兴之矣！其如是，孰能御之？"⑤ 孟子用沛然而下的雨喻仁政：统治之术若能像云兴雨作一样顺自然之势，则无可抵御。孟子对自然的认识细致深刻，由自然向人事

---

① 《论语·卫灵公》，朱熹：《四书集注》，中华书局1983年版，第167页。
② 《中庸》二十章，朱熹：《四书集注》，中华书局1983年版，第29页。
③ 《论语·为政》，朱熹：《四书集注》，中华书局1983年版，第53页。
④ 《孟子注疏·尽心》，阮元校刻：《十三经注疏》，中华书局1960年影印版，第2768页。
⑤ 《孟子注疏·梁惠王》，阮元校刻：《十三经注疏》，中华书局1960年影印版，第2670页。

的迁移尤为精妙。

儒者的知识结构是"遵德性而道问学"①，要"知及仁守"——"知"要努力向"仁"靠拢，单纯的知识是没有意义的，经过了"仁"的沉淀才能发挥作用；儒者尽管好多都有丰富的科技知识，在农业、天文学、数学等方面有独到发现，但都不专注于科技，而是用他们的科技知识统理人事。在古代社会，"足食"是治国的重要内容，因此儒家一向主张"以农为本"。孟子对农作物的播种、生长，平整农田及开沟、锄草，都有一定认识，明白"不违农时，谷不可胜食"的道理，主张农业生产不能违背庄稼的生长规律："虽有天下易生之物也，一日暴之，十日寒之，未有能生者也。""故苟得其养，无物不长，苟失其养，无物不消。"②《荀子·富国》专论经济政策，将农业视为最重要的"天下之事"：

> 兼足天下之道在明分。掩地表亩，刺草殖谷，多粪肥田，是农夫众庶之事也。守时力民，进事长功，和齐百姓，使人不偷，是将率之事也。高者不旱，下者不水，寒暑和节而五谷以时孰，是天下之事也。若夫兼而覆之，兼而爱之，兼而制之，岁虽凶败水旱，使百姓无冻馁之患，则是圣君贤相之事也。

从这段话可以看出荀子对开垦农田、施肥灌溉、除草播种均不陌生，荀子在谈到政府官员的职责时，说农官要"相高下，视肥硗，序

---

① 《中庸》二十七章，朱熹：《四书集注》，中华书局1983年版，第37页。
② 《孟子注疏·告子》，阮元校刻：《十三经注疏》，中华书局1960年影印版，第2751页。

五种，省农功，谨畜藏，以时顺修，使农夫朴力而寡能"①，也是相当内行的识见。

先秦儒者不仅关注天文学、农业生产，对数学、环境生态和物理学也有所涉猎。孟子能精确计算事物的数量关系，并将数学知识运用于实际生活，他说："权，然后知轻重；度，然后知长短。"② 他还发现了将一个不规则的多边形取长补短变为规则图形，从而方便计算的方法："今滕，绝长补短，将五十里也。"③ 荀子的"积微"说是对量变到质变过程的很好概括："旦暮积谓之岁，至高谓之天，至下谓之地，宇中六指谓之极。"精确地概括了时间与空间的从细微积累至无限的特点。"儒家似乎有一种自发地追求环境保护和生态平衡的倾向。"④《国语·鲁语》里"里革断罟"的故事显示儒家一开始就将保护生态、追求人与自然的和谐视为头等大事，孟子认为顺应自然规律来生产生活才会富贵丰盈："不违农时，谷不可胜食也；数罟不入洿池，鱼鳖不可胜食也；斧斤以时入山林，材木不可胜用也。"⑤ 荀子的名言"木直而中绳，輮而为轮，其曲中规，枯暴不复挺者，輮使之然也"，则描述了力学中的塑性形变现象。

马克思认为人和动物的根本区别在于，人的活动是有目的的、自发自觉的活动；康德则将自然与社会视为一个大的系统，认为人作为

---

① 王先谦撰，沈啸寰、王星贤点校：《荀子集解·王制》，中华书局 1988 年版，第 168 页。

② 《孟子注疏·梁惠王》，阮元校刻：《十三经注疏》，中华书局 1960 年影印版，第 2671—2672 页。

③ 《孟子注疏·滕文公》，阮元校刻：《十三经注疏》，中华书局 1960 年影印版，第 2701 页。

④ 袁运开、周瀚光：《中国科学思想史》，安徽科技出版社 1991 年版，第 237 页。

⑤ 《孟子注疏·梁惠王》，阮元校刻：《十三经注疏》，中华书局 1960 年影印版，第 2666 页。

有理性的自然存在物，是这个大系统的最高目的，而理性使得人能够规定自己的目的，能够对自然做出价值判断，因此"人就是这个地球上的创造的最后目的，因为他是地球上唯一能够给自己造成一个目的概念，并能从一大堆合乎目的地形成起来的东西中通过自己的理性造成一个目的系统的存在者"①。儒家以天人合一为最高境界，在这个人与自然相蕴化的系统中，仁与德是维持系统运行的根本规则，也是这个系统的最终目的，而这个目的是以对自然宇宙的知为基础的。从这个意义上说，人为自然立法，即仁即知，知的最终目的就是仁："而只有在人之中，但也是在这个仅仅作为道德主体的人之中，才能找到在目的上无条件的立法，因而只有这种立法才使人有能力成为终极目的，全部自然都是在目的论上从属于这个终极目的的。"② 儒者认为自己的责任和使命是由天命决定的，自然是其不可辩驳的根据，所以使自己的言行"与天地合其德，与日月合其明，与四时合其序"则是至仁的必然途径了。

第四节　墨子的科技功利主义美学

墨子是诸子中最重科学技术研究，科学技术成果最多的思想家，墨子兼爱、非乐、重利的主张在诸子百家中也呈现出鲜明的思想特色。一些美学研究者认为，墨子重功利而轻义、好实践而不思玄、摩顶放

---

① 康德著，邓晓芒译：《判断力批判》，人民出版社 2002 年版，第 284 页。
② 康德著，邓晓芒译：《判断力批判》，人民出版社 2002 年版，第 294 页。

躇而"非乐",美不是墨家关注的范围,墨家的思想也没有美学内涵。① 这是对墨子思想及其科技成果的表面化理解,也是对墨学精神与人文关怀的轻忽。其实,与其他诸子一样,墨子也饱含匡救世弊的情怀,对苍生黎民心怀悲悯,他是以身体力行的科学技术研究实践求功利,以服务于国计民生的技术成果为大功利、大仁义,以最大的善求最高的美,体现出先秦美的探索的另一种思路。

一、重天下之功利:墨子的科技美学观

很多论者认为,墨子的"非乐"主张反对文饰、反对艺术,使他与审美绝缘。从表面看的确如此,然这只是问题的一面。在更本质的层面上,墨子反对形式上的过分精巧,追求惠泽天下、利国利民的大智大巧,反对沉湎于声色犬马的感官享乐,追求高扬人的主体性创造新的文明成果的智慧之乐,这样的追求从根本上说,也是合审美规律的。

儒墨之辩,使得墨家与儒家泾渭分明,然细考量,墨家其实也是重"义"的,但其"义"不同于儒家君君臣臣的社会伦理。《墨子·贵义》:"万事莫贵于义。"他对"义"的诠释与儒家不同:"义者,正也。何以知义之为正也?天下有义则治,无义则乱。我以此知义之为正也。"② 这里的"正"是指治理天下的正统,是求得理想社会的途径。墨子和儒家一样对尧舜禹汤文武的"古者圣王之事"推崇备至:

---

① 在陈望衡《中国古典美学史》中,老子、孔子、庄子、孟子、荀子都设专章论述,而墨子仅在"先秦其他诸家美学思想"一章中以一节的篇幅简略论及。李泽厚、刘纲纪主编的《中国美学史》虽用较长篇幅论及《墨子》之美学思想,却是从"反审美"的角度来评价《墨子》的。

② 吴毓江撰,孙启治点校:《墨子校注·天志》,中华书局1993年版,第318页。

故古者尧举舜于服泽之阳，授之政，天下平。禹举益于阴方之中，授之政，九州成。汤举伊尹于庖厨之中，授之政，其谋得。文王举闳夭、泰颠于罝罔之中，授之政，西土服。故当是时，虽在于厚禄尊位之臣，莫不敬惧而施；虽在农与工肆之人，莫不竞劝而尚意。故士者，所以为辅相承嗣也。故得士则谋不困，体不劳，名立而功成，美章而恶不生，则由得士也。是故子墨子言曰：得意，贤士不可不举；不得意，贤士不可不举。尚欲祖述尧舜禹汤之道，将不可以不尚贤。夫尚贤者，政之本也。①

古代明君任用厨子、渔夫等农工商肆之人治理天下，国泰民安，治国的根本就是选用贤能。在墨子看来，理想的社会应该“饥者得食，寒者得衣，劳者得息，乱者得治”，因此“极端重视作为社会存在基础的生产劳动活动”②，甚至他理想中的君主都手足胼胝、劳作不辍。《庄子·天下》记墨子赞夏禹“亲自操橐耜而九杂天下之川，腓无胈，胫无毛，沐甚雨，栉疾风”，“形劳天下”。可见，创造物质文明使人民丰衣足食是统治天下的正统，这样的“义”和“正”是与“利”一致的。故墨子又说：“义，利也。”③ 孔孟是鄙薄利的，孔子说：“君子喻于义，小人喻于利。”④ 孟子主张：“王何必曰利，亦有仁义而已矣。”⑤ 墨子则认为“义”与“利”相统一，“利”是“义”的内容和

---

① 吴毓江撰，孙启治点校：《墨子校注·尚贤》，中华书局1993年版，第67—68页。

② 李泽厚：《中国古代思想史论》，天津社会科学出版社2004年版，第47页。

③ 吴毓江撰，孙启治点校：《墨子校注·经说》，中华书局1993年版，第469页。

④ 《论语·里仁》，朱熹：《四书集注》，中华书局1983年版，第73页。

⑤ 《孟子注疏·梁惠王》，阮元校刻：《十三经注疏》，中华书局1960年影印版，第2665页。

基础，"义"为"利"的表现。须要明确的是，《墨子》所言的"利"，是为国为民的"天下之功利"，而非为我为己的"私利"："子墨子言曰：仁人之所以为事者，必兴天下之利，除去天下之害，以此为事者也。"① "功，利民也。"② 孟子称墨子是"摩顶放踵，以利天下"。研究者指出："墨子固尝以'义''利'相提并论，但墨子所谓'利'者，乃立德、立功之'利'，而非世俗所谓财货之利，易言之：墨子之利乃公利而非私利，非损人利己之利，而为损己利他之利。"③

以功利天下为己任，这是墨子的政治观、人生观，也是美学观。墨子反对享乐，但并不讳言美，他对美的认识是清楚的："夫仁人，事上竭忠，事亲得孝，务善则美。"④ 以善为美的主要规定。又如："美章而恶不生。"美是对恶的抑制，美当然就是善。墨子美的理想就是社会政治理想：

> 故昔者禹汤文武方为政乎天下之时，曰："必使饥者得食，寒者得衣，劳者得息，乱者得治。"遂得光誉令问于天下。

孙诒让注曰："誉，明美也。"墨子认为，禹汤文武时期人民丰衣足食，社会和谐安详，这就叫美。墨子的美还指充实朴素，文质相兼："有文实也，而后谓之；无文实也，则无谓也。不若敷与美：谓是，则是固美也；谓也，则是非美；无谓，则无报也。"⑤ 我们称为美的事

---

① 孙诒让撰，孙启治点校：《墨子间诂》卷四，中华书局 2009 年版，第 101 页。
② 姜宝昌：《墨经训释·经上》，齐鲁书社 2009 年版，第 35、40 页。
③ 方豪：《序》，李绍崑：《墨子研究》，台湾商务印书馆 1971 年版，第 2 页。
④ 吴毓江撰，孙启治点校：《墨子校注·非儒》，中华书局 1993 年版，第 438 页。
⑤ 吴毓江撰，孙启治点校：《墨子校注·经说》，中华书局 1993 年版，第 530 页。

物，必有美的内涵；没有美的内容，我们也不能称其为美。"义""利"统一的基本立场决定了墨子的美是内容与形式的统一、美与善的统一，墨子反对娱乐感官的声色之丽，也排斥儒家盘桓于伦理道德的抽象的仁之美，而是将美的重心放置于对人之生存、社会进步更为基础的物质条件上。这在物质生产尚不发达的早期社会是有其必然性的，也是有其合理性的，尽管我们可以惋惜它缺乏人与自然相参、参赞天地的宏大气象，但其汲汲于技术、研究推动文明进化的"形劳天下"仍有着诚朴的美感力量。从美要功利天下出发，墨子确立了评价社会与自然之美丑贵贱巧拙的标准，试举两例：

> 所谓贵良宝者，为其可以利人也。而和氏之璧、隋侯之珠、三棘六异，不可以利人，是非天下之良宝也。今用义为政于国家，人民必众，刑政必治，社稷必安，所为贵良宝者，可以利民也。而义可以利人，故曰：义，天下之良宝也。[①]

> 公输子削竹木以为鹊，成而飞之，三日不下，公输子自以为至巧。子墨子谓公输子曰："子之为鹊也，不如匠之为车辖。须臾斫三寸之木，而任五十石之重。"故所为功，利于人谓之巧，不利于人谓之拙。[②]

儒家的重心在建设礼，且有用社会人伦的礼义代替理性探索自然的倾向；道家高张道而否定技术进步；墨家以求功利来建设世界，崇

---

① 吴毓江撰，孙启治点校：《墨子校注·耕柱》，中华书局1993年版，第658页。
② 孙诒让撰，孙启治点校：《墨子间诂》卷十三，中华书局2009年版，第480—481页。

尚科学技术研究，对时代思潮起到了平衡与补充的作用。

对于如何兴天下之功利，墨家主张"强力"政策：

今天下之君子之为文学、出言谈也，非将勤劳其惟舌，而利其唇呡也，中实将欲其国家邑里万民刑政者也。今也王公大人之所以早朝晏退，听狱治政，终朝均分而不敢怠倦者，何也？曰：彼以为强必治，不强必乱，强必宁，不强必危，故不敢怠倦。今也卿大夫之所以竭股肱之力，殚其思虑之知，内治官府，外敛关市、山林、泽梁之利，以实官府，而不敢怠倦者，何也？曰：彼以为强必贵，不强必贱，强必荣，不强必辱，故不敢怠倦。今也农夫之所以早出暮入，强乎耕稼术艺，多聚菽粟，而不敢怠倦者，何也？曰：彼以为强必富，不强必贫，强必饱，不强必饥，故不敢怠倦。①

可以看出，墨子所谓强力治国就是要身体力行、殚精绝虑、不倦不怠地兴"山林泽梁之利"，是把科学研究的动机与目的定位于形成一个强干有为的政府。墨子又说："能谈辨者谈辨，能说书者说书，能从事者从事，然后义事成也。""从事"即手工业和农业、建筑业等生产活动，及"守御之器的制造和自然科学研究"②，张岱年先生认为：

① 孙诒让撰，孙启治点校：《墨子间诂》卷九，中华书局2009年版，第282—283页。
② 张岱年：《论墨子的救世精神与"摹物论言"之学》，张知寒主编：《墨子研究论丛》（一），山东大学出版社1991年版，第52页。

"墨家自然科学研究从属于墨子的'为天下兴利除害'的最高宗旨。"①

墨家在几何学、力学和机械制造等领域成就斐然，这些都与生产实践关系密切，是对生产实践的理论总结。《墨经》中提到"间"与"有间"："间，不及旁也。间，谓夹者也。"这是数学中的区间概念。"间"是"开区间"，"夹者也"描述的是区间的边界夹住的那部分空间，"不及旁也"指不包括边界。古代的手工制作，零件的设计与装配要考虑计入边界和不计入边界两种情况，区间概念是墨家的智慧结晶。墨子宣扬和平、痛恨战争："当若繁为攻伐，此实天下之巨害也。"② 为了兴和平之得、除战争之害，他努力钻研军事科学技术，发挥军事技术在战争中的作用，如墨子与公输比赛工艺，成功地止楚伐宋，还制作了技术含量很高的连弩车、转射机等兵器。兵器制作等手工艺促进了墨子几何学方面的研究。《墨经》中有点、线、面、体等几何学基本要素，尽管还不太精确，却明显地透露出与生产实践的联系。《墨经》曰："直，参也。""直"是不弯曲，也指几何上的垂直关系；"直，参也"，"就是指用悬线铅锤法校正所竖木杆与地面达到垂直，或者用铅锤法检验所砌墙壁是否垂直于地面，或者直接用带有直角的矩来检验二者是否成垂直关系等等"③。墨子在力学上也有杰出贡献，对静力学中的平衡问题探讨得非常详细深入，尤其是科学地阐述了衡木即杠杆的重心、力矩及平衡原理，分析了弹力、压力、拉力、引力。墨子的力学主要体现于其制作的杠杆、滑轮、斜面、轮子、劈

　　① 张岱年：《论墨子的救世精神与"摹物论言"之学》，张知寒主编：《墨子研究论丛》（一），山东大学出版社1991年版，第53页。
　　② 吴毓江撰，孙启治点校：《墨子校注·非攻》，中华书局1993年版，第222页。
　　③ 周翰光、袁运开：《中国科学思想史》，安徽科技出版社1991年版，第335页。

等五种简单机械，这些都是农业生产、交通运输的重要工具。可见，墨子的科学研究并非纯粹，而主要是总结生产实践中的智慧，是兴天下之功利的具体作为，包含着深切的人文关怀。

二、行为本：墨子的实践美学

研究者指出："墨子'好学而博'，故《墨经》所论述，涉及哲学、政治、逻辑和自然科学，直是古代一部百科全书；然其中心思想是'明故（求因）'与'贵兼'，而归结于实践。"① 墨学的宗旨是行义重利，不同于儒学的天人合一——以人伦的建设代替对自然的认识与改造，也有别于道家的自然之道——放弃人的主动性实行归返，行义与兴利都在亲历亲为的技术发明、科学研究、工艺制作过程中实现，这使得墨子的君子观、知识观独树一帜，贯穿着浓郁的实践精神。

墨家也主张人要追求崇高的思想境界，修炼伟大光辉的人格，和儒家的"君子不器"不同，墨家主张道器相兼：君子不仅要求道，而且要以具体的作为、有益的物质贡献来求道。墨子非常重视人的行动能力：

> 君子战虽有陈，而勇为本焉；丧虽有礼，而哀为本焉；士虽有学，而行为本焉。②

他认为和表面的虚礼、文饰相比较，行动是更为重要的因素——

---

① 詹剑锋：《墨子的哲学与科学》，人民出版社1981版，第153页。
② 孙诒让撰，孙启治点校：《墨子间诂》卷一，中华书局2009年版，第7页。

"行为本"，人生的意义在于以事功兴天下之利，为苍生百姓谋取福利，是践行，而非虚妄的求道。墨家学派中多数人从事手工业制作，专治所谓小道末技，墨学是所谓"贱人之学"，墨家所推崇的君子要能够吃苦耐劳、克己非乐，甚至为了国家牺牲自我："断指与断腕，利天下相若，无择也。死生利若，一无择也。"①

　　创造社会发展与人民生活所需要的物质基础是君子最根本的任务，这样的任务只能靠实践，因此墨子彻底抛弃了小道末技的概念，提出只要是有益的就是君子应该追求的：

　　　　为贤之道将奈何？曰：有力者疾以助人，有财者勉以分人，有道者劝以教人。②

　　　　譬若筑墙然，能筑者筑，能实壤者实壤，能欣者欣，然后墙成也。为义犹是也。能谈辩者谈辩，能说书者说书，能从事者从事，然后义事成也。③

　　　　默则思，言则诲，动则事，使三者代御，必为圣人。④

　　这里再没有行业贵贱，没有道与器的势不两立。墨子认为，要成为贤者、仁人，无论是建筑、耕种、言辩，只要是有利于人民生活、有利于物质财富积累、有利于知识增加的事，能够强国之力，都是正义和高尚的——人的生产和创造的自豪感溢于言表，这也是对人的主

　　① 吴毓江撰，孙启治点校：《墨子校注·大取》，中华书局1993年版，第611页。
　　② 孙诒让撰，孙启治点校：《墨子间诂》卷二，中华书局2009年版，第70页。
　　③ 孙诒让撰，孙启治点校：《墨子间诂》卷十一，中华书局2009年版，第426—427页。
　　④ 吴毓江撰，孙启治点校：《墨子校注·贵义》，中华书局1993年版，第686页。

体力量的肯定。

对于儒家所持的贵与贱、大道与末技、上与下的差别与对峙，墨家立足于人与自然不同，得出了不同的认识。《墨经》曰："取下以求上也，说在泽。"《经说》解释为："取高下以善不善为度，不若山泽。处下善于处上，下所谓上也。"社会人事与自然事物有不一样的规律，山林水泽以空间上下为衡量的标准，社会人事的衡量标准则是善与不善。所以采取居下位的手段，也可能求得居上位的结果，上与下并非一成不变。墨子此论非常理性，他看到了人与自然的不同，主张自然用自然的方式，处理人事则用人事的方式，这种理性的思维赋予墨家认识上的自信，使其能够在尊重自然的基础上认识并改变自然。墨子为贱人做的辩护就清楚地表达了这种自信：

> 子墨子南游于楚，见楚献惠王，献惠王以老辞，使穆贺见子墨子。子墨子说穆贺，穆贺大说，谓子墨子曰："子之言则成善矣，而君王天下之大王也，毋乃曰'贱人之所为'而不用乎？"子墨子曰："唯其可行。譬若药然，草之本，天子食之以顺其疾，岂曰'一草之本'而不食哉？今农夫入其税于大人，大人为酒醴粢盛，以祭上帝鬼神，岂曰'贱人之所为'而不享哉？故虽贱人也，上比之农，下比之药，曾不若一草之本乎？"①

献惠王不见墨子或囿于贱人之学的俗见，而墨子却让他认识到即

---

① 孙诒让撰，孙启治点校：《墨子间诂》卷十二，中华书局 2009 年版，第 440—441 页。

使是天子之贵，低贱的草药也可以治其病，也要饮用农夫种植之粮食酿造的酒——上与下、贵与贱又岂是一定截然两界呢？

　　在才走出蒙昧不久的时代，这种将人与自然相分的理性是科学技术发展的重要基础，诸子百家以墨家科学技术成就最大，这是重要的原因。在墨家的很多科学成就中，都能看到这种不臆断、不附会，以脚踏实地的践行求得的真知。如墨家的几何学知识有明显的实践倾向。中国数学中代数相对较为发达，而墨家成员多从事建筑业和手工业，与几何学的关系更密切，因此墨学中几何学较为发达，且墨家的几何学多有操作痕迹："将抽象的数学概念与实际的物理意义相融合的思想，几乎渗透在《墨经》所有有关数学的条目之中。这是《墨经》基本的数学观念。《墨经》的数学命题，除了一般的、抽象的关系命题之外。往往还提出可操作性的定义。"① 如《墨经》定义方："柱隅四讙也。""柱"为框，"隅"为角，"讙"是合的意思，意为四条边相等、四个角相合就是正方形了，用形象的方式给出了正方形的定义。当时普遍的认识是五行有相生相克的关系，墨家通过对物质数量的变化引起性质变化的观察，提出"五行无常胜"，以为五行相胜并非一定的，条件不同结果就可能不同。如火能胜金，但不是任何条件下火都会胜金，如果金很多而火很小，则金可能会灭火；数量也是决定胜克关系的重要因素。"五行无常胜"符合现代化学的观念，墨子能够在两千多年前破除流俗，没有大量的实践是不行的。

　　墨家的知识观也体现了重实践的倾向。《墨经》曰："生，刑与知

---

　　① 袁运开、周瀚光：《中国科学思想史》，安徽科技出版社1991年版，第331页。

处也。"① "刑"与"形"通，指人的肢体，"知"是人的感觉与思维，人是生物性的肢体与思想智慧的统一。可见墨子重视人对客观世界的能动作用，认为人能够认识客观世界，掌握客观世界运动变化的规律。墨子认为人的知识有耳听、口授、亲历三种来源："知，闻、说、亲。""传受之，闻也；方不瘴，说也；身观焉，亲也。"② 其中亲历是墨子最为看重的，所谓亲知，"谓由五官亲历而所得之经验而成智识"③。这正是科学研究最为重要的途径，没有哪一个科学发明不是以反复的科学观察、科学实验为基础，也没有哪一个科学家仅靠冥想就能取得成绩。墨子以科学技术创造为兴天下之功利的途径，以此来实现自己的劳者有其衣、饥者足其食的美好理想，其对美的追求也贯穿于实践的过程中。按照实践美学的观点，人是对象性的存在物："人只有凭借现实的感性的对象才能实现自己的生命。"④ 这个最重要的凭借对象就是自然。人与自然是相互制约、相互依存同时也相互映照的，自然不仅为人的生存提供必要的物质条件，更重要的是，自然还使人的本质得以实现、让人的自我得以确立：人"通过实践创造对象世界，改造无机界，人证明自己是有意识的类的存在物，就是说是这样一种存在物，它把类看作自己的本质，或者说把自身看作类的存在物"⑤。此过程是一个自然人化的过程，同时也是人的对象化实现的过程，是一个美的创造的过程。墨子的亲知，就是人在实践中获得的智慧，这

---

① 吴毓江撰，孙启治点校：《墨子校注·经说》第 22 条，中华书局 1993 年版，第 471 页。

② 吴毓江撰，孙启治点校：《墨子校注·经说》第 83 条，中华书局 1993 年版，第 479—480 页。

③ 梁启超：《墨经校释》，中华书局 1941 年版，第 43 页。

④ 马克思：《1844 年经济学哲学手稿》，人民出版社 2000 年版，第 106 页。

⑤ 马克思：《1844 年经济学哲学手稿》，人民出版社 2000 年版，第 57 页。

种智慧本身也是一种美的创造。

墨子把实践的过程划分为三个步骤：虑、接、恕。《墨经上》第4条："虑，求也。"《经说》曰："虑。虑也者，以其知有求也，而不必得之。若倪。""虑"是人认识的初始阶段，譬如眼视外物，能观物，却未必能认识物的真相。欲求真相就要进入第二阶段："知，接也。"①《经说》曰："知。知也者，以其知过物而能貌之。若见。"

人的感官与外物相接触，知晓物的外部性状，但一些超越感官的事物则无法认识，如时间。这就需要进行第三阶段："恕，明也。"②《经说》曰："恕。恕也者。以其知论物而其知之也著。若明。"恕是明白敞亮的境界，是在虑与接的基础上的综合、推理、穿透："恕能深入事物的本质，抽出它的条理，可以遍观周知，故其（恕）知物也更深刻，更正确，更完全，透彻表里，如见光明，一切了了。"③恕的境界，不仅是人获得真知的境界，也是抵达事物的本质、洞察世界的真相的终极境界。墨者手足胼胝、摩顶放踵，制作兵器滑轮杠杆、探究时间空间、度量田亩畴税，在这个创造物质财富、兴天下之功利的过程中，也体悟到了人的本质，故而有人称墨子的科学思想为灯塔："由《墨经》所包含的自然科学知识看来，可以知道《墨经》认识论大大推动了人们对自然界的研究，它是中国古代唯物论照耀的灯塔。"④

---

① 吴毓江撰，孙启治点校：《墨子校注·经上》第5条，中华书局1993年版，第469页。

② 吴毓江撰，孙启治点校：《墨子校注·经上》第6条，中华书局1993年版，第469页。

③ 詹剑峰：《墨子的哲学与科学》，人民出版社1981年版，第38—39页。

④ 沈有鼎：《墨经的逻辑学》，中国社会科学出版社1982年版，第11页。

三、今之善者则作之：墨子科技美学的创新精神

钱临照认为墨子是"我国古代稀有之科学家也"，《墨子》"集数百条自然现象与思想之定义与定律于一书，先秦诸子之著作中惟此墨经而已矣；求诸世界并世之古籍中，也惟古希腊之少数著述足以相埒，吁，亦盛矣！"① 杨向奎先生亦说："一部《墨经》无论在自然科学的哪一方面，都超过整个希腊，至少等于整个希腊。"② 科学的灵魂在于创造，没有哪一位出色科学家会因循守旧泥古不化，墨家丰富的科学技术成果来自于他们孜孜不倦地探索自然界奥秘，不唯圣人之言是从，不为表面所迷惑，不囿于流俗习见，始终坚持实事求是、独立创新的精神。

墨子曾多年习儒，《淮南子·要略》载："墨子学儒者之业，受孔子之术。""墨翟，修先圣之术，通六艺论。"但是墨子对待先圣与六艺都有与儒家截然不同的态度，开创出一片新的天地。墨子认为，人应该"摹略万物之然，论求群言之比"③，要孜孜不倦地探索宇宙自然的真相。"然"就是所以然的意思。詹剑锋认为，"论求群言之比"说的是要选择适当的方式彰显人探求到的万物本来面目：

　　论，同抡，择也。群言即名、辞、说等多言，立辩所必需的形式。比，比类也。故"论求群言之比"者，即择求名、辞、说

---

①　钱临照：《墨经中光学力学诸条》，《科学史论集》，中国科技大学出版社1987年版，第5、35页。

②　《杨向奎教授的讲话（录音整理稿）》，张知寒主编：《墨子研究论丛》（一），山东大学出版社1991年版，第34页。

③　吴毓江撰，孙启治点校：《墨子校注·小取》，中华书局1993年版，第642页。

等多言以比类万物之然和所以然，就是说，把已知的客观现象以及各种现象的一定关系，用名、辞、说表现出来，使人共喻。①

墨子还总结出思考探索的"三表"法：

> 故言必有三表。何谓三表？子墨子言曰："有本之者，有原之者，有用之者。于何本之？上本之于古者圣王之事。于何原之？下原察百姓耳目之实。于何用之？废以为刑政，观其中国家百姓人民之利。此所谓言有三表也。

"三表"法表明了墨子的科学研究目的与方法。科学技术的目的在于用，在于创造与百姓耳目之实密切联系的物质成果，要实现这个目标，须要求本，从本源上认识万物，把握世界运动变化的规律，不停留于现象，也不唯圣人之言是从："墨子三表的价值，是在于其勇于和传统思想作斗争。这一点，他的第一表'本之'，敢于批判古言古服的先王传统，得出理想化的今言今服的先王理想；他的第二表'原之'，敢于批判习俗的传统成见，得出以社会实情来判断是非的新命题；他的第三表'用之'，敢于批判只问其然的传统的是非善恶，得出了须问其所以然的国民阶级的利益尺度。这便是'无所顾虑的态度'，本身是具有科学性的。因此，这个言表，他叫做'革思'言表。"② 墨子也推崇先圣，但与儒家的复古主义大异其趣：

---

① 詹剑峰：《墨子的哲学与科学》，人民出版社1981年版，第85—86页。
② 侯外庐、赵纪彬、杜国庠：《中国思想通史》（第1卷），人民出版社1957年版，第235页。

公孟子曰："君子不作，术而已。"子墨子曰："不然，人之其不君子者，古之善者不诛，今也善者不作。其次不君子者，古之善者不遂，已有善则作之，欲善之自己出也。今诛而不作，是无所异于不好遂而作者矣。吾以为古之善者则诛之，今之善者则作之，欲善之益多也。"①

墨子把是否具有创新精神视作君子品格高低的标志，认为品德高尚的人应该既弘扬古人的智慧，又能不断创新，有为于世。对传统的"君子循而不作"观念，墨子非常智慧地指出其荒谬："又古者羿作弓，伃作甲，奚仲作车，巧垂作舟；然则今之鲍、函、车、匠，皆君子也，而羿、伃、奚仲、巧垂，皆小人邪？且其所循，人必或作之；然则其所循，皆小人道也。"君子应该谨遵古代圣贤的教诲行事，而后羿发明弓，季伃发明甲，奚仲发明车，巧垂发明船，今天鞋工、甲工、车工、木工是学习后羿、季伃、奚仲和巧垂，那么后羿、季伃、奚仲和巧垂为小人，而鞋工等为君子喽？

墨子这里显示出非常可贵的历史进步观。厚古薄今、迷信古人是中国文化根深蒂固的观念，而科学的生命在于创新，迷信古人会导致科学的停滞不前，墨子能以变化的眼光看待历史，因而取得了伟大的科学成就。对于古人的智慧，墨子的看法清醒而理性，《墨经下》曰：

尧之义也，生于今而处于古，而异时，说在所义。②

----

① 孙诒让撰，孙启治点校：《墨子间诂》卷十一，中华书局 2009 年版，第 434—435 页。

② 姜宝昌：《墨经训释·经说下》，齐鲁书社 2009 年版，第 53 页。

尧霍。或以名视人，或以实视人。举友富商也，是以名视人也；指是臃也，是以实视人也。尧之义也，是声也于今，所义之实处于古。①

随着时间的变化，尧的思想逐渐丧失，今人所见尧之义，仅是其名，只有与他同时代的人见到的，才是实。墨子看到知识对不同的时代有不同的意义，为创新找到坚实的理论支持。

在《墨经下》中，墨子描述了小孔成像以及凸透镜、凹透镜、平面镜成像现象。关于小孔成像，墨子说："景到，在午有端与景长，说在端。"又说："景，光之人煦若射，下者之人也高，高者之人也下，足敝下光，故面反景于上，首敝上光，故成景于下，在远近有端，与于光，故景库内也。"这是相当生动而明白的描述："光之人煦若射"形象描绘了光线像射出的箭一样飞速行进的状态，提出了光的直线传播思想；"景到，在午有端与景长，说在端"，说的是直线行进的光线在小孔处交叉穿过，上下颠倒，形成倒置的影像；"在远近有端，与于光，故景库内也"，说的是只要距离适当处有小孔和光线，就可以在小孔后的屏上形成倒置的物像。在两千多年前就能对光学现象有如此清晰准确的描述和解释，墨子是绝无仅有的。

---

① 姜宝昌：《墨经训释·经说下》，齐鲁书社2009年版，第248页。

第二章 《考工记》 的技术美学

春秋战国时期，是中国历史上举足轻重的一个时期，在这一时期里中国古代社会形态发生了一个大变革，农业、手工业、商业、科学技术等，在这个时期也都得到了巨大的发展。在手工业领域中，不仅原有的操作工序更加纯熟，还产生了许多新的工艺。分工也较以前变得更加精细，这时，"工商食官"（西周时实行的一种商人制度。当时的工匠和商贾都是贵族的奴仆，他们主要为贵族的政治或生活需要而从事工商活动）的格局已经打破，官府手工业之外，出现了私营的个体手工业。《考工记》就产生在这个时期，它记载了大量的官府手工业工艺，后收入《周官》作为周礼的一章。《考工记》虽然主要是讲官府手工业，但是并没有否定民间手工业，其开篇就说："国有六职，百工与居一焉。"① 这一方面是强调"百工"的重要性，另一方面也说明"百工"属于官府手工业。由此可知，当时的百工已经有很高的地位，能够得到统治者的认同，被官方认可。郑玄注说："百工，司空事官之属。……司空，掌营城郭，建都邑，立社稷宗庙，造宫室车服器械，监百工者。"②《考工记》里面记载的都是官工，而有些诸侯国并没有设立官工：

> 粤（越）之无镈也，非无镈也，夫人而能为镈也。燕之无函也，非无函也，夫人而能为函也。秦之无庐也，非无庐也，夫人而能为庐也。胡之无弓车也，非无弓车也，夫人而能为弓车也。③

这就是说，每个诸侯国都能各自根据自己的需要，在民间制造所需的器具，而不必通过官府手工业，也就不必专门设立官工。从这里可以看出，《考工记》对民间手工业持的是肯定态度，这是契合当时的"知者创物"思想的。由于受到社会大变革的深刻影响，文化教育、科学技术、工艺制作等都开始向民间蔓延普及，学术思想空前活跃，社会上下呈现出百家争鸣的局面，出现了很多重视实践、关心社会进步和生产技术发展的杰出学者和科技发明家。鲁班、墨翟、李冰等就是在这样的社会背景下应运而生的，他们紧密结合中华悠久的历史文化与科学技术，通过科学设计，提高和改进手工业技术，从而使社会生产力获得迅速发展。

---

① 闻人军：《考工记译注》，上海古籍出版社 2008 年版，第 1 页。
② 闻人军：《考工记译注》，上海古籍出版社 2008 年版，第 1 页。
③ 闻人军：《考工记译注》，上海古籍出版社 2008 年版，第 1 页。

在论述手工业制作的著作中，《考工记》是最具有代表意义的，它不仅是一部反映当时科学技术和工艺技术发展的技术文献，更是后来中国手工业制作的理论宝典。它汇集了春秋战国时期手工业生产方面的科学技术，以及记载了六大专业三十个工种：

> 凡攻木之工七，攻金之工六，攻皮之工五，设色之工五，刮摩之工五，搏埴之工二。攻木之工：轮、舆、弓、庐、匠、车、梓；攻金之工：筑、冶、凫、栗、段、桃；攻皮之工：函、鲍、𪎭、韦、裘；设色之工：画、缋、钟、筐、㡛；刮摩之工：玉、楖、雕、矢、磬；搏埴之工：陶、瓬。①

《考工记》除了记载以上各种手工业生产的设计要求、制作工艺外，还将其中所包含的力学、声学、热学等科学原理和效用原理一一做了较为详细的阐释，其器具制造的科技在中国上下五千年文明史上堪称辉煌，工匠通过实用与美学效果的结合，很大程度上表现了民众的技艺才能。《考工记》所记载的这三十个工种的制作水平不仅是当时中国历史上的先进水平，也深刻地影响了后代的中国科技水平和科技发展方向，攻木、攻金、攻皮、设色、刮摩、搏埴这六个大类的工种制作上，从选材到制作再到检验，不仅体现了当时中国科学技术的严谨作风和高超水平，更是将美学概念深入其中。

关于《考工记》产生的历史根源，很多学者专家都已经做过一番分析，提出很多见解和意见，也产生了很多分歧。比如对于《考工

---

① 闻人军：《考工记译注》，上海古籍出版社 2008 年版，第 10 页。

记》的成书年代就有很多分歧，有《考工记》齐人所作说，郭沫若明确提出"《考工记》实系春秋末年齐国所记录的官书"①。其后陈直于1963年发表《古籍述闻》也赞同了郭沫若的观点。也有《考工记》是战国初期成书之说，代表人物有王燮山（《〈考工记〉及其中的力学知识》）、杨宽（《战国史》）、闻人军（《〈考工记〉成书年代新考》）等。还有战国后期成书之说，代表人物为梁启超（《古书真伪及其年代》），史景成（《考工记之成书年代考》）。还有《考工记》是周朝遗文之说，代表人物为刘洪涛（《〈考工记〉不是齐国官书》）。还有以夏炜瑛为代表的关于《考工记》是《周礼》的一部分即《冬官》的说法。尽管以上各家说法不尽相同，但是大多数学者认为其不出春秋战国的范围，故以此为研究春秋战国时期的技术观、物质观及与之相连的审美观之依据，当是可行可靠的。

保尔·苏利于1904年在《理性的美》中指出：美应该和实用吻合，理性的美应该呈现在实用器物中，实用器物的外观形式是为了体现其功能的。他说："只有在工业产品、一部机器、一种用具、一件工具里才找得到一件物品与其目的完全而严格地适合的某些例子。"② 叶朗先生也提到："技术美不同于艺术美，它不能撇开产品的实用功能去追求纯粹的精神享受，它必须把物质和精神、功能和审美有机地统一起来。"③《考工记》中既有那个时代手工艺制作的科学规范，也是一个时代的天人观念、自然观念、人生态度、政治理想的聚汇，蕴含着深刻的美学哲学思想，其每一个工种中的技术思想和美学哲学思想都

---

① 郭沫若：《天地玄黄》，新文艺出版社1954年版，第10页。
② 转引自叶朗：《美学原理》，北京大学出版社2002年版，第305页。
③ 叶朗：《美学原理》，北京大学出版社2002年版，第308页。

应该密切地联系起来研究。同时，《考工记》也从另一个方面反映出了在那个冷兵器时代，我们对技术的追求是依附于大自然的，我们对自然的认识完全融合在制作器物的技术上，无论是制作材料的收集，还是制作尺度的掌握都离不开对自然规律本身的认识。因此《考工记》的技术美学思想是基于自然与器物的完美结合，是缔造在自然基础上的完美器物，既符合大自然的规律，也符合使用者的目的。《考工记》不仅将纯粹的技术美融合在一种和谐、中庸的社会体制下，而且是中国手工艺制作中最早体现出审美意识的一部著作。它的技术美学思想主要体现在其形式与功能、规律与目的、道与器相统一的技术美之中。

第一节　形式与功能相统一的技术美

"技术美学的核心是审美设计。所以技术美学又可以称之为审美设计学。而技术美的实质就是功能美。"① 真正的技术美应该是功能在形式中的体现。正如日本美学家竹内敏雄所说，技术美并不在产品的功能本身，而是在于"功能的合目的性的活动所具有的力的充实与紧张并在与之相适应的感性形式中的呈现"②。根据周来祥对形式美的定义，"形式美是指美的存在的现象形式方面。它包括两个相关的内容，即色、线、形、音自然物质材料的美及其在空间、时间排列组合上的形式规律的美。"③ 对于形式的追求，也就是对于美的存在的现象形式的追求。

社会经验告诉我们，产品的外观形式直接与其使用价值紧密联系。尤其是现在随着科技的不断发展，对于器物的外观形式有了更高的要求，通常一些产品的功能都依附于其合理的外观形式结构上。我们对产品的选择，也不仅仅局限于功能上，更多地是体现在对外观形式的认同和对审美需求的满足上。比如，我们对电子产品的选择，比如对笔记本电脑和手机的选择，都会首先考虑其外观，比如颜色、样式、形状，以及所用材料等方面，而后再考虑其功能。

---

① 叶朗：《美学原理》，北京大学出版社 2002 年版，第 308 页。
② 转引自徐恒醇：《技术美学》，上海人民出版社 1989 年版，第 156 页。
③ 周来祥：《论美是和谐》，贵州人民出版社 1984 年版，第 143 页。

物质的形式分为两种："一是内在的形式结构，一是产品的表层外观。"① 从某种意义上来说，制作或创造一个产品，就是为产品的功能寻找一种合适的形式结构，使产品看起来更和谐，更具有美感。因而，形式的美也应该由功能引出，而功能也必须依赖于形式才得以体现。比如，新石器时代的彩陶，其外观的颜色、图纹所带来的视觉审美都是依附于我们对彩陶本身的功能（盛水、盛食物、蒸煮）的需求。我国最早的一部手工艺制作书《考工记》，也记载了很多关于制作器物的形式（外观）美与功能美相统一的技术形式美。

一、从"形"式到"型"式的技术美

中国古代对形式美的认识和追求，有一个从"形"到"型"的过程。"形"：一是指事物的本来样子，比如形象；二是指地势的高低，山、水的样子，继而指事物发展的状况，比如形势。"型"：一是指铸造器物用的模子；二是指样式。由此可以看到，"形"是事物个别的、特殊的样貌，"型"包含了从大量的样貌中发现的有规律、普遍的范式。"形"到"型"的发展是从事物的本来样子，也就是从物体的原来形象，发展到铸造器物用的模型。张光福认为"原始艺术的萌芽，是对物质产品的加工和劳动过程两个方面产生的"②，艺术的产生直接与生产劳动相联系。早期人们对艺术的兴趣，主要集中在对所需的物质产品（器物）的美的加工上，也就是在实用艺术的创造上和技术的产生上。

---

① 叶朗：《美学原理》，北京大学出版社 2002 年版，第 310 页。
② 张光福：《中国美术史》，知识出版社 1982 年版，第 8 页。

从原始社会时期的石器制作与形式的发展过程来看，人们对于造型技术的认识越来越强烈，越来越丰富，越来越深刻。从"北京人"使用的石器来看，它的制作和形式都是十分原始而简单的：随便挑选一些硬度比较大的石块，对石块的边缘加以修制，打造成尖状的物体——只要便于割兽皮和兽肉就达到了应用的目的，因而还谈不上对形状的稳定区分或者对石器用途的分工，只是根据功能上的不同需求，对器物的形状有了一个简单地从模仿需求的"形"式到功能需求的"型"式制作过程。"河套人"以及周口店的一些石器，对石器刃口相对的一端边缘进行修理，是为了方便使用者把握。"山顶洞人"的石器已经出现了磨制和钻孔技术的应用。直到新石器时代，石器的形式就完全表现出来了，石器的形式也开始向复杂多样化发展。人们设计出更加平整、更加规则、更加多样化的工具造型。如斧、弓等工具，出现了对称和均衡的形式，也逐渐出现了三角形、正方形、长方形、菱形和圆形等一些规则的几何图形样式。这种样式集中体现在陶器的制作上。这时，人们开始有了对形式、颜色、图案的认识。

《考工记》中的很多记载，反映了先秦时期人们在技术创造中从对形的追求向对型的追求的转变过程。这种对物质形式进行艺术加工的实用艺术，所反映出来的形的概念、色彩的概念、审美的概念也都是人们生产实践的产物，是人们的亿万次实践的认识，再实践再认识的结果。例如，《考工记》已经开始将器物从形（尺寸、重量、体积、角度）的角度认知发展到整个技术领域对于器物型的感知上：

> 故兵车之轮六尺有六寸，田车之轮六尺有三寸，乘车之轮六尺有六寸。六尺有六寸之轮，轵崇三尺有三寸也。加轸与轐焉，

四尺也。人长八尺，登下以为节。①

这里就是从功能出发对形式提出了不同的要求，不同尺寸的车轮只能用于不同的车。兵车的车轮要六尺六寸，比较有利于战士作战，因为战车多半是用马拉，这样的高度既能适应战马的高度，又能满足人上车下车的要求；而田车的轮子高六尺三寸，主要是因为田车的用途主要在于耕种，通常都是用牛带动，而六尺三寸就适应了牛的高度，这样才让牛的力刚好使在适当的位置；而古时候的人，大概都是八尺，也就是一米六左右。上车下车也恰好，所以乘车的轮子也是六尺六寸。在这里，器物制作的尺寸就是结合其不同的功能和用途，因此对于尺寸的把握已经开始运用到技术的型的制作中了。

"车人之事。半矩谓之宣，一宣有半谓之属，一属有半谓之柯，一柯有半谓之磬折。"② 就是以角度为形式，其中的矩、宣、属、柯、磬折其实是一套关于角度的换算方法。工匠的曲尺叫作矩，也就是今天的矩形，角度就是 90 度；矩的一半就是宣，也就是今天的 45 度；属是今天的 67 度 30 分；柯是今天的 105 度 15 分；磬折是今天的 151 度 52 分 30 秒。这样组成的角度是最适宜的，即使在今天看来，也是一项很了不起的角度换算法。把角度运用在器物制作中，就更加掌握了器物的形状，同时也运用精确的角度来把握尺度，这样才能有机地做到尺度的对称、匀称、和谐，从而达到美的要求。

最为典型的关于艺术的"形"式美转向技术的"型"式美的，是

---

① 闻人军：《考工记译注》，上海古籍出版社 2008 年版，第 14 页。
② 闻人军：《考工记译注》，上海古籍出版社 2008 年版，第 128 页。

在"梓人为笋虡"一节中：

> 梓人为笋虡，天下之大兽五：脂者、膏者、羸者、羽者、鳞者。宗庙之事，脂者膏者以为牲。羸者、羽者、鳞者以为笋虡。外骨，内骨，却行，仄行，连行，纡行，以脰鸣者，以注鸣者，以旁鸣者，以翼鸣者，以股鸣者，以胸鸣者，谓之小虫之属，以为雕琢。厚唇弇口，出目短耳，大胸耀后，大体短脰，若是者谓之羸属，恒有力而不能走，其声大而宏。有力而不能走，则于任重宜；大声而宏，则于钟宜。若是者以为钟虡。是故击其所县而由其虡鸣。锐喙决吻，数目顾脰，小体骞腹，若是者谓之羽属。恒无力而轻，其声清阳而远闻。无力而轻，则于任轻宜；其声清阳而远闻，于磬宜。若是者以为磬虡，故击其所县而由其虡鸣。小首而长，抟身而鸿，若是者谓之鳞属，以为笋，凡攫閷援簭之类，必深其爪，出其目，作其鳞之而。深其爪，出其目，作其鳞之而，则于眡必拨尔而怒，苟拨尔而怒，则于任重宜，且其匪色必似鸣矣。爪不深，目不出，鳞之而不作，则必颓尔如委矣，苟颓尔如委，则加任焉，则必如将废措，其匪色必似不鸣矣。①

这段话是说天下的兽总共有五类，根据其不同的形式特征和特点用来制作不同的器物。笋虡为乐器的支架，其中横梁叫作笋，直立柱座叫作虡。在制作的时候，经常要在笋虡上装饰以动物为题材的雕刻，而选择的动物的题材就要根据笋虡对各个不同部位的发声要求，用来

---

① 闻人军：《考工记译注》，上海古籍出版社 2008 年版，第 97 页。

衬托这个乐器的声响，以增加其音乐的感染力。钟虡需要声音宏大，所以选择具有相同特征的大型动物赢，因其形状是嘴唇厚实，口狭而深，眼珠突出，耳朵短小，前胸阔大，后身小，体大颈短。而鸟属于羽类，形体轻盈，声音自然清脆远闻，就适于装饰磬虡等。这都是从器物本身所具有的功能出发，来设计外观形式的。这样既体现了装饰物外在的"形"式美，又包含了对声音美与乐器形制之间对应规则的认识。

二、形式与功能统一中的"礼制"

《考工记》作为《周礼》的一部分，本身就是国家意识形态、社会等级观念甚至生活伦理道德在生产过程和产品中的体现。器物的形式本身就是一系列的规矩，尺度方圆等器物的外观形式无一不具有特定的内涵，其功能形式也体现了国家意识形态。器物的制作方式上，讲究形式与功能的统一，一系列的形式功能和规矩，都是由当时的社会形态和社会性质决定的。春秋战国时期的社会意识形态都是以统治阶级的意志为核心，经济基础决定上层建筑，器物制造的外观形式都是符合、维护当时的统治阶级的意识的。礼起源于原始宗教，随着社会不断涉及人与人之间的精神交往，"礼制"就在原始巫术仪式的基础上，发展成为一套完整的人伦社会秩序，作为宗法制度的纽带。许慎《说文》称："礼，履也，所以事神致福也。"[1] 而"礼"字本身就是祭祀活动的一种象形，甲骨文中的"礼"，也表示盛在器皿中的玉器，作为祭品奉献给神灵。殷周时的自然神灵被人格化，使宗法社会

---

[1] 段玉裁：《说文解字注》，上海古籍出版社1981年版，第2页。

的上下尊卑关系首先在祭祀活动中体现出来，这就构成了重礼的社会秩序。在中国古代社会的发展中，礼慢慢变成了"以血缘联系为纽带，以等级分配为核心，以伦理道德为本位的思想体系和制度"①，涉及一整套的典章、制度、规矩、仪式。因此，在中国古代，"礼"可以说是统治者治理国家的根本。

在《考工记》中，器具的形式和功能都突出地体现了其"礼"制思想，这也是和中国古代的社会等级制分不开的。这里的"礼"是礼的泛概念，强调的是"物"对于"人"的宾主等级，在物与人的关系中，人始终是万物的主导，造物设计应绝对服从于人的多重需要，既有来自于物质功能的也有源于心理的观照，包含着社会心理、行为心理、世界观、宇宙观等。《考工记》所表现的春秋时期的"礼"是根植于人们意识之中的最重要的观念与范畴。人们总试图在人造物中体现和感知天人之礼、人人之礼的心理暗示和心理寄托；甚至，源于提高产品功效的主观意向，功利地放弃了今人所界定的实用标准而附会于当时的社会功用，认为真正实用的器物必须符合"天地人"三者的共和共生。在现在看来，把礼强加在器物身上，并且用于区分人的等级制的做法，是有违社会公平的，但是，在当时尊礼定制的社会等级制度已经自然而然地寄居在器物的观念和形态之中。《考工记》中多处记载了关于形式与功能中的礼制等级区分法，从形式美中发现其森严的礼制。《考工记》中的《玉人之事》一章，就集中而突出地体现了"礼制"在器具制造和使用过程中必须遵循的等级制度：

---

① 刘志琴：《礼的省思》，《中国传统文化的再估计——首届国际中国文化学术讨论会》，上海人民出版社1987年版，第127页。

玉人之事。镇圭尺有二寸，天子守之。命圭九寸，谓之桓圭，公守之。命圭七寸，谓之信圭，侯守之。命圭七寸，谓之躬圭，伯守之。天子执冒，四寸，以朝诸侯。天子用全，上公用龙，侯用瓒，伯用将，继子男执皮帛。天子圭中必。四圭尺有二寸，以祀天。大圭长三尺，杼上终葵首，天子服之。[①]

这一章大概是"关于玉的事情。天子所执守的玉叫镇圭，其长是一尺二寸；长九寸的命圭是由上公执守，名字叫桓圭；另外一种长七寸的命圭，由侯爵执守，叫作信圭；还有一种长七寸的命圭，由伯爵执守，叫作躬圭。天子所执的瑁长四寸，在诸侯朝觐的时候使用。天子用纯色的玉石，上公用杂色的玉石（玉石比为四比一），诸侯用质地不纯的玉石（玉石比为三比一），伯爵的玉，玉石各占一半。继子男诸侯执持皮帛。天子的圭中央系有丝条。四圭长一尺二寸，用来祭天。大圭长三尺，从中部向上逐渐瘦削，首为锥头形，天子戴服之用"[②]。

自古以来，在中华子孙的眼里，"玉"都是与众不同的，中华民族的祖先们在近万年前的旧石器时代晚期，就已经发现玉石了，并且经过长期的使用和探索，已经开始比较系统地使用玉石了。最原始的玉石是人们在早期的生产工具制作的时候发现的一种比石头更为坚硬的矿物。起初，兽皮和兽肉的分割是选用一些较为坚硬的石头来完成的；而由于玉石比一般的石头坚硬，更加易于分割食物，于是，人们就把玉石加工制作成便于使用的石制品，以便更加有效地分解食物。

---

① 闻人军：《考工记译注》，上海古籍出版社 2008 年版，第 77 页。
② 闻人军：《考工记》，中国国际广播出版社 2011 年版，第 218 页。

在物质生活逐渐丰富的时候，人们对精神生活的追求就会更加强烈。由于玉石有着与众不同的色泽度和光彩度，并且晶莹剔透，惹人喜爱，于是人们就开始利用玉石的物理性质，制作装饰品，所以就有"美石为玉"之说。因此，经过这种长期的生活实践，人们开始把这一部分具有特殊形式的"美石"从一般石头中独立出来，经过加工制作成供人们欣赏的装饰品，称为"玉"。而玉石本身晶莹剔透，极具有审美价值，善于模仿和象征的中华人民就开始赋予玉新的内涵。玉石就开始超越了单纯分类说的范畴，而一跃成为中华民族的精神寄托。著名学者李约瑟在《中国科学技术史》中说道："对玉的爱好，可以说是中国的文化特色之一，启迪着雕刻家、诗人、画家的无限灵感。"全民的尊玉和爱玉的民族心理是中国人在长期的历史进程中逐渐形成的，并且在中国人心中早已根深蒂固，玉在象征意义上的神化概念和玉在功能上的灵物概念、特殊权力观念自然而然就植根于此。而玉文化本身则作为中华文明的一个重要组成部分，在中国几千年文明史中已经形成了无法估量的深远影响。君子佩玉，自古有之，玉不仅象征一个人的品德和品性，还象征一个人的权力和地位。显然，玉早已经从一般的器具符号提升为权力和地位的符号象征了。

东周王室和各路诸侯，为了各自的利益和身份，都把玉当作自己权力、地位和品德的化身。他们用佩挂"玉饰"来标榜自己是有"德"的仁人君子："君子无故，玉不去身。"每一位士大夫，从头到脚，都有一系列的玉佩饰，尤其是腰下的玉佩系列更加复杂化。由此，当时的玉制造业以及玉饰品都特别发达，大量的龙、凤、虎形玉佩，无论是其造型所富有的动态美，还是色泽所固有的亮美都能体现时代的精神和民族的特征，当时玉佩制品的外观造型和审美意蕴都具有极其浓厚的中国气派和民族特色。人首蛇身玉饰、鹦鹉首拱形玉饰等一系列玉制品都反映出春秋诸侯国的琢玉水平和佩玉情形。不过，从总体上来看，由于西周严格的宗法、礼俗制度的约束，西周玉器制品的外观形式和呈现的雕刻花式都有点呆板，过于规矩，没有商代玉器那样活泼。

在金属精工发明之前，玉石打造成玉饰品，是用间接的磨制方法来雕琢的，即用器物带动解玉砂来磨玉。雕琢玉石的这种独特方法，在程序上是复杂而烦琐的，加之可以用于琢玉的美石的数量极其有限，而且加工困难，因此就只有族群里少数上层人物如族长、祭师才有资格佩戴玉制饰品，这又使得玉制品渐渐演变成礼器、祭器或图腾。正是在这种长期缓慢的进化过程中，玉石由原来仅仅是一种质地坚硬的石头转化为权力、地位、财富、神权的象征；到后来，通常就只有品德高尚的人，或者地位很高的人，才有资格佩戴玉石。对佩戴玉石的人有很高的要求，一方面是由于玉石本身的珍贵，另一方面是由于当时的社会体制下森严的等级礼。《考工记》记载了不同等级的人所佩戴的玉石的不同，表现在玉的不同纯度、不同样式、不同尺寸，而且也用于不同人的不同场合。比如，瑁玉是天子在朝觐的时候使用的，所以对瑁的纯度、玉石比例和尺寸都有很明确的要求。礼制在中国古代器物制造中起到了规范作用，这是不言而喻的。

"礼制"对中国古代建筑艺术有着更加深远的影响。《礼记·曲礼》曰："君子将营宫室，宗庙为先，厩库为次，居室为后。"① 可见

---

① 《礼记·曲礼》，阮元校刻：《十三经注疏》，中华书局 1960 年影印版，第1258 页。

礼制性建筑的地位远在实用性建筑之上。这种建筑等级制度，并非仅仅局限于建筑的个别环节，而是渗透在从城市规划到具体装饰的所有层面上。《礼记·礼器第一》曰：

> 礼有以多为贵者。天子七庙，诸侯五，大夫三，士一。[①]
> 有以大为贵者。宫室之量，器皿之度，棺椁之厚，丘封之大，此以大为贵也。有以高为贵者，天子之堂九尺，诸侯之堂七尺，大夫五尺，士三尺。[②]

宫室、器皿的大小，死后坟头的高低，棺椁的厚薄，都有严格的等级区分。在宫室、庙堂的建筑中，又把建筑群的规模和房屋之高低作为贵贱的标准。等级制度在建筑上通过房屋的宽度、深度，屋顶的形式，装饰的式样等表现出来，建筑因此成为传统礼制的象征。《考工记》更是在门阿制度上，规定了其礼制。古代天子、诸侯、卿大夫的门制互有区别。《匠人》集中叙述了礼制等级制度下的门阿礼制：

> 王宫门阿之制五雉，宫隅之制七雉，城隅之制九雉。经涂九轨，环涂七轨，野涂五轨。门阿之制，以为都城之制。宫隅之制，以为诸侯之城制。环涂以为诸侯经涂。野涂以为都经涂。[③]

---

① 《礼记·曲礼》，阮元校刻：《十三经注疏》，中华书局 1960 年影印版，第 1431 页。

② 《礼记·曲礼》，阮元校刻：《十三经注疏》，中华书局 1960 年影印版，第 1433 页。

③ 闻人军：《考工记译注》，上海古籍出版社 2008 年版，第 118 页。

意思是，王宫的宫城城门的屋脊标高为五雉（相当于现在的五丈），宫城城墙四角处的高度为七雉，王城城角的高是九雉。经涂的道路宽九轨，环城的道路宽七轨，城郭外的道路宽五轨。王子弟、卿大夫采邑城的城高，取王宫的宫城门的高度，也就是五雉；诸侯城的城高，取王宫的宫城的高度，也就是七雉。诸侯经过的路，取环城之路的规制，即七轨；王子弟、卿大夫采邑的路，取野外之路的规制，即五轨。

通过城墙的高度以及通城的道路宽窄来确定人的身份和地位，这在今天看来是不合理的，但是在当时的社会体制下，礼制统治下的城市建筑都是有区别的。城市建筑要通过居住环境和道路宽窄来确定人的地位和身份，这应该说是中国古代建筑的一个鲜明特色。比如后宫，王后和普通的妃嫔们地位等级不同，居住条件也是不同的，下人也因为所伺候的主人的地位的不同而有不同的地位。儒家用以维系社会秩序、规范社会生活的三纲五常，落实到日常的衣食住行、举手投足的每一个环节、每一件器物上，完成了在社会各个层面的具体规定，成为人们须臾不可分离的精神生活。"礼"不仅形成了中国古代统治阶级用于规范社会和国家的礼仪、人伦、尊卑有别的制度，还直接或间接地塑造着人——人们在"礼"中自觉脱离动物世界。看似规范日常生活的"礼"，看似不太人性的"礼制"，却在规范了的世俗生活中展示出其神圣而伟大的意义。《考工记》作为一本手工业制造之书补入《周礼》，或许就是想把"礼"从纯精神和意识形态的形而上学的层面扩及器物和日常生活的形而下的物质层面，使人的一言一行都处于"礼"的包围之中，从而真正在制度上完成"礼"对于人的规定——比如，"玉"就已经成为"礼"的符号象征。这样更有利于统治阶级的统治，更有利于巩固君臣有别、父子有别、夫妇有别的森严等级。因此，"作为神圣之礼器的制造，自然不会是粗糙和随意的，而是合目的、合规律相统一的，既离不开文化传统的指导，也离不开审美观的指导。"①

三、形式与功能统一中的"阴阳转化观"

阴阳原初表示人对自然最朴素的认识，即表示阳光的向背，向日为阳，背日为阴。后来随着词意的演变和发展，气候的寒暖，方位的上下、左右、内外，运动状态的躁动和宁静等也被引申为阴阳，阴阳被当作一种普遍的对立统一，被中国古代人民抽象为一对哲学范畴。在《考工记》中，关于器物制造的方法以及质量检验中很多都用到传统的阴阳概念。一方面，要在器物制作的形式上符合其功能的需求，就必须在选材上精雕细琢，做到"审曲面势，以饬五材，以辨民器，谓之百工"②。对于材料的选择，没有高科技的机器来辨认，就只能靠古人的原始手工方法，因此阴阳观在选择材料上就起到举足轻重的作用。另一方面，阴阳这个概念也已经由最原始的、最本初的概念上升到哲学范畴，因此对阴阳的认识具有本体论意义。老子在《道德经》第四十二章称："道生一，一生二，二生三，三生万物。万物负阴而抱阳，冲气以为和。"③《易经·系辞》所说"一阴一阳之谓道""太极生两仪，两仪生四象，四象生八卦"，都是将阴阳视为世界本原"道"

---

① 李艳：《考工记美学研究定位》，《中国石油大学学报》（社会科学版）2006年10月第22卷第5期，第91页。

② 闻人军：《考工记译注》，上海古籍出版社2008年版，第1页。

③ 朱谦之：《老子校释》，中华书局1984年版，第174—175页。

的分化和推动世界万物不断衍生、发展的两种根本力量，是人们用以解释事物生成变化的基本概念。因此，这时的阴阳观念只是对事物中对立力量的辩证认识。《黄帝内经·素问·阴阳应象大论》有云，"阴阳者，天地之道也，万物之纲纪，变化之父母，生杀之本始"①，也是说自然阴阳和合而生万物。不论阴还是阳，都是从太极转化而来——太极生两仪，所以其"体"是相同的，都来源于太极，阴阳之所以表现出不同的性质和特征，是因为其"用"不同。阴阳相互依存，如果没有一方，另一方也不可能产生，阴是阳存在的肯定，阳是阴存在的肯定，所以说阴阳是同一的。阴阳双方又是相互斗争、相互否定的，因为是阴就非阳，是阳就非阴。这个概念在我们的日常生活中是很容易区分的，正如是雄性就肯定不是雌性，是雌性就肯定不是雄性一样，它们是相异的、相反的类。

世界上存在的万事万物都是和而同、同而异，《论语》就说"君子和而不同"，阴阳的概念联结了同一性和斗争性的对立统一。同一是阴阳对立双方的和而同一，它以对立面之间的差别和对立为前提，却又共同存在、共同生长。斗争是太极统一体内部的阴阳斗争，阴阳对立面的相互斗争中存在着双方的相互依存、相互渗透甚至互相转化。"《考工记》中的许多手工技术都充分体现了对立统一的思想，反映出《考工记》的作者对阴阳五行说基本原理的理解和应用。"②

---

① 李克光、郑孝昌主编：《黄帝内经太素校注》，人民卫生出版社 2005 年版，第 44—45 页。
② 朱广荣：《试论中国古代科技哲学及其本体范畴》，《燕山大学学报》（哲学社会科学版）2001 年 5 月第 2 卷第 2 期，第 17 页。

　　凡斩毂之道，必矩其阴阳。阳也者，稹理而坚；阴也者，疏
理而柔。是故以火养其阴，而齐诸其阳，则毂虽敝不蔽。①

　　意思是说，凡是伐取毂材的要领，必须先标明刻识阴阳的记号。
木材向阳的部分，纹理致密而坚实；背阴的部分，纹理疏散而柔弱。
因此用火来烤背阴的部分，使它和向阳的部分的性能达到一致，然后
用作毂，即使毂破旧也不会因为变形而不平。这里的阴阳，是从选材
方面来讲的，按照阴阳的原始物理性质来挑选材料，就可以让材料达
到上等。阴阳表示互相对立的两种物质或者力量的观点，在《考工
记》中发展为表明树木木质层、比重和发声上的区别。树木的木质层
有阴阳之别，稹理而坚、疏理而柔本是木本植物自然生长的结果，使
木材在受冷热干湿时，具有相异的膨胀收缩的性能，从而造成木器表
面不平甚至变形。由此可以看出中国古代人民细致的观察力和想象力。
通过调和阴阳的物理性质，使向阴的材料经过火烤性能达到向阳的要
求，也就是说在符合器物形式和功能的要求下，阴阳也可以互相转化，
并且阴阳转化的目的是达到器物功能的和谐一致，这就是《考工记》
所表达的更深层的含义。

　　在《考工记》中，除了选材，对器物质量进行检测也涉及阴阳，
在"矢人为矢"一节中对箭的质量的测试就是利用阴阳来进行的。
"以其馆厚为之羽深。水之，以辨其阴阳。夹其阴阳，以设其比。"②
就是将箭干浮于水面，识别上阴、下阳；垂直平分阴、阳面，设置箭

　　① 闻人军：《考工记译注》，上海古籍出版社 2008 年版，第 20 页。
　　② 闻人军：《考工记译注》，上海古籍出版社 2008 年版，第 89 页。

括。阴阳之说用于说明木质的轻重，用水来辨别阴阳是利用了水的浮力来区分木材沉浮部分的比例分界，与以坚柔来辨别阴阳，道理是一致的。同时《考工记》还用阴阳说来表示木材受到敲击的时候所发的声响。"阳声则远根。"木材各部分因为质地区别在发声上也有所不同，距离根部远的部分发出的声音响亮，就是阳。从以上显然可以看出，工匠们对阴阳的认识已然从对立统一中抽象出来作为制造器物的准则，阴阳之间相互斗争、相互依存、相互渗透甚至互相转化，是为了使器物的形式和功能统一。

第二节　规律与目的相统一的技术美

技术创造作为人的一种主观的能动的实践活动，是建立在自然世界的基础上的创新和创造。人类实践和创造以自然为最原始的物质基础和对象，并在其中展开丰富的想象，改造和利用自然，从而改造和改善物质生活和精神生活，让人类逐渐从原始社会的野蛮状态发展到科学技术发达的现代文明时代。而技术美就发生于人的目的性与自然规律的相互适应之中。中国有着悠久的历史和文化，产生了极富魅力的技术美学思想，这些技术美学思想蕴含着合规律与合目的相统一的深厚的哲学美学观。

自古以来，中国哲学都强调天人合一、天人无间、天人不相胜，认为天地自然也是充满生命的活泼的有机体。天和人一样，也能造物，有着巨大的创造力量。《易传》说："天地之大德曰生。"《庄子》说：

"天地有大美而不言。"《乐记》说："春作夏长，仁也；秋敛冬藏，义也。"中国古代哲学很少强调征服自然；相反，顺应自然、效法自然的观念一直占主导地位。《论语》说："大乐与天地同和。"《庄子·齐物论》说："天地与我并生，而万物与我为一。"这样一种思维模式与文化传统也影响到了古代先人们对物质创造的审美活动和创造工具的技术活动，强调创造既要符合目的性要求也要符合自然规律的要求，不能随便破坏自然的和谐，人要在与自然的相亲相和中满足自己对器物的需求。"有合规律与合目的的统一，才能有美；有对合规律性与合目的性的统一的感受，才能有审美。"①

《考工记》中，人的生产是自觉的生产，按照美的规律生产体现了技术美的合规律性。其合规律性与合目的性不仅体现在造物上的天人合一、和合之美上，还特别强调以人为本原则。《考工记》所提倡的合规律与和目的相统一的技术美，蕴含着浓浓的人本思想，可以说，人本主义贯穿了整部《考工记》。

一、合规律与合目的的天人合一观

天人合一是中国哲学的根本所在，尤其是在远古的石器时期，人们还处于认识的蒙昧时期，不能依靠科学解释自然现象，就会将"天"看得非常重要。这个时候，只有顺应自然规律，将自然与人有机地结合起来，才能巩固家庭和国家的地位。先秦时期所讲的"天"是有意志的天，它是一切的主宰，而雷、雨、电、风等自然现象都是对统治阶级违抗天命的惩罚。《论语·季氏》说："君子有三畏：畏天

---

① 王生平：《李泽厚美学思想研究》，辽宁人民出版社1987年版，第97页。

命，畏大人，畏圣人之言。"孔子也是天人合一的推崇者。而老子更加直接地将天人合一表现为人与道的合而为一，《老子·第二十五章》说："人法地，地法天，天法道，道法自然。"这就直接将天与自然联系起来。按照张世英的说法，"天人合一实际上就是不分主体与客体、思维与存在，而把二者看成浑然一体。"① 这在《周易》中体现得更加明确。《周易》认为，阴阳交感、八卦相荡才会产生天地之间的一切人和事物，因而阴阳是统一的，天地之间的一切人和事物也是统一的，相互渗透融合的。

《周易·系辞传》说：

> 古者包牺氏之王天下也，仰则观象于天，俯则观法于地，观鸟兽之文与地之宜，近取诸身，远取诸物，于是始作八卦，以通神明之德，以类万物之情。②

强调以天、地、人"三才"之道统摄六十四卦。天道、地道合起来是自然界的秩序、法则，人道则是人类社会的行为准则。人和天构成了一个有机的整体，自然界和人类社会是相互融合的。《考工记》中的天人合一体现为其造物技术和艺术的形而上之道的完美融合，反映了先人们在造物活动中对于天人关系的一种审美态度和美学思考。《考工记》的天人合一有着非常丰富的意蕴，不仅表现在造物的总体原则上，也落实到了具体的关于工艺制作的尺度规程上，还表现在器

---

① 张世英：《天人之际》，人民出版社 2007 年版，第 13 页。
② 叶朗：《中国美学史大纲》，上海人民出版社 1985 年版，第 73 页。

物的象征意义上。

《考工记》中记述："天有时，地有气，材有美，工有巧，合此四者，然后可以为良。"① 天时和地气是指季节、气候、环境等其他自然规律。这就是说，人的生产制作不仅需要优良的材料、娴熟精湛的技术，还必须顺应天时，适应地气。只有遵循自然规律，人工与自然相配合，才能得到精良的器物。天时、地气、材料和工人的技术四者缺一不可，无论缺少哪一个环节都得不到完美的器物。"材美工巧，然而不良，则不时，不得地气也。"是说，如果你选择的材料上等，制作工人的技术一流，然而做出来的器物却不精良，那必是没有适应天时、顺应地气。因为，天时地气随时都在发生变化，必须选择适当的时机才能制造好的器物。《考工记》中有专门的章节记叙器物合规律与合目的的天人合一观：

> 橘逾淮而北为枳，鸜鹆不逾济，貉逾汶则死，此地气然也。郑之刀、宋之斤、鲁之削、吴奥之剑，迁乎其地而弗能为良，地气然也。燕之角、荆之干、妢胡之筍、吴粤之金锡，此材之美者也。天有时以生，有时以杀；草木有时以生，有时以死；石有时以泐；水有时以凝，有时以泽；此天时也。②

橘迁种到淮北就变成枳，八哥鸟不向北飞越济水，貉如果向北越过汶水就会死，这些都是地气造成的。郑地的刀，宋地的斧，鲁地的

---

① 闻人军：《考工记译注》，上海古籍出版社2008年版，第4页。
② 闻人军：《考工记译注》，上海古籍出版社2008年版，第4页。

削，吴、越的剑，离开当地而制作，就不能精良，这些也是地气造成的。燕地的牛角，荆地的弓干，妢胡的箭杆，吴、越的金、锡，这些优良的材料，都与其所在的地方密不可分。天有时使万物生长，有时使万物凋零；草木有时生长，有时枯死；石头有时产生裂纹；水有时凝固成冰，冰有时消融成水：这些都是天时造成的。而要做到器物的最好状态就必须适应其天时和地气。就像董仲舒所说，"人有喜怒哀乐之答，春夏秋冬之类也。……天之副在乎人，人之性情，有由天者矣。"① 人和自然、人和天的相通，在于自然和人的情感以及自然和人的形体上的合一，因此我们必须顺应天时、地气才能智者造物。《荀子·天论》说："天有其时，地有其财，人有其治，夫是之谓能参。"是说，人有充分利用天时地利等自然条件的能力，人与天地并立为三而毫不愧色，是因为人与自然界的活动规律是可以一致的。因此人只要顺应天时地气就可以得到自己想要的效果，"各得其和以生，各得其道以成"②。

庄子在论述自己的思想主张时，也提到制作活动与规律的关系。庖丁解牛的技术也是在遵循自然规律的基础上从事的创造活动。《庄子·养生堂》有云："以神遇而不以目视，官知止而神欲行。依乎天理，批大郤，导大窾，因其固然。"意思是，只有把握规律（神遇）、按照规律办事（神行），才能达到自由和审美的境界。"庖丁孜孜以求的是寻找客观事物（牛的）规律的'道'，是不简单停留在掌握和运用具体的'技'，而是不断地认识——实践——再认识——再实践，

① 董仲舒：《春秋繁露》，中华书局2011年版，第54页。
② 王生平：《李泽厚美学思想研究》，辽宁人民出版社1987年版，第93页。

完成从感性认识到理性认识的这种思想上的飞跃。"① 因此，"可以说技术美即人在物质文化创造活动中，通过对自然规律的把握，从而使人的活动及产品所体现出的合目的性的自由的感性形态。"② 也就是将人和自然规律合而为一，即一种很朴素的天人合一观。

同样，在明代科学家宋应星的《天工开物》中也提出了对科技活动的本质的认识："天覆地载，物数号万，而事亦因之曲成而不遗，岂人力也哉?"③ 天地万物应有尽有，数不胜数，人的一切行为活动都不是单凭简单的人力就能够做到的，都直接或者间接地依赖万物而成。但是人在万物面前也不是弱小无力的，这在之前的《荀子》中已经提到，人是可以改变自然的，人通过自己的努力，可以充分利用、改造自然，以为人所用："草木之实，其中韫藏膏液，而不能自流。假媒水火、凭借木石，而后倾注出焉。"④《天工开物》主张人通过自身的劳动，通过对自然的认识、对自然规律的把握来开发利用自然以创造财富。以上虽然都没有直接提出"技术美"的概念，但通过对人工与自然的关系即天人合一很容易逻辑地推出人工与自然、人的目的与规律的结合，就是"技术美"赖以存在的客观基础。虽然《考工记》仍然没有直接提出"技术美"，但是我们很容易从其朴素的思想中找到对"技术美"的认识："技术美"存在于人的合规律与合目的性的创造活动之中，并通过人的活动和创造的器物表现出来。《考工记》将合规

---

① 樊鸿昌、贾杲:《庄子〈庖丁解牛〉的科学技术美学思想探微》,《山西大学师范学院学报》(综合版) 1993 年第 2 期，第 18 页。

② 张博颖:《中国古代技术美学思想三议题》,《西北师大学报》(社会科学版) 1991 年第 6 期，第 75 页。

③ 宋应星著，潘吉星译注:《天工开物译注》,上海古籍出版社 2008 年版，第 1 页。

④ 宋应星著，潘吉星译注:《天工开物译注》,上海古籍出版社 2008 年版，第 54 页。

律与合目的的天人合一的"技术美"展现得淋漓尽致，对人类设计思维和文化做出了很重要的贡献。

二、合规律与合目的中的"和合"美

"和，即和谐、谦和、协调、和睦；合，结合、会合、合拢、符合、联合；和合连用亦即和谐，和谐即是美。和谐之美是古往今来人们追求的理想美。"① 对于美究竟是什么，美的本质是什么，无论是中国还是西方，都有很多美学家做过回答。"对于美是什么的问题，我的回答是美是和谐，是人和自然、主体和客体、理性和感性、自由和必然、实践活动的合目的性和客观世界的规律性的和谐统一。美是和谐的思想不是突然想到的奇说怪论，而是人类美的思想发展的必然理论结果。"② 美是和谐，早在公元前六七世纪的西方毕达哥拉斯学派就已经提出了这一观念。他们先是从数学和声学方面研究音乐，发现声音的质的差别（如长短、高低、轻重等）都是由发音体方面数量的差别决定的。因此，音乐的根本在于数量关系，音乐节奏是由高低长短轻重各种不同的音调，按照一定的数量比例组成的。"音乐是对立因素的和谐的统一，把杂多导至统一，把不协调导至协调。"③ 而在中国古代，儒家的中庸之道就是标举和谐美的。儒家认为："和也者，天下之达道也。致中和，天地立焉，万物育焉。"而道家的思想是："天地与我并生，而万物与我为一。"两者的核心内容都是和合，也就是强调人

---

① 张洪亮：《智者创物，巧者和之——散论〈考工记〉的机械设计美学思想》，《广东工业大学学报》（社会科学版）2010 年 12 月第 10 卷第 6 期，第 60 页。

② 周来祥：《论美是和谐》，贵州人民出版社 1984 年版，第 73 页。

③ 朱光潜：《西方美学史》，人民文学出版社 2001 年版，第 33 页。

与人、社会、自然之间的相辅相成、和谐同存。同西方与先秦诸子的审美观一样的，《考工记》中合规律与合目的相统一的技术美不单是天人合一的技术美，还蕴含着"和合"这一设计美学思想。"和合"思想始终贯穿全书，不仅反映在器具的设计上，还反映在人与器物的和谐统一上。

在《考工记》中"和""合"多次出现，大部分都是和谐、结合、调和、合并的意思。这与先秦诸子审美理念中的和谐思想是基本一致的。而和合也自然成为美的、技术的、艺术的精神象征。《考工记》中的"和""合"不但指制造器物的时候将两个物体合在一起的动作，而且还有符合、配合的意思，更有和谐之美的意思。更重要的是，它将技术和艺术完全整合，使技术美与艺术美相互渗透，显得更加自然和谐。这种和谐则具体体现在人与物的关系、物与物的关系以及物与社会地位的关系中。以人与物的和谐关系为例：

> 凡察车之道，必自载于地者始也，是故察车自轮始。凡察车之道，欲其朴属而微至。不朴属，无以为完久也。不微至，无以为戚速也。轮已崇，则人不能登也；轮已庳，则于马终古登阤也。故兵车之轮六尺有六寸，田车之轮六尺有三寸，乘车之轮六尺有六寸。六尺有六寸之轮，轵崇三尺有三寸也，加轸与轐焉，四尺也。人长八尺。登下以为节。①

这里明显运用了"人体工程学"（又称工效学，"是在第二次世界

---

① 闻人军：《考工记译注》，上海古籍出版社 2008 年版，第 14 页。

大战期间，因各种新式武器的研制使用，欧美国家的设计人员发现，必须认真考虑操作者的身体各部尺寸及生理、心理特点等因素，以使武器与人的能力限度和特性相适应，由此建立起来的工效学"①）的机械设计原理，将上下车高度与人的身高、体形完美地配合在一起，以实现人与物的和谐。而且车轮不仅要符合地面环境的要求，也要适合于不同的用途。所用的尺寸也是稍有不同的，并以人体的尺度为设计标准，以方便人使用车为原则，强调只有人与物和谐，物的作用才能发挥到极致。再以物与物的和谐关系为例：

> 庐人为庐器……凡兵无过三其身。过三其身，弗能用也，而无已，又以害人。故攻国之兵欲短，守国之兵欲长。攻国之人众，行地远，食饮饥，且涉山林之阻，是故兵欲短；守国人之寡，食饮饱行地不远，且不涉山林之阻，是故兵欲长。②

这里从攻守双方的实际情况出发，分析选择兵器长短的原则，反映出先人们从战斗中总结出来的经验教训。兵器一般不能超过身高的三倍，否则不仅不能很好地使用，甚至还可能危及执兵器的人。这是人与物的和谐。进攻一方，除了战士多、路途远、给养不足外，还有山林阻碍，所以兵器应短小而尖，这样的兵器易于搬运，有利于节省士兵的劳动力。坚守一方，人员少，给养饱足，行军路程不远，更不需要跋涉山林，因此兵器应长而坚。兵器不仅要符合人体工程学原理，

---

① 戴吾三、邓明立：《考工记的技术思想》，《自然辩证法通讯》1996 第 1 期，第 42 页。

② 闻人军：《考工记译注》，上海古籍出版社 2008 年版，第 106 页。

还要考虑在什么环境下使用，这就要求造物者认真考虑器物与使用者和使用环境的关系。《考工记》的技术美学更多地体现在器物、人、环境以及社会的和谐统一上，强调器物、自然、环境以及社会的规律性与人的目的性的统一。

三、合规律与合目的中的人文美

人文主义是指社会价值取向倾向于对人的个性的关怀，注重强调维护人性尊严，提倡宽容，反对暴力，主张自由平等和自我价值体现的一种哲学思潮与世界观。中国人文概念最早出现在《周易·贲卦·象传》中："观乎人文以化成天下。"把人作为万物之灵，要致力于人类文明的进步，就应该发挥人力、拥护人权、培养美好人格，让人在社会和自然中占领主导地位，一方面充分考虑人的生命存在价值，另一方面也要积极地将人化于物中。中国的人文主义，应该以孔子为第一人，孔子首先肯定了人是宇宙中最高贵的存在。我是人，唯有人有"我"的自觉。其精义所在，则为特别提出一个"仁"字，作为奠定人伦基础和道德规范，故曰"仁者人也""仁者爱人"。孔子所提倡的人格，在于高明与博厚，代表着真诚恻怛，一面如天之高明，一面如地之博厚。西方更是把人文主义看得至高无上，无论是在社会道德领域还是在科技领域，都更多地关注了人，形成了以人为本的人文关怀。中国古代的哲学家一直都很注重人文。老子说："道大，天大，地大，人亦大。域中有四大，而人居其一焉。"孔子也多次提到"天地之性人为贵"。人在智者造物的活动过程中，总会或多或少地体现对人性本身的思考。而"科学的发明、应用以维护生命、尊重生命、高歌生命、直达生命、融入生命、升华生命、高扬生命为最高境界，这也正是科技、科学无限生命活力的源泉。相反不以人为本的科技、科学是没有生命的，是无意义的，是异化了的，是必定要退出人的视野，走向死亡的"[1]。人类的造物活动，从来都带有一定的功利和目的，器物只有满足了人的功利和目的才能产生使用价值和作用。归根结底，造物还是为了人的生活更加美好。正如康定斯基所说，"凡是由内在需要产生，并来自于灵魂的东西就是美的。"

《考工记》中关于手工艺制作技术的总结，是对自然人化的途径与过程的研究，其最终目的指向人的日常生活，指向人的自由生存，其中包含着深切的人文关怀。在科学技术的早期阶段，先人们能够将人文放在制作器物的准则和要求之中，是很值得我们去研究的。我们应该站在一个更高的高度去研究和理解《考工记》。《考工记》中关于制作工艺的叙述包含了深切的人文关怀，它自始至终把以人为本的观念根植于手工艺的每一个细节之中。如《轮人》中的记述：

> 轮人为盖……上欲尊而宇欲卑，上尊而宇卑，则吐水疾而溜远。盖已崇，则难为门也，盖也卑，是蔽目也。是故盖崇十尺。良盖弗冒、弗纮，殷亩而驰不队，谓之国工。[2]

大概意思是，车的顶盖要中间高、两边低，就像屋顶上瓦的形状一样，这样不仅有利于排水，也更美观，让整个车看起来就像房屋一样，给人以安全舒适的感觉。车的顶盖高度要适中：不能太低，以免

---

[1] 吴点明：《试论〈考工记〉科技思想的人文关怀情结》，《北京科技大学学报》（社会科学版）2010 年 2 期，第 134 页。

[2] 闻人军：《考工记译注》，上海古籍出版社 2008 年版，第 26 页。

遮挡视线；也不能太高，以免失稳。造车是以尊重人的生命为出发点的：

> 今夫大车之辕挚，其登又难；既克其登，其覆车也必易。此
> 无故，唯辕直且无桡也。是故大车平地，既节轩挚之任，及其登
> 阤，不伏其辕，必缢其牛。此无故，唯辕直且无桡也。故登阤者，
> 倍任者也，犹能以登；及其下阤也，不援其邸，必缢其牛后。此
> 无故，唯辕直且无桡也。①

车辕曲直的设计既要利于行驶，又要保证人的安全、舒适，还要考虑拉车的牛马：

> 是故辀欲颀典。辀深则折，浅则负。辀注则利准，利准则久，
> 和则安。辀欲孤而无折，经而无绝。进则与马谋，退则与人谋，
> 终日驰骋，左不楗；行数千里，马不契需；终岁御，衣衽不敝：
> 此唯辀之和也。劝登马力，马力既竭，辀犹能一取焉。良辀环灂，
> 自伏兔不至軓七寸，軓中有灂，谓之国辀。②

也就是说，辀的设计也要以有利于乘车人和驾车人为原则，还要考虑车、马的匹配以保护马蹄。正是在生命的最深处，它让我们看到了科学最深刻的人文动力和目的，看到了科学最深刻的人文意义和价

---

① 闻人军：《考工记译注》，上海古籍出版社2008年版，第34页。
② 闻人军：《考工记译注》，上海古籍出版社2008年版，第34页。

值；也正是在生命的最深处，它让我们看到了科学的生命和科学家的生命的融合，看到了科学的意义和价值同科学家的意义和价值的融合。《考工记》中器物制造不仅表现在合目的与合规律的形式上，更表现在人文关怀上。任何器物的合目的与合规律都是与人相关联的：器物的合目的是为了提高器物的实用性，而合规律是为了人与器物更加和谐。器物说到底是为了人的生活和生产，节省人的体力、时间等，所以器物制造的人文主义技术美才是我们对于器物制造的最高要求。

第三节 "器"与"道"相统一的技术美

《考工记》主要是讲"器"，但所有的"器"都以遵循"道"为前提，"道"是"器"的终极目的。深层的道与直接的器之相渗相化，构成了《考工记》独特的技术美内涵。一方面《考工记》记载了技术操作层面上的很多理论，比如关于分工协作、数学模型、功效等。在这些技术操作层面上是可以挖掘出其富含的美学思想的，无论制作工序多么复杂，总离不开"和"的思想，另一方面，关于器具的生产过程，《考工记》还记载了很多关于器具与阴阳、五行、气、道等方面的和合之美。无论是器具的制作还是器具质量的检测都离不开技术和艺术的统一结合。因此，离开了艺术的技术是枯燥无味、失败的技术，而离开了道的器也仅仅是器具。这里着重讨论《考工记》道与器的统一、技术与艺术的统一的技术美学思想。

器物的制造是以人们的接受为准绳的，因此器物的设计必然随着时代风格、审美风格以及社会属性的发展而发展，任何一个时代的器物都是该时代特定的物质条件和精神条件相结合的产物。器物，从某种意义上反映了当时的人们接受的价值标准。任何传统器物的形式，一方面应该具有审美观，让人们从形式里感到一种审美愉悦；另一方面，作为功能的载体，也要在实现其应用功能的同时实现其审美功能。中国古代对此有丰富的认识，不但有"文以载道""诗以言志""乐以象德"的说法，而且也有"物以载道"的普遍认识。一切事物都可以相互融合、相互渗透，都可以导向符合社会伦理的道德，都可以通政、通神、通道。中国古代社会的伦理道德和社会意识统治着人的精神世界，规范着人的思想意识，再用这些思想意识划分社会等级。《考工记》中记载的很多器物都是载道的器物，它们不仅用来方便人们的生活生产，也用来稳固当时的阶级统治。

随着社会的发展，为了维护国家的统治，器物本身作为一种器具，从最原初的需要层次逐渐上升为各种意识的代表。而器具本身也是一种符号，代表社会阶层的一种象征符号，所以器具的发展是一种符号意义的发展，并且在这种象征中，完成器以载道和技道合一的精神和文化内涵。

一、"器"在技术美学中的符号学意义

苏珊·朗格曾说："艺术是一种符号、一种生命符号、一种不可分割的生命符号，它在任何情况下都是指整个艺术，而不是某一件艺术品。"① 器物的制造从某种意义上来说，也是一种艺术品的制造，而艺

---

① 苏珊·朗格著，滕守尧译：《艺术问题》，南京出版社 2006 年版，第 1 页。

术是一种符号，也是一种符号的象征。从符号学的意义来说，象征是一种与其对象没有相似性直接联系的符号，所以它可以有完全自由的表征对象。产品对于人的重要性，除了在于其使用价值，更在于其符号意义。在社会生活中，器物是通过日常生活实践来产生和维持社会关系的，人们需要物品，是为了使人类文化的各个范畴得以显现。这是由当时的社会生产力发展水平不高，人对于自然的一些现象无法解释，对自然抱有敬畏的态度决定的。体现在造物活动中就是一些"神秘"的东西，也就是象征。但是也有可能，这些神秘的象征有的时候是统治阶级为了维护自己至高无上的权力而故意添加进去的，譬如商周时期作为礼器的青铜器，一方面体现了匠人们丰富的想象力和高超的艺术技巧，另一方面也是当时人们社会文化心理和精神生活的反映。所以更多的象征还是来自于人们渴求了解自然、认识自然的朴素意识。《考工记》中关于型制、形式和技艺的规定都是一种符号象征：

> 轸之方也，以象地也。盖之圜也，以象天也。轮辐三十，以象日月也。盖弓二十有八，以象星也。①

人坐的车象征地，车盖象征天，轮辐与日月相凑合，弓的长度指向星宿，一辆车包含了传统的"天圆地方"的宇宙观念，也构成了天、地、人与时间、空间和谐的符号象征。任何器物作为一个整体，必然不能违背自然规律，必须以自然规律为造物原则。天地，在中国从来都是统一不可分割的：天作为主宰一切的神，必然是边缘向下，

---

① 闻人军：《考工记译注》，上海古籍出版社 2008 年版，第 37 页。

中间苍穹无比高远；而地生长万物，从下至上，因此地必然是中空，四边向上包围着。天地合二为一，才能盛万物。这种天地思想逐渐形成了中国传统的意识象征符号系统。比如，百姓是地，皇帝是天，地造万物，而天统筹一切，这些都是一种含有象征意义的符号系统。

器物制作本身也是一种符号的诞生，一种符号学意义从器物开始制造的那刻就已经根植其中。任何器物的制造都是从人们的生活需要出发，都富含深沉的意义。而赋予器物的符号意义不仅有统治阶级的意识，比如对于房屋建筑的礼制要求，对于玉器制作的礼制规范，等等，还有一部分器物的符号学意义是被工匠们赋予的。《考工记》中记载了其符号的象征意义。在周朝，不管是祭祀天地、宗庙、山川还是征讨、朝贺、宴饮，天子王公出门乘坐的车都必须设置旗饰，用来显示其威仪与身份。所以，当时的旗饰，不仅有象征意义，也有装饰美，用来达到礼制的目的。关于旗饰的记载主要集中在"辀人为辀"一节中：

> 龙旂九斿，以象大火也。鸟旟七斿，以象鹑火也。熊旗六斿，以象伐也。龟蛇四斿，以象营室也。①

在这里，大火是指东方七宿中第五宿心宿，用大火代表东方七宿，星位的形状被想象为龙；鹑火，是指南方七宿中的第三宿柳宿，以鹑火象征南方七宿，星位的形状被想象为鸟形；伐星，为西方七宿的最末一宿参宿之属，以参宿代表西方七宿，星位的形状被想象为熊形；

---

① 闻人军：《考工记译注》，上海古籍出版社 2008 年版，第 37 页。

营室为北方七宿中的第六宿室宿，用来代表北方七宿，星位的形状被想象为龟蛇。这就明确地将四象、二十八星宿联系在一起了。形成了前者对后者的象征关系。再后来，又在四方前加上了四色，于是就有了青龙、朱雀、白虎、玄武四象二十八星宿的天象图，成为中国古代最著名的装饰图案之一。这些象征符号的认识和应用都是在人们对于自然的原始认识的前提下产生的，随着人们对自然的认识不断加深，这种象征也自然而然地运用于各个领域之中。所以《考工记》中深含着手工艺制作的符号学象征意义，我们应该从这些器物造的原则和准绳中去体味中国古代人民伟大的想象力。器物在技术美学中的符号象征意义，不仅仅体现在其制作过程必须遵循的技术美学思想，更加体现在器物本身所负载的象征意义。这种象征意义一方面体现在"器以载道"中，另一方面是通过"以技合道"与"以道通技"的技术美学，凸显了技术美学中蕴含的器与技相统一的美学思想。器所厚载的符号学意义在《考工记》技术美学中，或直接或间接地体现出来。

二、器以载道的技术美学思想

中国传统造物的审美功能通常都是通过物质产品的外观形式给人以赏心悦目的感受，使人获得愉悦的审美体验。朱光潜先生认为，美是一种价值，是通过产品形式创造取得的。这种价值体验又受到民族性、地域性的限制，受到华夏民族共同的内在心理结构的制约，体现出来就是"道"。道最早出现在《周易》中："形而上者谓之道，形而下者谓之器。"器物不但以形式语言的形式体现古人对形式美的追求和认识，更是通过对有形之"器"传达一种无形的"道"，从而突破了"器物"的普遍物质意义，达到追求人生价值的最高精神境界。审美需要的产生，是随着人类文化的发展而形成，它反映了对于人与世界关系的和谐性和丰富性的要求，审美也是人的自我意识的情感化，它把世界作为自己的作品来关照。

商周时期，从日常生活用具衍生出了青铜器，并按照奴隶主礼乐制度需要赋予了青铜器特别宝贵而神圣的含义。例如，鼎是青铜器中最重要的一种礼器，最初用于煮牲祭天敬祖，是一种祭祀所用的礼器。中国古人相信灵魂不死，所以也用来随葬，以便灵魂享用。但是，鼎的制造成本高，所以其使用成本就很高，而且在当时，鼎的使用价值也很高，不是人人都能把它带进棺材的，只有士大夫、贵族及其他地位很高的人才能拥有。因此，鼎从最初的盛物的器具成为贵人的代名词，继而成为国家政权的象征，在《左传》和《史记》中都有关于鼎作为国家的象征的史料。从中国古代历史故事中可以看出，鼎作为礼乐制度的重要象征物，被赋予一种宝贵而神圣的色彩，视为统治阶级权力的象征。铜鼎代表着权力，谁拥有它就拥有权力，失去它就失去了权力，好比玉玺。据《左传》记载，鼎最早属于夏王朝，九鼎象征着九州，夏、商、周王朝政权的更替，都以后代夺取到前代的鼎，作为旧王朝的覆灭和新王朝的诞生的象征。因此，鼎除了是一种作为生活用具的器物，更重要的还是一种权力的象征。而到后来，鼎的用途也从起初的生活用具完全转移到一种权力、一个国家的象征了。所以，说《考工记》中记载的器具，很多都被赋予了道的意义，就不难理解了。

在中国古代，流行一种"为器赋义"的阐释方式："'为器赋义'

从具体来说包括了赋予器物的材质以意义，以及赋予器物的纹饰以意义。"① 以玉石为例，一直以来，中国都有"以玉比德"的说法，玉有九德，君子以九德作为终身治事的行为准则，根据人所执玉器的不同，也可以判断人的不同等级和身份属性。不同的器物造型，表达了人对自然界、对宇宙万物和天地的不同理解，某种程度上也代表了人们不同的宇宙观。君子有佩戴玉石的习惯，就是因为将器物的材料比作人的道德。我们知道，玉石是由一种纯度较高的石头加工而得，玉的纯度与君子的思想品德形成了一种对应。同时，即使是玉石也有玉和石比例的不同，而不同纯度的玉只有不同地位的人才能佩戴，这就是以材质来说明社会政治生活等级秩序："以玉作六器，以礼天地四方：以苍璧礼天，以黄琮礼地，以青圭礼东方，以赤璋礼南方，以白琥礼西方，以玄璜礼北方。"②

"比德"的审美观代表了孔子"智者乐水，仁者乐山"的思想，把儒家思想核心中的"仁"渗透到造物审美中，用来比喻人的德行。后来在东周时期形成了"君子比德于玉"的思想。《礼记·聘义》说："君子比德于玉焉。温润而泽，仁也；缜密以栗，知也；廉而不刿，义也；垂之如坠，礼也。叩之其声清越以长，其终诎然，乐也；瑕不掩瑜，瑜不掩瑕，忠也……"。③ 玉就以这种圆润光滑、色泽柔和、温凉适中的特有质地构成了一种温馨、宁静、和谐得恰到好处的美。然而由"他山之石，可以攻玉"，可以看出美玉需要有一番攻冶的功夫，

---

① 朱志荣：《夏商周美学思想研究》，人民出版社 2009 年版，第 288 页。
② 转引自杨先艺、周蕴斐、王琴：《论中国传统造物的"器以载道"思想》，《学术论坛》2006 年第 12 期，第 53—56 页。
③ 陈炎主编：《中国审美文化史》，山东画报出版社 2007 年版，第 107 页。

因此后来就用玉象征君子的品德修养和磨炼。又如"岁寒三友"分别用了日常生活中最常见的松、竹、梅来比喻人的高尚情操，所以人们就喜用松、竹、梅作为器物的纹饰。同样也有把器物的造型与纹饰用来象征阴阳、天地的，"器以赋义"明确地指出了器物在其实用性功能之外还存在着其他功能，如载道、审美、赋义等。有时候，"器"的本来含义和用途并不是很重要，而更为重要的则是它所承载的人们要赋予它的精神内涵："轸之方也，以象地也。盖之圆也，以象天也。"[①] 是说古人制作车辕时，车厢制作为方形的，就像地一样；车盖制作成圆的，就像天一样。这种造型的观念与当时人们的一种朦胧的宇宙意识分不开，而这种"天圆地方"的宇宙意识也深深影响了人类的造型观念。因此这些器物的造型已经不是简单的形式，而是蕴含了人们的思想观念，形成了一定的形式意味，包含了一定的社会意识形态和人们的认识观念。

在中国传统文化思想的背景下，匠人们赋予了中国器物文化的象征。器物的形式凝结了社会的价值和内容，具有一定的象征意义。器物形式既不是简单的自然描摹，又不是毫无意义的抽象体，而是结合人们的思想意识对外在的自然形态的抽象与升华。正如中国传统文化对龙的崇拜无以复加，然而龙本身却是不存在的。以闻一多在《伏羲考》中的观点为代表，龙是一种图腾文化，是只存在于图腾中而不存在于生物界中的一种虚拟的生物。它是人们根据想象虚构出来的由许多不同的图腾元素糅合成的一种综合体，是蛇图腾兼并与同化了许多动物肢体单位的结果。从外观形式上来看，它是鹿角、牛耳、驼头、

---

① 闻人军：《考工记译注》，上海古籍出版社 2008 年版，第 37 页。

兔眼、蛇颈、蜃腹、鱼鳞、虎掌、鹰爪的结合体。有鳄鱼说、蜥蜴说、马说等等。《论衡》则说："龙之像，马首蛇尾。"

总之，龙是中国古代人们在落后的生产力和贫乏的生产资料的影响下想象出来的多种动物的综合体，面目狰狞，却是神的象征。人们只能祈祷风调雨顺，而龙就是一个能呼风唤雨的神的化身，只有龙能带给人们风调雨顺，只有龙能带给人们丰收的希望。因此龙是吉祥的，皇帝就以龙自居，中华民族自称是龙的传人，龙的文化也体现在各个社会领域中。无论在服饰、建筑、雕塑、家具还是在手工艺等器物的设计中，都随处可见龙的身影。龙也逐渐地从原始朴素的神抽象为帝王的象征，因此有龙王、龙椅、龙袍等说法，体现了在中国传统制造器物文化中"制器尚象"之说。"制器尚象"是从直接模拟自然形态到模拟自然物的内在规律，如古代的锯子就是模拟草的锯齿状边缘，古代的"美"字就是模拟羊——在物资资料匮乏的原始社会，羊大即为美。这是一个从感性模拟到理性抽象的过程。对中国古人来说，获得器物的形式还远没有达到要求，对"器"的认识还要上升到对"道"的关照，即从功能意义升到哲学意义——"器以载道"。

《考工记》中记载的"画缋之事"，就体现了"制器尚象"：

　　画缋之事，杂五色。东方谓之青，南方谓之赤，西方谓之白，北方谓之黑，天谓之玄，地谓之黄。青与白相次也，赤与黑相次也，玄与黄相次也。青与赤谓之文，赤与白谓之章，白与黑谓之黼，黑与青谓之黻，五采备谓之绣。土以黄，其象方，天时变，火以圜，山以章，水以龙，鸟、兽、蛇。杂四时五色之位以章之，谓之巧。凡画缋之事，后素功。①

　　开篇就点名画缋的工作是调配五色，并将这五种颜色作为主要颜色用来在服装上描绘纹饰。接着就具体解释了这五种颜色。"东方谓之青，南方谓之赤，西方谓之白，北方谓之黑，天谓之玄，地谓之黄。"② 仔细研究，就会发现，这五色实际就是青、赤、白、黑、玄、黄六种颜色，据"唐代学者贾公彦的解释：上有六色，此言五者，或可玄、黑共说也。……天玄与北方黑，两者大同小异，何者？玄黑虽是其一，言天止得谓之玄天，不得言黑天。若据北方而言，玄黑俱得称之"③。由此可知，玄色和黑色本是大同小异，只是因为天的颜色不能用"黑"来形容，为了区分象征天的颜色和代表北方的颜色，才有玄色和黑色之别。对于玄与黑两种颜色近似为一种颜色的说法。潘天寿在其《听天阁画谈随笔》中也有"调合极浓厚之红、青二色，虽可得近似之黑色，然吾国习惯，向称之为玄色"④ 的阐释。因此玄和黑当近似为一种颜色，六色实际上就是五色，只是为了区分天与北方而称天为玄色。

　　从这种比较混乱的表述可以看到，一方面是为了区分天与北方，另一方面可能是由于当时对色彩的认识多是从自然现象出发，系统化的色彩观念还没有完全形成。而这五种颜色与不同方位一一对应，东

　　① 闻人军：《考工记译注》，上海古籍出版社 2008 年版，第 68 页。
　　② 闻人军：《考工记译注》，上海古籍出版社 2008 年版，第 68 页。
　　③ 转引自宋玉立：《〈考工记·画缋〉设计思想释读》，《济南职业学院学报》2009 年 2 月第 1 期，第 117 页。
　　④ 转引自宋玉立：《〈考工记·画缋〉设计思想释读》，《济南职业学院学报》2009 年 2 月第 1 期，第 117 页。

方为日出之地，万物繁衍茂盛，青山绿水，因此用青来象征；西方为太阳降落的地方，草木凋零，万物肃杀，死气沉沉的一片，用白来象征；以赤象征南方，黑象征北方，玄代表天，黄代表大地。这五种颜色除了与方位联系起来，后来还被发展，与阴阳五行学说联系起来，被定为所谓的正色。在以"礼"为核心的区分尊卑等级的中国社会中，更加形成了以正色为贵、为尊的等级思想。也就是从帝王和民间服饰的用色规范，不仅可以看出当时的颜料色彩水平，更可从颜色中体现出上下等级的尊卑。青、白、黄、赤、黑五色，表面上是以服饰的颜色图纹所表达的"器"承载的，但是更重要的是承载了一种尊卑的"礼"的等级制度的"道"。

在颜色搭配上，讲究"应象制物"，其中也包含系统化的象征手法。首先，文、章、黼、黻、绣提出了对于刺绣纹饰和色彩的要求，用黄色的方形图案代表土，表现本无形体并且"春为青阳，夏为朱明，秋为白藏，冬为玄英，四时皆有其色"的天，应掌握一个"变"字，随时布色。画火时要根据其阳气胜，因阳以圆为形，因此将火以圆形来象征；画山的时候就以獐之类的在山林中活动的动物为象征；画水的时候，就以生活在水中并且能够治水的龙和一些所谓的华虫为象征。之后经过这些颜色的错杂配合，就形成了美妙的纹章，才能称之为"巧"。从这里也可以看出中国人的"尚象"观在服饰中的运用。服饰颜料的搭配和制作就几乎汇集了中国古代劳动人民的全部文化价值观——自然观（日、月、星辰、山）、神圣观（龙、华虫）、生存观（火的光明）、伦理观（宗彝的忠孝）以及政治观（黼的决断和黻的明辨），代表了天上地下的一切吉祥和权力。把这十二种纹样饰于天子的冕服上，就象征着天子如日月星辰光照大地，如大山一般威震四方，如龙一般至高无上，如火一般炎炎日上，从服饰（器）一跃而进入到了社会等级、宇宙观、人生观（道）。

三、以技合道与以道通技的技术美

"技术观念是特定时期人对技术的本质、技术中各个要素作用的看法。技术传统是技术在长期发展中所形成的影响技术发展趋向的思想因素。"①《考工记》作为中国历史上第一部手工艺著作，记载了很多技术观念也记录了一定的技术传统，而且《考工记》中所记载的技术不仅是单纯的技术，更是合技术与道为一体的、以技合道与以道通技的技术美学。"以技合道就是使人为规定的程序合于自然的程序的过程。这意味着使人的生理、心理活动与自然规定的程序逐渐同步，以至于达到了运用自如、物我两忘的天人合一之境。"② 这在庄子哲学中就有体现："庄子认为，'技'应该是遵循自然的至美之'道'的外在体现和具体表达，属于直观的、可感的经验与实践范畴；而'道'则是'技'的内在意蕴和本质，属于非直观的、难以传达的形而上学范畴。或者可以说，'技'为'道'之表；'道'为'技'之里。'道'是'技'的本体；'技'是'道'的表象。"③ 这样就传达了庄子的技术美学思想，真正高超的技术（技）是美（道）的本质体现，或者说是技术是美的本质的外化。

庄子在庖丁解牛的故事中就曾提到"以神谕而不以目视，官知止

---

① 王巧慧：《淮南子的自然哲学思想》，科学出版社 2009 年版，第 410 页。
② 王前、金福：《中国技术思想史论》，科学出版社 2004 年版，第 15 页。
③ 邓大军：《庄子的科技美学意蕴》，《中国科技信息》2008 年第 3 期，第 186 页。

而神欲行"①，这是人们在对自然加工的同时不断自我改造的过程。人们建造器物，不但要按照物质对象的"尺度"，还要按照人的内在"尺度"，从而调整人与物质对象的关系，使人与自然相互协调发展。马克思曾说："劳动者如果没有自然，即没有感性外在世界，他就什么也创造不出来。"② 从某种意义上来说，技道合一也就是中国古代哲学思想中的"天人合一"。因此，《考工记》也同样遵循造物法则，将道技合一——不仅"技"要彰显"道"的原则，还要人的"有为"之技合于大化流行的自然"无为"之道，以技显道，以道载技。

《考工记》反反复复强调，自然的天时、地气、材料和巧匠统一起来就达到了天人合一之境。正如卡西尔所说："科学不是要描述孤立分离的事实，而是要努力给予我们一种综合观。但是这种观点不可能靠对我们的普通经验进行单纯的扩展、放大和增多而达到，而是需要新的秩序原则，新的理智解释形式。"③ 技术并不是一个单纯独立的事实，而是将自然的道和人的工巧巧妙结合起来，形成一个按照自然的发展规律和秩序选择、构架出来的器物形式。技术作为一种观念形态是理论的表现形式，而在实践领域，则是人的工巧的表现。这说明任何一个从事实践活动的人，都必须完成从感性认识到理性认识的飞跃。问题的关键在于能不能从客观事物之中抽象出"道"的概念，而是否能客观地认识自然和按其客观规律办事，则是社会进步、人类追求美的结晶，是人类按照美的规律创造的过程。《考工记》除了一次一次

---

① 转引自王前：《"由技至道"——中国传统的技术哲学理念》，《哲学研究》2005 年第 12 期，第 84—89 页。

② 程代熙：《马克思〈手稿〉中的美学思想讨论集》，陕西人民出版社 1983 年版，第 6 页。

③ 卡西尔著，甘阳译：《人论》，上海译文出版社 1985 年版，第 288 页。

地提到天时、地利与工巧相统一才能为巧，还明确地阐释了想要器物为良，就必须符合自然规律即道的要求。

《考工记》作为中国儒家经典《周礼》的一部分被载入史册，是我国现存的最早且较为全面系统的手工艺技术著作，是中华民族长期工艺创造实践的经验总结。但是，它作为一部技术著作，不仅展现了中国古代光辉灿烂的科技文明，而且在一定程度上反映了先秦时期的审美风尚和先民们对于艺术设计规律的把握及其淳朴的审美追求。《考工记》中记载的各类器物，不仅是物质的载体，也是精神文化的象征，体现了当时创造者的审美情趣和使用者的审美期待。在那个经济文化并不太发达的农耕文化时期，《考工记》就已经注意到了把器物的功能性与其制作的形式完美地结合在一起，将技（器）和艺（道）紧密地联系起来，构成一个统一的整体，并且把技术的操作性与其艺术的审美性统一得完美无缺。这就在一定程度上反映了制作技术上所特有的美学思想——技术美学思想。它不仅为我们提供了最早的关于手工艺制作的原始文本，也为我们展示了一个最早的记载技术美学思想的参照文本。

《考工记》不仅是技术著作，也是美学载体。它承载了当时技术与美学的联系，从而把技术升华为高尚的审美追求，对《考工记》中技术美学思想的研究能从另一个方面诠释当时的时代文化。从审美的角度重新审视《考工记》，我们不仅能从中读出先秦人们对美的追求，更能从中发现美在实践中的应用，以及审美思想已经深入到先人们生活的方方面面。这对我们更深刻、全面、准确地了解当时的时代文化有重要的指导意义。

第三章　汉魏科技与美学

　　一个时代的科学技术不仅直接影响着人们的物质生活，也与时代的哲学观念、思想意识息息相关。"科学的各个领域对那些研究哲学的学者们也发生强烈的影响，此外，还强烈地影响着每一代的哲学思想。"① 科学研究的目的在于寻找事物发展的一般规律和自然界的和谐秩序，而哲学寻找的则是自然界和人类社会的普遍原理，探寻人与自然的和谐关系。因此，不仅科学技术的成果在时时改进着人们对世界的认识，充当着哲学思想的物质承担者的角色，而且一个时代的科学精神也体现出人文精神的精髓。汉魏科技长足发展，审美活动与美学思想也是异彩纷呈，正是科学与审美相互激荡的结果。

----

　　① 爱因斯坦著，许良英等编译：《爱因斯坦文集》第 1 卷，商务印书馆 1983 年版，第 519 页。

第一节　汉代天文学发展与汉赋的时空美学

汉代是我国天文学发展的第二个高峰，在天象观测、历法编制、仪器制造和宇宙理论上都取得了杰出的成就。赋是汉文学的杰出代表，涌现出扬雄、班固、张衡等赋学大家，以及数量庞大、异彩纷呈的汉赋作品。汉赋呈现出独特的美学品格，在某种意义上说，赋的审美特征典型地反映出那个时代审美品格。天文学与赋都是汉代的主流文化。知天地以治人事，天文学是儒家经世致用的重要途径，是统治术的构成，李约瑟说："天文和历法一直是'正统'的儒家之学。"① 赋是经学的文学符号，《文心雕龙·诠赋》诊断汉赋为诗"六义"附庸："六义附庸，蔚成大国。"② 韩愈《进学解》论赋与经学异曲同工："周诰殷盘，佶屈聱牙。春秋谨严，左氏浮夸。易奇而法，诗正而葩。下逮庄骚，太史所录。子云相如，同工异曲。"汉代很多儒者有着丰富的天象观测、宇宙结构探究的科学实践，又在赋的天地纵横驰骋、成果璀璨。科学研究提供了认识的现实基础，形成了严整细密的思维方式，赋为儒者理想世界的表现、科学研究过程体验的外化找到了"润色宏业"的渠道，这使得汉儒的天文探究与赋创作之间有了一种奇妙的联系。

---

①　李约瑟：《天学》，《中国科学技术史》第四卷，科学出版社 1975 年版，第 2 页。
②　周振甫：《文心雕龙今译》，中华书局 1986 年版，第 77 页。

一、"苞括宇宙"的赋家之心

赋是汉代儒生的重要写作方式，作赋的汉儒人数众多，今本《全汉赋》收录了 89 位作者共 308 篇赋作，有汉一代重要儒者学士均囊括在内。汉赋作者的群体特征，第一是与经学纠葛甚深，第二就是不少赋家对天文研究兴趣深厚浓郁，勤于看星空、订历法、造天仪和解析天地结构，好些人取得了重要成就，是推动天文学进步的重要人物。第一个特征关注甚多，第二个特征论者鲜见。

写《仙赋》的桓谭在天文学上颇有研究，他在《新论·离事》中记道："余前为郎，典刻漏，燥湿寒温辄异度，故有昏明昼夜，昼日参以晷景，夜分参以星宿，则得其正。"说明桓谭不仅忠于职守，且细心勤查，发现了刻漏在燥湿寒温的不同环境及昏明昼夜的不同时刻中度数有细微不同，他白天参照晷影、夜晚参照星宿细细辨析得到了正确的时刻。桓谭还是浑天说的重要推动者。中国古代最早发生的天地结构理论是盖天说，盖天说内部有不同流派："盖天之说，又有三体：一云天如车盖，游乎八极之中；一云天形如笠，中央高而四边下；一云天如欹车盖，南高北下。"① 各流派共同之处是认为天像一个半圆形的罩子，地是方形或拱形，天在上地在下。"盖天说是认识低级阶段的产物。在这个阶段里，人们受到实践的限制，只能从自己的生活环境出发，根据零碎不全的观测事实，来想象宇宙的结构，所以带有直观性，并夹杂着不少的猜测。"② 在春秋战国时期浑天说开始萌芽，到东汉中

---

① 祖暅：《天文录》，《太平御览》卷二，中华书局 1960 年版，第 7 页。
② 董英哲：《中国科学思想史》，陕西人民出版社 1990 年版，第 171 页。

期臻于完备。《新论·离事》中有一段关于桓谭与扬雄讨论的有趣记载:

> 通人扬子云因众儒之说天,以天为如盖转,常左旋,日月星辰随而东西,乃图画形体行度,参以四时历数、昏明昼夜,欲为世人立纪律,以垂法后嗣。余难之曰:"春、秋分昼夜欲等,平旦,日出于卯,正东方,暮,日入于酉,正西方。今以天下人占视之,此乃人之卯酉,非天卯酉。天之卯酉,当北斗极。北斗极,天枢,枢,天轴也;犹盖有保斗矣,盖虽转而保斗不移。天亦转,周匝,斗极常在,知为天之中也。仰视之,又在北,不正在人上。而春、秋分时,日出入乃在斗南。如盖转,则北道远南道近,彼昼夜刻漏之数何从等乎?"子云无以解也。后与子云奏事待报,坐白虎殿廊庑下,以寒故,背日曝背。有顷,日光去,背不复曝焉。因以示子云曰:"天即盖转而日西行,其光影当照此廊下而稍东耳,无乃是,反应浑天家法焉!"子云立坏其所作。

这段话生动地记录了浑天说与盖天说的争论及浑天说传播的过程。我们可以从中窥知这样的事实:第一,桓谭是浑天说的拥护者,且精于天象观测;第二,通才大儒扬雄也热衷于天文研究,且具有批判精神;第三,盖浑争论是当时儒生的时代课题。扬雄随后发起了著名的"难盖天八事",对盖天说提了八个问题,从天体观测的角度揭示了盖天体系在制订历法等方面不能自圆其说之处。第六事云:"天至高也,地至卑也。日托天而旋,可谓至高矣。纵人目可夺,水与影不可夺。

今从高山上，以水望日，日出水下，影上行，何也?"① 这段话从人的感性经验出发，以严密的逻辑性，给盖天说以致命的打击。扬雄的"难盖天八事"与《天子游猎赋》一样气势磅礴，是对浑天说的有力推动。

浑天说认为天是浑圆的，日月星辰会转入地下，大地是球形的，相比盖天说，浑天说更接近宇宙的实际。浑天说的集大成者张衡是天文学研究领域的大师。范晔称张衡"衡善机巧，尤致思于天文、阴阳、历算"，"推其围范两仪，天地无所蕴其灵"②。他造有漏水转浑天仪、候风地动仪，长于天文观测，还著有重要的天文学理论著作《灵宪》和《浑天仪注》。张衡对天地结构的描述是当时最为科学的:

> 浑天如鸡子。天体圆如弹丸，地如鸡中黄，孤居于内，天大而地小。天表里有水。天之包地，犹壳之裹黄。天地各乘气而立，载水而浮。周天三百六十五度又四分之一，又中分之，则一百八十二度八分度之五覆地上，一百八十二度八分度之五绕地下。故二十八宿，半见半隐。其两端谓之南北极。……两极相去一百八十二度半强。天转如毂之运也，周旋无端，其形浑浑，故曰浑天也。③

张衡对天地结构与位置的描述更接近客观实际，他还准确地算出

① 魏征等:《隋书·天文志》，中华书局1997年版，第507页。
② 范晔:《后汉书·张衡列传》，中华书局1965年版，第1893页。
③ 张衡:《浑天仪注》，严可均辑:《全后汉文》卷五十五，中华书局1958年版，第777页。

了南北极的位置，测出了天球的直径，他对各种天象变化和日月星辰运行规律的认识也更正确，代表着当时天文学的最高水平。蔡邕比较盖天说与浑天说道："周髀数术具存，考验天状，多所违失，故史官不用。唯浑天者近得其情。"① 蔡邕也是赋家之大者，现存《述行赋》《青衣赋》等赋作 18 篇。当时热衷于宇宙结构的另一人，是哲学家王充，在他著名的唯物主义哲学著作《论衡》中，"说日"篇是专门讨论天文学的，其中提出了一种别具一格的宇宙论。王充说，"天平正与地无异"，"平正，四方中央高下皆同"，认为天和地是两个无限的平面，因而天地当中的空间也是无限的。

两汉天文研究的另一焦点是制订历书，这也是儒者的经世宏业，赋家卷入者不少。作有《遂初赋》和《甘泉宫赋》的刘歆，是汉第二部历法《三统历》的制订者。刘歆是古文经学的开创者，他为了迎合王莽之意，将三统说附会于太初历，进行修改补充，历时七年而成《三统历》。《三统历》在天文学上有重要贡献：第一，历法计算分统法、纪法若干部分，每部分只列算法不标结果，避免了采用历表形式的烦琐，开创了历法计算的典范形式；第二，首次提出了岁星超辰法；第三，关于五星见伏与顺逆迟疾的推算，内容广泛、数值精准，有节气、朔望、月食和五星等常数和运算推导方法，还有基本恒星的距离。《三统历》相比以往历法内容更为丰富，有不少创新，被认为是"世界上最早的天文年历的雏形"②。东汉另一经学家贾逵也是天文学大家，他与编䜣、李梵一起编制了《四分历》。贾逵创制了黄道铜仪，开

---

① 范晔：《后汉书·天文志》，中华书局 1965 年版，第 3245 页。
② 陈遵妫：《中国天文学史》（第三册），上海人民出版社 1984 年版，第 1430 页。

始使用黄道坐标，故《四分历》测得黄赤交角的数值精度较高，还增加了二十四节气的昏旦中星、昼夜刻漏和晷影长度等新内容。贾逵还首次提出了"月行当有疾迟"："乃由月所行道有远近出入所生，率一月移故所疾处三度，九岁九道一复。"认为月球在近地点走得最快，而近地点是移动的，大概一个月移动三度，最近点每九年运动一周。这是天文学上的一大进步。

刘歆、扬雄、贾逵、张衡等都是汉代大儒，其思想与行事在汉代儒生中有代表性，皆究天文而治赋，可见经学、文学与科学，天文学与赋，儒生与科学家，在汉代有着复杂的纠葛：科学研究的成果或成为作赋的素材，赋的写作思维或浮现着天文学研究的影子，探讨天文学研究与赋的关系，或许是理解汉赋的又一合理思路。有趣的是，《西京杂记》卷二分析司马相如的赋创作之后总结道："赋家之心，苞括宇宙，总览人物。"用"苞括宇宙"来概括赋家之心，算是对汉赋宇宙情怀的触及吧。

二、"控引天地，错综古今"的时空美学

赋家的宇宙情怀具体表现为汉赋中的时空美学。儒家的正统是"君子不器"，道家主张回归自然而反对技术进步，中国古代的文学家多兼具官员、思想家的身份，不像西方有思想家、作家和科学家几位合一的传统。但在汉这个特殊的时代，为了夸饰中国第一个强力的帝国宏业，为了服务于帝国开拓疆域、强干弱枝的需要，儒生纷纷把目光投向浩渺的星空和神秘的天体，同时又以赋的形式来表达自己对理想世界的向往、对现实政治的认识及对天子帝国的热情，形成了天文学家、赋家合一的局面。而赋家的天文学研究又促成了汉赋独特的时

空美学。今天的研究者认为汉赋具有图案美，[1] 汉赋的图案是以时间为经、空间为纬纺织而成的。司马相如《答盛览作赋书》论赋的创作方法曰："合綦组以成文，列锦绣而为质，一经一纬，一宫一商，此赋之迹也。"赋家在写作时，有着明确的时间和空间概念，努力刻画一个时间区间内持续完整的过程，形成清晰的时间单位，此为纵向结构；同时，在空间上，左右上下、高低四方阴阳六合全面铺陈，一一罗列，形成完整的空间单元，此为横向结构。纵横交织，构成了汉赋既经纬分明又丰富繁复的图案美。

汉人对时间的认识和掌握可以说已达到相当程度的自觉，汉代四次改历，每一次的修订对时间、节气的认识都达到新水平。汉武帝时司马迁、公孙卿和落下闳等二十多位民间天文学家修订历法，制订的《太初历》确定了朔晦、五星、交食周期等内容，首次将二十四节气订入历法，明确提出以没有中气（雨水、春分、谷雨等十二节气）的月份为闰月的原则，将季节与月份的关系调整得十分合理，一直沿用至今。刘歆的《三统历》有计算日月躔离所必需的参数、推算五星伏见必需的参数、岁星位置的计算方法，测出了岁星每 1728 年运行 145 周天，合每岁绕天 145/1728 周，若分周天为 1728 份，十二次每次合 144 分，如果每岁绕 145 分，则是每年行一次过一分。贾逵的《四分历》则已能测出距月球最近的地点一个月会移动三度，非常精确。东汉晚期刘洪还制订了《乾象历》，把近地点一月内运动的状况分成四个不同的阶段，每阶段约七日，大体正确地反映了月亮运动速度变化的真实情况。高度发达的历法是天文学研究的光辉成果，也潜移默化

---

①　参见万光治：《汉赋通论》，中国社会科学出版社 2004 年版，第 341—342 页。

地影响着人的思维，因为准确地知道晨昏旦暮、春夏秋冬、朔望节气是由天体运行的时间和轨道决定的，人们就不只是像孔子那样感叹时间如江水滔滔绵绵，而是清楚地知道每一个气象状况的时间长度以及在这一时间单位里人们应该做的事情。也就是说，对天体运动的明了让人们把时间划分为一个个具体的单位，这些时间单位也是人饮食起居、生产生活的规定。一句话，对时间有了更理性的认识。时间的自觉会带来整个世界观、人生观的变化，原先自然而然的生老病死经由时间单位度量后显出短促有限的本相，由此引发出使人痛心的生命感慨。汉赋中关于器物制作、游历、畋猎、游艺的记述，则反映出明显的，甚至刻意做作的时间概念。

汉赋中一般以时间的自然绵延为经，以随着时间的流逝而开展的活动结构全文，清晰的时间脉络使其颇似一幅幅顺序放映的无声画面，且每一类型的赋都有固定的程序。乐器赋先写制作的材质，再写制品的过程，然后是乐器发出的声音和声音的美妙，最后是总结其中的哲理。王褒的《洞箫赋》、枚乘的《笙赋》、马融的《琴赋》《长笛赋》、侯瑾的《筝赋》，几乎汉代所有的乐器赋都以这个结构形态写作，这样的描写顺序与真实的时间展开是一致的。《述行赋》也是严格遵守时间顺序的，犹如旅行路线图，以刘歆《遂初赋》的结构程式为例：

1. 交代行程的缘起：任河内太守时被人所谮，调任边郡

2. 从河内出发

3. 途经太行山、天井关、黎侯国、高都、长平、上党、长子、屯留、襄垣、沁县、武乡、祁县、古晋阳、句注山、云中

4. 到达目的地五原

5. 结束语：反思人生

这样的结构程式出现于所有的述行赋，只不过是更换具体的时间、地点罢了，如蔡邕的《述行赋》结构如下：

1. 交代行程缘起：陈留太守遣送到京师

2. 向京洛出发

3. 途经大梁、荥阳、虎牢、嵩山、洛水、巩县

4. 到达偃师，决心返回

5. 结束语：反思人生

班昭的《东征赋》、张衡的《归田赋》结构也大致如此。万光治先生认为《子虚赋》描写游猎的程序是汉代畋猎赋的基本模式，分七个步骤：

1. 写楚王出猎的仪仗和声威

2. 写楚王射猎的英姿和技术

3. 写楚王射毕，观壮士猎兽

4. 写楚王于射猎中小憩，观女乐

5. 写楚王继游乐后夜猎飞禽，泛舟清波

6. 写楚王夜猎结束，悠然养息

7. 最后归于讽谏，乌有先生教训子虚先生①

这七个步骤成为汉赋中游猎赋的固定程序，司马相如的《上林赋》、扬雄的《甘泉赋》都与此相同。汉赋中清晰的时间线索来自赋家自觉的时间意识，它保证了汉赋在侈丽闳浔的繁复堆砌中具有一种整齐的美感，与真实时间相合的顺序赋予汉赋的铺陈以力量和厚重。虽然我们很难说天文历法与赋作有什么直接的对应关系，但其清晰整

---

① 参见万光治：《汉赋通论》，中国社会科学出版社 2004 年版，第 342 页。

齐的时间单位，却让人自然而然联想到历法中对天象时间精准而细微的认识。何况，展示时间持续过程中的运动与变化，是赋家直接表露的心声，如司马相如所言，是"错综古今"，汉代另一大儒司马迁称之为"通古今之变"。

除了清晰的时间线索，汉赋还有明确的空间概念。天象观测需要系统整体的空间意识，常常要从上下左右、东西南北、阴阳深广等不同角度进行观测才能得出对天体的准确认识。天文学家在描述天文观测的结果或发布自己的天文计算时，上下左右对举、东西南北联系、阴阳深广比较、天地并列几乎是固定的表达模式，如张衡描述天的大小，就说：

> 八极之维，径二亿三万二千三百里，南北则短减千里，东西则广增千里。自地至天，半于八极，则地之深亦如之。通而度之。则是浑也。
>
> 天有两仪，以儦道中，其可睹，枢星是也，谓之北极。在南者不著，故圣人弗之名焉。①

又说天"其两端谓之南北极。北极乃天之中也，在正北，出地上三十六度。然则北极上规经七十二度，常见不隐。南极天之中也，在正南，入地三十六度。南极下规七十二度，常伏不见"②。张衡是从东

---

① 张衡：《灵宪》，严可均辑：《全后汉文》卷五十五，中华书局1958年版，第776—777页。

② 张衡：《浑天仪注》，严可均辑：《全后汉文》卷五十五，中华书局1958年版，第777—778页。

西南北四个方位来描述天的；对天行星的运行规律，张衡则用远近迟速来描述：

> 凡文耀丽乎天，其动者七，日月五星是也。周旋右回，天道者，贵顺也。近天则迟，远天则速。行则屈，屈则留回，留回则逆，逆则迟，迫于天也。

意思是，行星运行的迟速是由天体离地球距离的远近决定的。张衡把日月五星按运行速度的快慢分为阴性和阳性：

> 行迟者觌于东，觌于东者属阳；行速者觌于西，觌于西者属阴，日与月共配合也。摄提、荧惑、地候见晨，附于日也；太白、晨星见昏，附于月也。二阴三阳，参天两地，故男女取则焉。①

运动快的称为月类，属阴性，运动慢的称为日类，属阳性。有时候，还需要联系四季的变化，如张衡解释月亮的朔望盈亏：

> 赤道横带天之腹，去南北二极各九十一度十九分度之五。横带者，东西围天之中腰也。然则北极小规去赤道五十五度半，南极小规亦去赤道出地入地之数，是故各九十一度半强也。黄道斜带其腹，出赤道表里各二十四度，日之所行也。日与五（星）行

---

① 张衡：《灵宪》，严可均辑：《全后汉文》卷五十五，中华书局 1958 年版，第 777 页。

黄道无亏盈。月行九道：春行东方青道二，夏行南方赤道二，秋行西方白道二，冬行北方黑道二。四季还行黄道，故月行有亏盈，东西随八节也。①

应该说，这种上下左右、东西南北、阴阳深广、春夏秋冬全方位展开的方式是科学的观察方式，它能够从各个角度，在各个时间节点观测对象，得出全面的、更接近客观实际的研究结论。长期的科学研究培养了这种系统思维，当系统思维的方式迁移到赋的创作中，就形成了汉赋独特的空间意识。

空间结构为汉赋之纬，赋家在描写时，以上下左右、东西南北、阴阳深广为架构，力图全方位展示对象的整体状况。在扬雄《甘泉赋》、李尤《函谷关赋》、班固《两都赋》、张衡《西京赋》和王延寿《鲁灵光殿赋》等描写都邑宫殿的散体大赋中，作者往往以一种立体的空间视角将上下四方、天地万物尽收眼底。扬雄《蜀都赋》开篇简笔勾画蜀都四周的自然环境，鸟瞰东南西北四方，再由外而内逐个铺陈蜀都里面的风物，写山写水写物产，最后写市都的繁荣兴盛和蜀地人生活的怡然自乐。纵横古今、错综四方的宏阔结构是汉代都邑大赋的固定程式。赋家观测天象的思维化作赋中空间文体的图像，天文学研究专注浩渺无尽的宇宙星空，赋的创作则致力于琳琅满目的地上百态，"体象乎天地，经纬乎阴阳"②，务求真实客观的宇宙结构图式转化成了汉赋整齐的图案美，上下左右、东西南北等方位词则成为图式

① 张衡：《浑天仪注》，严可均辑：《全后汉文》卷五十五，中华书局 1958 年版，第 778 页。
② 赵逵夫、韩高年主编：《历代赋评注·汉代卷》，巴蜀书社 2010 年版，第 497 页。

的框架结构。班固《西都赋》也是从长安城四周高山险关、江河大川写起，从南、北、东、西四方描绘长安的地理位置：

> 南望杜、霸，北眺五陵。
>
> 东郊则有通沟大漕，溃渭洞河，泛舟山东，控引淮湖，与海通波。
>
> 西郊则有上囿禁苑，林麓薮泽，陂池连乎蜀汉，缭以周墙，四百余里。

写天子游猎的行程：

> 遂乃风举云摇，浮游溥览。前乘秦岭，后越九嵏，东薄河华，西涉岐雍。

《子虚赋》中，扬雄对云梦泽中小山的描写细致之至，他把山放在一个复杂的空间中，从不同的角度来观察和描述，通过对环境的描写突出山与其他事物的空间关系：

> 其东，则有蕙圃，衡兰芷若，穹穷菖蒲，茳蓠蘪芜，诸柘巴且。
>
> 其南，则有平原广泽，登降陁靡，案衍坛曼，缘以大江，限以巫山。
>
> 其西，则有涌泉清池，激水推移，外发夫容菱华，内隐钜石白沙。

其北，则有阴林巨树，楩柟豫章，桂椒木兰，檗离朱杨，楂梨梬栗，橘柚芬芳。

张衡《西京赋》写咸阳：

左有崤函重险、桃林之塞，缀以二华，巨灵赑屃，高掌远跖，以流河曲，厥迹犹存。右有陇坻之隘，隔阂华戎，岐梁汧雍，陈宝鸣鸡在焉。于前终南太一，隆崛崔萃，隐辚郁律，连冈乎嶓冢，抱杜含鄠，欲沣吐镐，爰有蓝田珍玉，是之自出。于后则高陵平原，据渭踞泾，澶漫靡迤，作镇于近。其远则九嵕甘泉，涸阴冱寒，日北至而含冻，此焉清暑。

张衡曾入京师游三辅，对长安洛阳两地的典章制度和历史名物及地形宫囿做详细了解，赋中对长安洛阳的地理环境和风土人情的真实再现也是认真观测的结果。全方位多角度的描写使汉赋中的宫殿、川泽、物态呈现出前所未有的清晰面貌，透露出一种理性求实的科学精神。晋人皇甫谧称汉赋写物是大与小的结合："大者罩天地之表，细者入毫纤之内。"① 对天体星空的认识使赋家有开阔博大的宇宙情怀，能够站在一定高度观察和把握对象，深切地体察个体对象在整个空间的位置及事物与事物之间的复杂关系，精益求精的科学研究态度与探本溯源的科学研究方法，也使得赋家对事物的体察更为精致和细腻。对

① 皇甫谧：《三都赋序》，严可均辑：《全六朝文》，中华书局 1958 年版，第1873 页。

于天文学研究与赋创作之间的关系，赋家有所自觉，他们认为宇宙天体的形状布局包括运行规律，是人们修筑宫室建设都邑的法度。王延寿《鲁灵光殿赋》中说西京宫室结构布局与天上的星宿相应和："其规矩制度，上应星宿，亦所以永安也。"张衡也认为，为了更好地认识宇宙，人可以制作模拟天体的仪器：

> 天有九位，地有九域，天有三辰，地有三形，有象可效，有形可度。情性万殊，旁通感薄，自然相生，莫之能纪。于是人之精者作圣，实始纪纲而经纬之。

在张衡看来，天地是"有象可效，有形可度"的，人们可以通过模拟的方式来认识宇宙，他制作漏水转浑天仪、候风地动仪是以仪器来模拟认识宇宙，作赋或许就是以文字来模拟宇宙吧。

三、汉赋中的天文学

赋家的天文学研究不仅影响作赋的思维，造就了汉赋整齐的时空结构，天象观测的成果、宇宙结构的思考、天文研究的体验还具体化为汉赋的内容。贾谊的《鵩鸟赋》中就有"天地为炉"的思考：

> 且夫天地为炉兮，造化为工；阴阳为炭兮，万物为铜。合散消息兮，安有常则？千变万化兮，未始有极，忽然为人兮，何足控抟；化为异物兮，又何足患！

"天地为炉"并非一种自觉的宇宙观，但却反映出贾谊在思考变化问题时的宇宙结构意识。天地像个大熔炉，造化就像铸工，阴阳二气消长变化是炭火，万物好似金属一样被炭火熔化，又被再铸造。《鹏鸟赋》中有一种可贵的无限的观念："千变万化兮，未始有极，忽然为人兮，何足控抟；化为异物兮，又何足患！"变化无极限，人的存在具有偶然性，人自身无法操控变化，喜悦或忧虑都无济于事。炉子一样的宇宙熔铸着万事万物，在无限的宇宙与时空中，人的存在渺小而偶然，这不能不说是人的自觉的先声。

《遂初赋》是刘歆的抒情序志之作，其选择的形象象征符号显示出作者作为天文学家的知识背景。《遂初赋》以星宿为仕途进退的比喻，以星空三垣中的紫微垣比喻君臣关系：

> 昔遂初之显禄兮，遭间阊之开通。跖三台而上征兮，入北辰之紫宫。备列宿于钩陈兮，拥大常之枢极。总六龙于驷房兮，奉华盖于帝侧。惟太阶之侈阔兮，机衡为之难运。惧魁杓之前后兮，遂隆集于河滨。遭阳侯之丰沛兮，乘素波以聊戾。得玄武之嘉兆兮，守五原之烽燧。

刘歆以北辰喻皇帝，三台与钩陈是近北极星很近的星宿，刘歆以此说明自己为皇帝近臣的身份，皇帝的居所则称为紫微宫；形容自己位高权重、仕途隆盛的则是总揽大常、枢极、驷房、华盖等星宿；太阶也是星名，"惟太阶之侈阔"就是说距太微垣太远，暗喻自己升迁艰难；机衡是北斗星，此喻执掌朝政的人，指朝纲松弛无力；魁杓是北斗七星，"惧魁杓之前后"是说常伴君王前后恐遇不测——果然在任河内太守期间遭遇谗毁。这是一首绝妙的星象诗，对星宿的位置与运行叙述科学而准确，这又是一首真切的序志诗，星宿的位置、运行与君臣处位、仕宦跌宕关联得入情入理，天文与人事以科学的原则和情感的方式美妙地联合了，天文学家与赋家的身份彰显无遗！

汉代最大的赋家兼天文学家当然是张衡。在张衡的赋中，有以星象为意象，天文学研究成果成为赋作内容的，甚至他还专门作赋抒写自己在天文研究中的心路体验。《西京赋》可谓"星罗棋布"，有大量的星名和天文现象：

　　帝有醉焉，乃为金策，锡用此土，而翦诸鹑首。
　　自我高祖之始入也，五纬相汁，以旅于东井。娄敬委辂，干非其议，天启其心，人惎之谋。
　　于是钩陈之外，阁道穹隆，属长乐与明光，径北通乎桂宫。
　　累层构而遂隮，望北辰而高兴。
　　璿弁玉缨，遗光倏爥。建玄弋，树招摇。

张衡还在赋中直接记录自己的天文研究成果。《东京赋》："盖蓂荚为难莳也，故旷世而不觌。惟我后能殖之，以至和平，方将数诸朝阶。"蓂荚是古代传说中的一种瑞草，《白虎通·封禅》云："蓂荚者，树名也。月一日生一荚，十五日毕。至十六日去荚，故夹阶而生，以明日月也。"张衡根据蓂荚新月长荚、满月掉荚不断循环的原理，巧妙制作一个称"瑞轮蓂荚"的仪器附在水运浑象上，以水力推动杆子，上半月每天转出一片叶子，月半后则每天落下一片叶子，这样，上半月看到长出几片就知道是初几，下半月看落了几片就知道月半后又过了几天。在《思玄赋》中，张衡则激情洋溢地描绘出一幅遨游宇宙的图景：

出紫宫之肃肃兮，集大微之阆阆。命王良掌策驷兮，逾高阁之锵锵。建罔车之幕幕兮，猎青林之芒芒。弯威弧之拨剌兮，射嶓冢之封狼。观壁垒于北落兮，伐河鼓之磅硠。乘天潢之汎汎兮，浮云汉之汤汤。倚招摇、摄提以低回剹流兮，察二纪、五纬之绸缪遹皇。偃蹇天矫娬以连卷兮，杂沓丛悴飒以方骧。鹹洄飔庚庚以罔象兮，烂漫丽靡藐以迭遇。凌惊雷之硫硠兮，弄狂电之淫裔。逾厖澒于宕冥兮，贯倒景而高厉。廓荡荡其无涯兮，乃今穷乎天外。

张衡幻想自己乘着神奇的车子遨游太空，访问了紫宫、太微、王良、河鼓等星座和云汉之后，倚在招摇、摄提星座上回过头来向下观察日月五星，然后，他越出混沌未分的天象，跨过幽冥的境界，看到日月众星从下面向上反照的景象，到达天的外边。张衡在天文研究的基础上发挥超越的想象力，谱写出一曲星际旅行的畅想曲。

第二节　自然审美中的科学技术

宗白华先生说：“晋人向外发现了自然，向内发现了自己的深情。”[1] 自然审美是魏晋士人审美生活的重要内容，科学技术的发展是自然审美勃兴的重要推动力量；这一时期的科学研究方法和科学技术

---

[1]　宗白华：《论〈世说新语〉和晋人的美》，《美学散步》，上海人民出版社1981 年版，第 215 页。

成果，为魏晋自然审美提供了方法借鉴，科学的求真也涤清了自然物之上的神学和巫术杂质，清晰本真的自然物成为审美的对象。

一、比例：科学与艺术的触类旁通

形与神是中国美学认识事物、表现事物的一对重要范畴，形与神的对立体现出中国人对事物本质的追求和对艺术与世界关系的认识。形与神概念被广泛关注始于汉末，佛教的形神论争使得形与神成为认识事物的主导性概念，在艺术表现中则是有了艺术描写应该重神还是重形的争论。一般认为，魏晋艺术是强调神的，宗炳《画山水序》云："独应无人之野。峰岫嶤嶷，云林森渺。圣贤瑛于绝代，万趣融其神思。余复何为哉，畅神而已。神之所畅，孰有先焉！"将绘画视为纯粹的精神表达。顾恺之认为绘画要"悟对通神""传神写照"。但魏晋艺术的重神与后世稍有不同，重神而并不废形，是在形似的基础上表现神——表现自然物首先要达到形式上的准确逼真。东汉王延寿认为绘画先是"写载其状，记之丹青"，达到形似，然后"随色象类，曲得其情"①，方可神似。顾恺之说绘画是"以形写神"，以形为写神的基础。

写形的基础是对形的准确把握，对自然物的外貌、生长运动规律、类别特征的清晰认识，这是科学技术研究与艺术审美的触类旁通。汉魏科学家多有研究方法上的自觉，这些科学研究的方法不仅适用于科学技术，同时影响着人们对世界普遍的思维与眼光，由思维而进入艺

---

① 《鲁灵光殿赋》，赵逵夫、韩高年主编：《历代汉赋评注·汉代卷》，巴蜀书社2010 年版，第 623 年。

术，带来了艺术审美的新发现、新收获。科学家在研究的过程中，会经常思考如何计量、解析物体的问题，总结出很多有效的方法。汉魏科学研究中普遍采用"千里一寸"的方法来测量、推算距离和天体大小。据《周髀算经》载，荣方向陈子请教如何认识空间的广狭远近："今者窃闻夫子之道，知日之高大，光之所照，一日所行，远近之数，人所望见，四极之穷，列星之宿，天地之广袤，夫子之道皆能知之，其信有之乎？"陈子说：

> 夏至南万六千里，冬至南十三万五千里，日中立竿测影。此一者天道之数。周髀长八尺，夏至之日晷一尺六寸。髀者，股也。正晷者，句也。正南千里，句一尺五寸。正北千里，句一尺七寸。日益南，晷益长。[①]

这是对先秦土圭测影长期实践的总结，其理论方法为勾股术；这种方法给了人们一种工具，使得测量、表现超出人的感官把握能力的东西（过远、过大、过长）成为可能。张衡测量各种天文数据，用的就是这种方法："将覆其数，用重钩股，悬天之景，薄地之义，皆移千里而差一寸得之。"[②] 宇宙中的各种天体距离遥远，且体积巨大，远远超出了人的感官把握能力，借用"千里一寸"的思维，将遥远的天体与地面事物相比对建立起某种关系，使之成为可度量的对象。

---

① 钱宝琮点校：《周髀算经》卷上，杜石然、郭书春、刘钝主编：《李俨钱宝琮科学史全集》第4卷，辽宁教育出版社1998年版，第20页。
② 张衡：《灵宪》，严可均辑：《全后汉文》卷五十五，中华书局1958年版，第77页。

"千里一寸"是利用眼前可观之物来测量遥远巨大的对象，建立了大与小、远与近之间的关系。这种观察与测量的方法亦可反过来成为表现的方法，根据大小远近的关系而用眼前可观的小的对象来表现巨大遥远之物。刘徽在其伟大著作《九章算术注》中提出的"率"的概念，也可以说是对这种关系的概括："凡数相与者谓之率。率者，自相与通。有分则可散，分重叠则可约也。等除法实，相与率也。""相与"即数与数之间的相比关系，"自相与通"是说一组率的诸数之间是彼此相通的。"率"虽然是数字之间的关系，但是任何形与形的关系都可以简化为数字关系，裴秀的制图方法，就是用"率"来概括形与形之间的关系。西晋制图学家裴秀总结出了地图绘制理论：

> 制图之体有六焉，一曰分率，所以辨广轮之度也；二曰准望，所以正彼此之体也；三曰道里，所以定所由之数也；四曰高下，五曰方邪，六曰迂直，此三者各因地而制宜，所以校夷险之异也。①

这就是著名的"制图六体"，"分率"就是用比例尺确定地图与地形实况之间的关系，它提出绘制地图时要确定地图与地形的比例，要确定方位，还要能够具体显示路线的实际情况。总之，分率、准望、道里、高下、方邪和迂直六者综合考虑，地图就能准确反映出位置、距离和地势，高山的险峻、河流的深浅、道路的迂回曲折等等都能在地图上标示出来。"制图六体"已是一套较系统完备的观察方法与标

---

① 房玄龄等：《晋书·裴秀传》卷三十五，中华书局1974年版，第1040页。

示方法，就地形地势而言，达到了对形详细而准确的掌握，并且寻找到了对形的表示方法。德国地理学家阿尔夫雷德认为，地理学是关于地表的空间的概念，人类的地理学活动可以分为三种："第一种活动是发现，即踏进某个地区，取得地区的粗略观感，这是每个普通旅行家在进入一个陌生地区时在主观方面都要重复的活动。第二种活动是确定这个地区的位置和空间情况。第三种活动是了解这个地区的内容，就是在这个地区或者有关的地点里自然和居民构成的知识。"[1] 这三种活动是层层递进的，"制图六体"的提出表明这时地理学的活动已经进入第二种与第三种。还有一个道教典籍《五岳真形图》，是道士在实地考察五岳山形高低、水势走向和方位的基础上，根据五岳的地形地貌特征而绘制，用于道士进山修道求仙的地图。据现代学者研究，《五岳真形图》绘制山脉的高低起伏形状和走向，采用的是类似于现代的等高线地图绘制思想与方法，能够巧妙而具体地表现地形与地貌。[2]

对比例的重视必然包含审美因素，"美在和谐"的比例是西方最古老的美的理念。古希腊的毕达哥拉斯认为，和谐的结构比例与美有着内在的联系。如果若干根琴弦的长度成简单的数字比例，在张力相等的条件下，击弦发出的声音就和谐完美。亚里士多德说："美的主要形式'秩序，匀称与明确'，这些惟有数理诸学优于为之作证。又因

---

[1] 阿尔夫雷德·赫特纳著，王兰生译：《地理学：它的历史、性质和方法》，商务印书馆 1986 年版，第 182 页。

[2] 王庸在 1938 年出版的《中国地理学史》中说："据日本人小川琢治之考证，知吾国中古时期之五岳真形图为表示地势高下之地形图。"李约瑟先生在《中国科技史》第 3 卷《地学》中提出《五岳真形图》乃"制作等高线图的早期尝试"。《自然科学史研究》1987 年第 1 期刊载曹婉如、郑锡煌的文章《试论道教五岳真形图》，认为就表现形式和内容来看，《五岳真形图》可以称为具体山岳的平面示意图。

为这些（例如秩序与明确）显然是许多事物的原因，数理诸学自然也必须研究到以美为因的这一类因果原因。"① 亚里士多德不仅看到了自然科学（数理诸学）中的美，而且还用自然科学的眼光来理解美，也就是说，从科学的角度来认识美，则形式美的特征就会鲜明地显现出来，秩序、匀称与明确，将自然科学和美连接起来。汉魏科学研究中对形的比例的测量、计算和绘图方法，对艺术表现有着触类旁通的开启意义，这一时期绘画中出现了对透视法则的自觉认识，就是对比例的认识向艺术领域里的迁徙。宗炳的《画山水序》是第一篇专论山水画的论文，他认为山水画是代替真山真水，给"披图幽对"的人"畅神"的东西，因此对山水的表现要竭力求真，而求真的途径即利用透视原理，去"以形写形，以色貌色"：

> 且夫昆仑山之大，瞳子之小，迫目以寸，则其形莫睹，迥以数里，则可围于寸眸。诚由去之稍阔，则其见弥小。今张绢素以远映，则昆、阆之形，可围于方寸之内。竖划三寸，当千仞之高；横墨数尺，体百里之迥。是以观画图者，徒患类之不巧，不以制小而累其似，此自然之势。如是，则嵩、华之秀，玄牝之灵，皆可得之于一图矣。

宗炳明确提出绘画要以小见大，在方寸之内刻画昆仑之大、嵩华之秀。"竖划三寸，当千仞之高；横墨数尺，体百里之迥"，就是西方

---

① 亚里士多德著，吴寿彭译：《形而上学》，商务印书馆 1959 年版，第 265—266 页。

文艺复兴时期反复倡导的透视，也就是裴秀所谓"分率"。如此，科学之真便转化为艺术之美。最显著体现科学真与艺术美融合的是戴颙铸像的故事：

> 宋太子铸丈六金像于瓦棺寺，像成而恨面瘦，工人不能理，乃迎颙问之，曰："非面瘦，乃臂肿肥。"既铝减臂肿，像乃相称。时人服其精思。[①]

戴颙以最形象的方式阐明了最为基本的美学原理："美在和谐"的比例。托名萧绎的《山水松石格》总结的绘画技法中也提到透视。萧绎认为自然山水广袤无垠、浑然一体，要在绘画中描绘自然山水须讲究尺寸比例：

> 夫天地之名，造化为灵。设奇巧之体势，写山水之纵横。或格高而思逸，信笔妙而墨精。由是设粉壁，运神情，素屏连隔，山脉溅淘，首尾相映，项腹相迎。丈尺分寸，约有常程。

至于绘画中如何讲究尺寸比例，萧绎提出应疏密相间、纵横交错，还要巧妙地利用石头、飞鸟形成画面的空间感：

> 树石云水，俱无正形。树有大小，丛贯孤平；扶疏曲直，耸

---

① 张彦远著，俞剑华注：《历代名画记》，上海人民美术出版社 1964 年版，第 125 页。

拔凌亭。乍起伏于柔条，便同文字。

　　隐隐半壁，高潜入冥；插空类剑，陷地如坑。秋毛冬骨，夏荫春英。炎绯寒碧，暖日凉星。巨松沁水，喷之蔚同。褒茂林之幽趣，割杂草之芳情。泉源至曲，雾破山明。精蓝观宇，桥彴关城。行人犬吠，兽走禽惊。高墨犹绿，下墨犹赪。水因断而流远，云欲坠而霞轻。桂不疏于胡越，松不难于弟兄。路广石隔，天遥鸟征。云中树石宜先点，石上枝柯末后成。高岭最嫌临刻石，远山大忌学图经。

魏晋时期不少画家都谈到了山水画的技法：顾恺之的《画云台山记》、宗炳的《画山水序》、王微的《叙画》、萧绎的《山水松古格》、谢赫的《古画品录》，都涉及山水画的色彩敷汧、大小远近比例、空间位置经营。科学研究思维向艺术表现渗透，出现了完整的写形的技法，技法的成熟使得山水画成为自然审美的重要途径。

二、图与摹：科学研究中的形象思维

不仅科学研究的方法改变了人们观察自然、理解自然的方式，开启了艺术创作的思维，甚至理性的科学研究方法本身也包含了形象性因素，为艺术创作提供了直接的借鉴。科学研究主要依靠逻辑思维，但是它并不绝对排斥形象思维，适当的形象思维可以精彩地体现出科学研究对客观世界的抽象与演绎，还可以让高深的科学研究美妙地回归到客观世界，从而成为科学研究有力的助推力量。刘徽在阐述自己的数学研究方法时说：

析理以辞，解体用图，庶亦约而能周，通而不黩，览之者思
过半矣。①

点明了自己数学研究中的两种思维：一种是"析理以辞"的逻辑
思维，一种是"解体用图"的形象思维。一般认为，数学是对现实世
界的高度抽象与概括，是与形象背道而驰的纯粹世界，但另一方面，
正是数学使得多样变化的世界呈现出一般性。数学实际上是将形象的
实体世界导引到抽象的纯粹世界的桥梁。刘徽的两种研究思维就是对
数学的这种两面性的深刻认识，故而刘徽《九章算术注》明确提出数
学研究中的形象思维：

几物类形象，不圆则方。方圆之率，诚著于近，则虽远可知
也。由此言之，其用博矣。

一切物类都是有形有象的，其形象不是方的就是圆的，数学的任
务就是认识方圆比例和远近关系，这种关系广泛存在于世，有着极大
的用途。

很多时候我们以为逻辑思维与形象思维势不两立，科学研究不需
要形象思维，但事实上好多重要的科学研究都离不开形象思维。著名
的量子物理学家狄拉克就曾用形象的图像来表达自己的科学观念，他
提出的"狄拉克之海"，就借用生活在这个海洋中有智力的深水鱼的
图像，又用鱼在水面上跳跃和溅起泡沫，来比喻粒子的产生和湮没，

——————————

① 白尚恕：《〈九章算术〉注释》，科学出版社1983年版，第4页。

使人们能直观地理解他奇特的真空图景。玻尔则借用中国古代的阴阳太极图来表达其对立统一的互补性思想。玻尔所采用的非公理化的、含蓄而隐晦的表达方式，实际上是把科学语言和艺术语言结合起来使用。刘徽的数学成就也充分体现出形象思维的作用，形象思维是其最重要数学贡献"割圆术"的主要研究方法。在刘徽的时代，人们已经认识到古代计算圆周率"径一周三"的公式是不精确的。王莽曾命刘歆制铜斛颁行天下作为标准量器。铜斛圆径 1.4332 尺，圆面积是 1.62 平方尺，从圆的面积计算出圆周率约为 $4 \times 1.62 \div 1.4332 = 3.1547$。张衡在《灵宪》中采用的圆周率是 $730 \div 232 = 3.1466$。三国时的王蕃在其浑仪论说中采用的圆周率是 $142 \div 45 = 3.1566$。这比"径一周三"的近似度有所提高，但仍不够精密。刘徽的"割圆术"是在圆内作内接正多边形，用正多边形的面积代表圆面积来计算圆周率的近似数值：

> 以六斛之一面乘半径，因而三之，得十二斛之幂。若又割之，次以十二斛之一面乘半径，因而六之，则得二十四斛之幂。割之弥细，所失弥少。割之又割，以至于不可割，则与圆合体，而无所失矣。[①]

"斛"即正多边形，"面"是正多边形的一边，圆内接正多边形的面积小于圆面积；将圆分割为正多边形的次数越多，被分割的圆弧和所对应的正多边形的边就越短，正多边形的面积与圆的面积之差就越小，若分割次数无限增加，则正多边形面积与圆的面积则必然重合。

---

① 白尚恕：《〈九章算术〉注释》，科学出版社 1983 年版，第 38—39 页。

刘徽用"割圆术"推算圆周率，把我国古代圆周率的精确度提高到一个新的水平，"割圆术"的主要思维方式，把一个圆无限次地分割为正多边形，主要还是采用图形的形象思维。

刘徽所谓"形象"，一是指"图"，还有就是"棊"，即模型；他不仅善于用图形思考，而且也善于用模型来使一些复杂的局面明晰化。如刘徽《九章算术注》提出了"刍薨"的算法："其用棊也，中央堑堵二，两端阳马各二。"即"刍薨"是由两个"堑堵"、四个"阳马"构成的，这样"刍薨"结构就清清楚楚了，其体积的计算也轻而易举。当人们从杂多的现实中抽象出统一性时，产生了纯粹的几何图形，当人能够将抽象的数字关系还原为图形、模型时，又赋予了数学生动和丰富，这样，就不难发现科研思维与艺术思维的相通之处。无独有偶，司马相如在概括赋的创作方法时也使用了"棊"的概念："合棊组以成文，列锦绣而为质，一经一纬，一宫一商，此赋之迹也。"在司马相如看来，作赋不过是将一个个关于动物、植物、地形、地貌、宫殿、苑囿的模型串列起来，铺陈出整个宇宙的锦绣文采。

刘徽是影响深远的数学家，他的研究让中国古代数学第一次具有系统的体系，其研究方法中的形象思维也深刻地影响着时代的思想。汉魏艺术创造力的勃发正是形象思维发达的成果。

三、真实的显现：自然审美中的科学理性

科学研究的对象是客观的物质自然，求真是科学研究的动力和目标，汉魏科技的发展，求真的理性精神也是重要的推动力量；它以求真效验的眼光看自然万物，寻找自然界独立客观的解说体系，消除了自然之上的神秘虚幻色彩，天道人事不再感应附会，把自然物从神灵、

政治中解放出来，褪去了自然之上的道德伦理、神灵意志，显现出作为客观独立认识对象的自然。

汉魏时期，天道自然已成为社会的普遍认识，王充说："天道自然，厥应偶合。"① 王充的结论以对大量自然现象的科学考察为基础，他观察到虫子的产生要依赖湿润之气，海潮的涨落与月亮的盈亏相关，暴风雨来临之前，巢居穴处之物就会躁动。故而，和老庄的天道自然相比，王充的天道自然观是对事物之间联系的肯定，是"天道自然说在新的、更高基础上的复兴"。② 魏晋玄学的中心话题也是自然："万物以自然为性，故可因而不可为也，可遁而不可执也。"③ "天地任自然，无为而造。"④

天道自然把自然物从神学的障蔽下解放出来，也摆脱了天人感应的虚妄附会，它让人们相信天地之大，无奇不有，同时引导人们努力探索自然规律。追寻自然的本真，成为汉魏科学勃兴的哲学基础。在这一时期的科学研究中，普遍涌动着一种积极认识自然物、努力干预自然的高扬的主体意识。张衡全面系统地纠正了盖天说对宇宙结构和天体运动的错误看法，认为自己的浑天说可以通过数学方式来准确地计算和测量宇宙结构和天体运动的各项数据："通而度之，则是浑也。"⑤ 当时张衡就算出天球的直径是二亿三万二千三百里，南北短而东西长，各损益千里，地球在天球的半腰之中；张衡还在中原洛阳地

① 王充：《论衡·验符》，董治安主编：《两汉全书》第17册，山东大学出版社2009年版，第10433页。
② 席泽宗：《中国科学思想史》，科学出版社2009年版，第362页。
③ 楼宇烈：《王弼集校释》（29章），中华书局1980年版，第105页。
④ 楼宇烈：《王弼集校释》（5章），中华书局1980年版，第23页。
⑤ 张衡：《灵宪》，严可均辑：《全后汉文》卷五十五，中华书局1958年版，第77页。

区观察到二千五百颗恒星，并指出宇宙内总星数可达一万多颗："中外之官，常明者百有二十四，可名者三百二十；为星二千五百，而海人之占未存焉。微星之数，盖万一千五百二十。"① 据今天的天文学家统计，人在同一时间同一地点可见的星星就是二千五百颗左右，全天三等星约一百三十二颗，即张衡所谓"常明者"。一千多年以前的研究能达到如此高度，不能不让人叹服！祖冲之强调天文学研究的实际观测，以与客观事实的吻合为科学研究的基本原则，他说："甄耀测象者，必料分析度，考往验来，准以实见。"他自己在研究中更是"亲量圭尺，躬察仪漏，目尽毫厘"。②

汉魏时期，地理学、植物学均有较大发展，对地形地貌、河流山川及植物的形状、性质、规律等的认识都达到了一个新的高度。自然物真切面貌的显现，为自然审美提供了坚实的基础。郦道元为汉桑钦的《水经》作注，就是为了追求对地面水文情况的真实认识，纠正一些长期流传却不合实际的观念，给予人们真正的知识，让其为人所用：

> 昔《大禹记》著山海，周而不备；《地理志》其所录，简而不周；《尚书》、《本纪》与《职方》俱略；都赋所述，裁不宣意；《水经》虽粗缀津绪，又阙旁通。所谓各言其志，而罕能备其宣导者矣。今寻图访赜者，极聆州域之说，而涉土游方者，寡能达其津照，纵仿佛前闻，不能不犹深屏营也。余少无寻山之趣，长违问津之性，识绝深经，道沦要博，进无访一知二之机，退无观

---

① 张衡：《灵宪》，严可均辑：《全后汉文》卷五十五，中华书局 1958 年版，第 77 页。

② 萧子显：《南齐书·祖冲之传》，中华书局 1972 年版，第 904 页。

隅三反之慧。独学无闻，古人伤其孤陋；捐丧辞书，达士嗟其面墙。默室求深，闭舟问远，故亦难矣。然毫管窥天，历筒时昭，饮河酌海，从性斯毕。窃以多暇，空倾岁月，辄述《水经》，布广前文。《大传》曰：大川相间，小川相属，东归于海。脉其枝流之吐纳，诊其沿路之所躔，访渎搜渠，缉而缀之。《经》有谬误者，考以附正文所不载，非经水常源者，不在记注之限。但绵古芒昧，华戎代袭，郭邑空倾，川流栜改，殊名异目，世乃不同。川渠隐显，书图自负，或乱流而摄诡号，或直绝而生通称，在诸交奇，洄湍决渡，躔络枝烦，条贯系夥。①

这篇序言清楚地表明了郦道元科学研究的求真动机，求真的追求让汉魏科技发展到一个新高度。

陆机、嵇含、郭璞、戴凯之、万震等人的动植物研究，清晰地显现出植物的总体形态特征、结构构成和部位与功能。陆机是著名文人，写成了中国第一篇专门讨论文学创作过程的文章——《文赋》，其诗歌创作也有很高成就。他的科学研究也与文学相关。陆机把《诗经》中提到的动植物分别集中起来，对每一名物的异名、形态、生境、产地和用途等进行解释，写成了《毛诗草木鸟兽虫鱼疏》。陆机对动植物的形态和生长都能联系实际做详实描述，特别注重植物的经济用途，对于可供食用的植物，除指明其可食部分，还说明食用方法。这不仅是植物学研究的成果，还将《诗经》中神话传说、情感寄托的对象落到了实处，显现其在现实世界的真切面貌。随着科学技术的进步，汉

---

① 郦道元著，陈桥驿校证：《水经注校证》，中华书局2007年版，第1—2页。

魏时期文人在面对自然万物时，不仅将其视为感情抒发的对象，在艺术创造中加以描绘，还试图从科学的角度加以理性认识，形成了科学技术进步与审美感兴焕发的交相辉映的局面。郭璞是个诗人，其游仙诗在中国诗歌历史上有着重要的地位，他同样对动植物研究感兴趣。郭璞以大量实地考察为基础为《尔雅》作注，所注释的动植物名称，立足于北方见闻，又结合南方的情况。反映出同一植物由于生长在不同地区而有异名的情况，如车前草，郭璞指出在北方称为"芣苢""马舄"，在江浙则叫作"蛤蟆皮"。此外，嵇含的《南方草木状》详细记叙当时南方常见植物的形状、用途、分科、生长规律等，东汉杨孚的《南裔异物志》研究南方风物，三国吴万震的《南州异物志》则专门研究南方地区的风物。还出现了专门研究某一种植物的著作。刘宋的戴凯之的撰写的《竹谱》，记录了南方的 70 多种竹类植物，是我国现存最早关于竹类植物的专著，在植物学史上有重要地位。

作为独立的认识对象的自然万物，以真切、本然的面目呈现于魏晋文人的眼中。当自然混杂以功用关系、伦理象征、神灵意志时，对自然的关注重心，实际上是在物质利益和政治秩序上。《神农本草经》原来将药分为上、中、下三品，是以人的社会等级比拟自然物，陶弘景在写作《名医别录》时抛弃了这种混沌的分类观念，以药物的自然来源分类，将 730 种药物分成玉石、草木、虫鱼、禽兽、果菜、米食和有名无用七大类。依药物的自然来源分类，体现出的，是药物学的进步，也是陶弘景对自然物的客观性、独立性的重视。屈原经常写香草："余既滋兰之九畹兮，又树蕙之百亩，畦留夷与揭车兮，杂杜衡与芳芷。冀枝叶之峻茂兮，愿竢时乎吾将刈。虽萎绝其亦何伤兮，哀众芳之芜秽。"屈原的文章有巨大的感染力，但他笔下作为自然物的香兰、蕙草形象却很模糊。嵇含也写香草：

> 蕙草，一名薰草。叶如麻，两两相对，气如蘪芜，可以止疠，
> 出南海。
>
> 桂出合浦，生必以高山之巅。冬夏长青，其类自为，林间无
> 杂树，交趾置桂园。桂有三种：叶如柏叶皮赤者为丹桂，叶如柿
> 叶者为菌桂，其叶似枇杷叶者为牡桂。①

对动植物形态、性质的深切认识，带给人们对自然的新的体验，
自然之真的显现，从最根本的意义上说，是人的本质力量的对象化，
是自然人化过程的进化，是人的主体性的胜利。真的发现必然导引出
美的焕发。

在求真的理性精神观照下，自然物首先是实实在在、鲜明生动的
客观物质，然后才是情感寄寓的对象。魏晋文人看自然万物，重视客
观的物质的自然，以敏感的心灵把握鲜明的自然物形象，不放过细枝
末节；魏晋艺术作品中的自然事物，往往有具体真切的形态。曹丕作
《槐赋》，自序曰："文昌殿中槐树，盛暑之时，余数游其下，美而赋
之。"② 曹丕的写作原因仅仅在于被槐树之美所打动，作赋是为描绘槐
树之美，因此曹丕的描绘很细致：

> 修干纷其濯错，绿叶萋而重阴。上幽蔼而云覆，下茎立而

---

① 靳士英主编：《〈南方草木状〉释析》，学苑出版社 2017 年版，第 149 页。
② 严可均辑：《全三国文》卷四，中华书局 1958 年版，第 1075 页。

摧心。

> 伊暮春之既替，即首夏之初期。鸿雁游而送节，凯风翔而
> 迎时。①

对树的枝、叶、干、颜色、生长季节、态势都做了描述。同《诗经》、楚辞写景的简约笼统、汉大赋的空洞堆砌自然不同，《槐赋》既有作者的情感表达，也有自然物的具体形象。曹丕以对一棵树的仔细描绘来表达自己的欣赏赞叹之情，是对物质自然之真的尊重。陆机诗中的植物描写则表现出一个植物学家的严谨与周全：

> 江蓠生幽渚，微芳不足宣；被蒙风雨会，移居华池边；发藻
> 玉台下，垂影沧浪渊；霑润既已渥，结根奥且坚；四节逝不处，
> 繁华难久鲜；淑气与时殒，余芳随风捐。②

屈原在《离骚》中也写到江蓠："扈江离与辟芷兮，纫秋兰以为佩。"很显然，《离骚》中的江离是没有具体形象的，读者见到的是屈原的情怀而不是植物，而陆机的江离则形象鲜明，江离的生长环境、香气、根实及生长周期都交代得清清楚楚，俨然是用诗句写作的植物图谱。

---

① 严可均辑：《全三国文》卷四，中华书局1958年版，第1075页。
② 陆机：《塘上行》，逯钦立辑：《先秦汉魏晋南北朝诗·晋诗》卷五，中华书局1983年版，第658页。

四、从真到美：科学研究中的审美活动

人类文化的创造包含着丰富的内涵，具有多个层面，科学技术、器物工艺是文化创造中直接关乎人的物质生活的领域，典章制度、文学艺术则通向人的理想信念等精神生活，但都折射出人类的思想智识、价值意义和精神情操，两者息息相通，互为映照；器物与心灵、科技研究与审美活动互相感召，不可分割。汉魏科技活动一方面以方法技能去认识自然界，在认识自然、改造自然的过程中，求真的理性力量潜移默化地沉淀为人的内心体验，客观的认识活动中体现出审美的因素，自然成为一个独立的认识对象，同时也生成了审美对象。

科学研究的成果以仔细观察、悉心分析为前提，需要更加仔细的看自然的眼光，在长时间的、全身心投入的观察之中，人与自然更加贴近，生动的形象感召出人类心灵深处美的向往、美的渴望、美的欣赏；当人与生动的自然形象猝然相遇，自然物的形状、色彩、结构、态势就会引发美的赞叹。一些科技研究的文字在详细记录研究过程、结果的同时，常常情不自禁地流露出对自然美的欣赏，成为趣味盎然的科学美文。后秦天文学家姜岌观察到，日出日落时太阳都是赤色，像巨大的红球，中午则显得小而白，他将其解释为"地有游气"的结果：

> 夫日者纯阳之精也，光明外耀，以眩人目，故人视日为小。及其初出，地有游气，以厌日光，不眩人目，即日赤而大也。无游气则色白，大不甚矣。地气不及天，故一日之中，晨夕日色赤，而中

时日色白。地气上升，蒙蒙四合，与天连者，虽中时亦赤矣。①

姜岌用"游气"对太阳出入时的赤色做了科学的解释，实际上他所认识的是关于大气的吸收与消光问题，是天文学上的重要发现。②这段记录"蒙气差"的文字，形象地演示了太阳一天之中的色彩运动图谱。这样的认识，对人们认识自然、表现自然当有很大启发，其中光景色彩微妙变化的描述，与诗歌中山岚光景的描绘相映成趣："林壑敛暝色，云霞收夕霏。芰荷迭映蔚，蒲稗相因依。"③《晋书·天文志》载郗萌记宣夜家先师关于宇宙结构的论述也很有形象感：

> 天了无质，仰而瞻之，高远无极，眼瞀精绝，苍苍然也。譬之旁望远道之黄山而皆青，俯察千仞之深谷而黝黑，夫青非真色，黑非有体也。日月众星，自然浮生虚空之中，其行其止，皆须气焉。是以七曜或逝或往，或顺或逆，伏见无常，进退不同，由乎无所根系，故各异也。

这段话包含了许多科学真理，它说明天并无一定的质量，而且宇宙是无限的，七曜不是依附于天体，无所根系，飘浮于充满气的虚空中。它用非常生动的画面描述出了人肉眼所见的宇宙图景，"苍苍然"

---

① 姜岌：《浑天论答难》，严可均辑：《全晋文》卷一百五十三，中华书局 1958 年版，第 2348—2349 页。

② 参见王锦光、洪震寰：《中国光学史》，湖南教育出版社 1986 年版，第 128—129 页。

③ 谢灵运：《石壁精舍还湖中作》，逯钦立辑：《先秦汉魏晋南北朝诗·宋诗》卷二，中华书局 1983 年版，第 1165 页。

描绘出感官感觉中宇宙的浩渺深邃，"仰""瞻""旁望""俯察"等动作，则形象地刻画出一个置身于苍茫无穷时空中的天文观察者的形象，具有强烈的审美感染力。

不仅科学研究文字描绘了自然美，一些科学家也以诗文的形式表达了对自然的审美感情。嵇含《登高诗》云："七月有七日，蠢动思登高。显首稀乾精，方类自相招。"没有任何目的的登高、远游，可以称为纯粹的审美活动。身为植物学家的嵇含，对植物有更细致的观察与认识，也有欣赏自然之美的更强烈的要求。在嵇含的诗文中，植物有清晰的物态，也有深切的情韵，将科学的客观理性与文学的敏感细腻结合在了一起。《槐香赋》写槐树："蒙蒙绿叶，摇摇弱茎。"朦胧、飘逸之美跃然纸上。《悦晴》描写雨后景象，清新而富有想象："劲风归巽林，玄云起重基；朝霞炙琼树，夕景映玉枝。"何承天是天文学家，他一方面观测星象，制定历法，以理性的眼光审美对象，一方面在诗中描绘自然的感性之美：

　　青壁千寻，深谷万仞。崇岩冠灵林冥冥。山禽夜响，晨猿相和鸣。洪波迅澓，载逝载停。①

这时，自然不再是冷冰冰的研究对象，而是以它的巍峨气势、幽静深邃打动着人的心灵。求真的理性精神不仅练就科学家敏锐深刻的观察力，也磨砺出一双双捕捉自然美的慧眼。

---

① 何承天：《巫山高篇》，逯钦立辑：《先秦汉魏晋南北朝诗·宋诗》卷四，中华书局 1983 年版，第 1206 页。

第三节　道教科技与魏晋士人的审美生活

一、魏晋文人生活中的道教

魏晋时期，道教逐渐摆脱其起于民间的粗鄙浅陋，向上层士族和官方靠拢。在由民间道教向官方道教转化的过程中，文人接受道教，参与宗教活动并用自己的方式宣教弘道，是道教雅化、上层化、官方化必不可少的环节。同时，道教也是文人生活中的重要内容，成为文人的生活理想与生活方式。

在中国早期的科学技术研究中，道教具有不可忽视的地位。李约瑟先生说："道家对自然界的推究和洞察完全可以与亚里士多德以前的古希腊思想相媲美，而且成为整个中国科学的基础。"① 这里所说的道家，是包括道家与道教的广义的道家。道教崇尚"道"，讲究以修真悟道的修炼达到长生久视、羽化登仙的宗教目的："为了追求生命无限超越，历代道门中人积极探索宇宙自然和生命的奥秘，创制发明了各种名目繁多的方术道技，在道法自然、我命在我不在天的旗帜下，以术演道，对自然界各个领域自然现象的变化以及机械、物理、化学、生命及思维等运动规律都用自己特有的眼光和术语作了概括。"② 汉魏科技得到了较大发展，注重养生延命的道教医学、研制还丹金液的道

① 李约瑟：《科学思想史》，科学出版社、上海古籍出版社1990年版，第1页。
② 盖建明：《道教科学思想发凡》，社会科学文献出版社2005年版，第6页。

教化学、为道教神仙建立神仙谱系并提供宇宙模型框架的道教天文学，以及施行堪舆之术的道教地理学，是汉魏科技的重要组成部分；与信仰相融合的状态，使之带有明显的精神品质，成为文人的精神追求、生活理想和行为方式。

魏晋文人在确立自己的理想时，受道教神仙思想的影响，以神人、仙人为理想中人。自己的生活逍遥放纵，风姿俊朗，自以为是凡尘中的仙人。《世说新语·容止》载：

> 王右军见杜弘治，叹曰："面如凝脂，眼如点漆，此神仙中人。"①

稽康自律地回避现世世界，除了对现世世界的深刻体认外，神仙世界的召唤也是不可抗拒的诱惑。"嘉平中，汲县民共入山中，见一人，所居悬岩百仞，丛林郁茂，而神明甚察。自云'孙姓，登名，字公和'。康闻，乃从游三年。"② 道士孙登在临别之际断言稽康不得保全性命，应是针对稽康刚肠嫉恶的性格和他对成仙的热烈渴望而言。稽康在诗中数次刻画飞鸟的形象，以寄托自己飞离浊世、遨游仙界的梦想。《五言赠秀才诗》是典型之作：

> 双鸾匿景曜，戢翼太山崖。抗首漱朝露，晞阳振羽仪。长鸣戏云中，时下息兰池。自谓绝尘埃，始终永不亏。

---

① 刘义庆著，刘孝标注，余嘉锡笺疏：《世说新语笺疏（修订本）》，上海古籍出版社1993年版，第619页。

② 刘孝标注引：《文士传》，上海古籍出版社1993年版，第649页。

从中可以看到，嵇康的眼界与心胸都不局限于一般常识支配的世界，他要寻找的理想处所，是一片物外的天地，像这类比喻自我精神的飞鸟形象还有很多。这些飞鸟都不是实景的写生，而完全是幻想的产物，显示出遨游仙界的超然者的姿态。同时，飞鸟又被赋予庄子大鹏的飞翔的性格，代表着嵇康精神世界中的至上境界。嵇康所属意的并非"食甘旨，服轻暖，通阴阳，处官秩"①的世俗享受，因而临刑时仍然意态潇洒。日本学者兴膳宏称他为"非殉于行动而是殉于思想的殉教者"②。嵇康不仅渴望神仙境界，还以游仙的憧憬为实现志向的途径。"思与王乔，乘云游八极。凌厉五岳，忽行万亿，授我神药，自生羽翼。呼吸太和，炼形易色，歌以言之，思行游八极。"③"王乔弃我去，乘云驾六龙。飘飘戏玄圃，黄老路相逢。授我自然道，旷若发童蒙。"④嵇康不是道教徒，但他在确立自己的人生理想、寻求实现理想的路径时，援用了道教的神仙思想与行为方式。以修道成仙为理想，是魏晋文人的一种普遍心态，何晏、阮籍、江淹都在诗中表达过对仙界的向往。

二、神仙信仰中的医学

道教神仙信仰的追求方式包含着丰富的科学研究内涵，中国早期医学、化学、地理学的发展都与道教的信仰活动关系密切。

---

① 王明：《抱朴子内篇校释》，中华书局1985年版，第52—53页。
② 兴膳宏：《六朝文论稿·嵇康的飞翔》，岳麓书社1986年版，第129页。
③ 嵇康：《秋胡行七首》，逯钦立：《先秦汉卫晋南北朝诗·魏诗》卷九，中华书局1983年版，第480页。
④ 嵇康：《游仙诗》，逯钦立：《先秦汉魏晋南北朝诗·魏诗》卷九，中华书局1983年版，第488页。

　　神仙信仰的追求过程首先是一个医学发展的过程，医学甚至是道教作为一个宗教存在的决定性因素。东汉末年是中国历史最为动荡的时期，朝廷腐败，宦官、外戚与士族官僚斗争激烈，黄巾起义、董卓内乱给社会造成极大的伤害；这一时期还灾疫频繁，百姓夭亡甚众。曹植这样描写当时的惨状："建安二十二年，疠气流行，家家有僵尸之痛，室室有号泣之哀；或阖门而殪，或覆族而丧。"① 王粲《七哀诗》记载："出门无所见，白骨蔽平原。路有饥妇人，抱子弃草间。顾闻号泣声，挥涕独不还。'未知身死处，何能两相完？' 驱马弃之去，不忍听此言。"在这样的情况下，以"致太平，去乱世"为宗旨的早期道教应运而生，行医治病、济世活人是道教传播教理、吸纳教徒的重要手段。

　　据载，早期道教的五斗米道和太平道都是以治病来传道的。《三国志·张鲁传》曰：

　　　　角为太平道，修为五斗米道。太平道者，师持九节杖为符祝，教病人叩头思过，因以符水饮之，得病或日浅而愈者，则云此人信道，其或不愈，则为不信道。修法略与角同。加施静室，使病者处其中思过。又使人为奸令祭酒，祭酒主以《老子》五千文，使都习，号为奸令。为鬼吏，主为病者请祷。请祷之法，书病人姓名，说服罪之意。作三通，其一上之天，著山上，其一埋之地，其一沉之水，谓之三官手书，使病者家出五斗米以为常，故号曰

_____

　　① 曹植：《说疫气》，严可均辑：《全三国文》卷十八，中华书局1958年版，第1152—1153页。

"五斗米师"。

这段文字清楚地说明了医学在道教创立阶段的重要作用。

医学与道教紧密联系的原因，除了它能在现实的层面上迎合下层民众的实际生活和心理需要，当民众面临生老病死时予人具体的帮助，从而迅速地壮大教徒队伍外，还在于道教的宗教哲学与医学伦理存在着深层的联系。"许多人出于对生的渴望而求助于医学。出于对死的恐惧而信奉宗教。可见民间医学与宗教的关系，就是这种'渴望'与'恐惧'的统一。"① 道教重生恶死，以长生不死、肉体生命的永恒为最高的宗教目标，要实现这一个目标自然要求助于医学，道门中很多高道兼行医，很多医药学家兼道教修炼，习医成为道人的一个基本要求：

> 人者，乃象天地，四时五行六合八方相随，而壹兴壹衰，无有解已也。故当豫备之，救吉凶之源，安不忘危，存不忘亡，理不忘乱，则可长久矣。是故治邪法，道人病不大多。假令一人能除一病，十人而除十病，百人除百病，千人除千病，万人除万病。一人之身，安得有万病乎？故能悉治决愈之也。②

可见，医学之于道教，下能修身，中可理家，上达治国，是贯穿身、家、国的一条红线。道教以医创教、援医入道、以医论道，医学

---

① 吉元昭治著，杨宇译：《道教与不老长寿医学》，成都出版社 1992 年版，第 1 页。
② 王明编：《太平经合校》，中华书局 1960 年版，第 294 页。

成为道教存在和发展的一股根本性的技术力量。

魏晋南北朝时期道教得到极大的发展，教众增加并且逐渐上层化、官方化，教理形成系统，教仪教规也系统确立。这一时期的道教医学也成就斐然。著名道士葛洪的《肘后备急方》记录了包括急性传染病、各脏器急慢性病、外科、儿科、眼科和六畜病在内的疾病治疗方法，对各种病症的起源、症状都详细叙述，并附治法和药方，是我国医学发展史上的重要著作。南北朝著名道人陶弘景，不仅撰写了大量的道经，弘扬了上清经法，还在天文历算、地理、医药养生、金丹冶炼方面有极大成就，留下了《本草经集注》《陶隐居本草》《药总诀》《养性延命录》《导引养生图》等医药养生著作。道教医学不仅对中国医学的发展贡献极大，还对魏晋的思想意识、生活风习、审美观念产生了重要的影响，成为魏晋时代思潮的重要组成部分。道教医学中的一些成果不仅延伸为士人的生活方式，如"假外物以自固"、服气、存神等，还开拓了人的精神境界，将精神体验导向深入，为魏晋的艺术审美生活注入了新的活力。

秦汉医家认为药物进入肠胃，会造成烟雾一样的气，然后像熏蒸一样，把气送到身体各个部位，随着气的到达，药物的性质就转移到人体。葛洪接受了这种观点，就此推论出只有假借坚固如金丹之类的物体，方可达到人的肉体永存、长命百岁的目的：

　　夫金丹之为物，烧之愈久，变化愈妙。黄金入火，百炼不消；埋之，毕天不朽。服此二物，炼人身体，故能令人不老不死。此盖假求于外物以自坚固。①

葛洪举例说，"有如脂之养火而不可灭"，"铜青涂脚，入水不腐"，原因是"借铜之劲以扞其肉"，金丹进入人体，也像脂与铜一样，滋养、捍卫着人体器官，使之不老不坏。葛洪的道教滋养论的理论依据是药物性质转移说，认为金丹摄入人体后，会把自己的性质转移给人体。"这种性质转移说有天才的猜测。比如食物，就是供给人体的需要，确实是把自己的成分供给了人体，其中有蛋白质、脂肪、糖类，以及铁、钾、钙等物质元素，自然组织成分的转移，自然也转移其性质。但是葛洪当时不能作这样的区别，而且从成仙的立场看，他们所要的是不败朽、不会变化的性质，而这样的性质，是无法转移给人体的。人体或是无法吸收黄金等药物的成分，或是吸收反而有害，但是葛洪还不了解它们具有毒害人的性质。"从现代科学的角度来看，"假外物以自固"确有很多荒谬愚执之处，但由此带来的养生与修炼方式却激发了新的审美契机。

魏晋文人之中服药风气盛行，何晏对服药尤有所悟："服五石散，非唯治病，亦觉神明开朗。"② 名士们服药重在享受药物带来的精神愉悦，从而达到修生养性的目的。刘孝标注引秦丞相《寒食散论》说："寒食散之方虽出汉代，而用之者寡，靡有传焉。魏尚书何晏首获神效，由是大行于世，服者相寻也。"可见何晏是服药的倡导者。这类散药多有毒性，服后使人发烧，冬季亦须着单衣，而且要不停地行走，

---

① 王明：《抱朴子内篇校释》，中华书局 1985 年版，第 71 页。
② 刘义庆著，刘孝标注，余嘉锡笺疏：《世说新语笺疏（修订本）》，上海古籍出版社 1993 年版，第 74 页。

以散发热量，称为"行散"。"行散"是名士生活中常见的功课。"太傅绕东府城行散，僚属悉在南门要望候拜。"①《世说新语·文学》载：

> 王孝伯在京行散，至其弟王睹户前，问："古诗中何句为最?"睹思未答。孝伯咏"'所遇无故物，焉得不速老!'此句为佳。"

王恭在行散中与弟弟王爽讨论古诗。《世说新语·赏誉》又载：

> 王恭始与王建武甚有情，后遇袁悦之间，遂至疑隙。然每至兴会，故有相思。时恭尝行散至京口射堂，于时清露晨流，新桐初引，恭目之曰："王大故自濯濯。"

行散之中，"清露晨流，新桐初开"更显清丽圆满，使人怀念已经疏远的老友。服药饵石是道教医学观念下的宗教修炼，又与珍惜生命、重生恶死的人之常情相契，常常成为触动心灵深处的情弦、深化体验的契机。

三、实验自然观的审美力量

一般认为，自觉的普遍的自然审美活动始于魏晋文人，道教的实验自然观及对一些自然物的特殊宗教崇拜，是这一转折的重要推动

---

① 刘义庆著，刘孝标注，余嘉锡笺疏：《世说新语笺疏（修订本）》，上海古籍出版社1993年版，第151页。

力量。

道教哲学在天人关系上继承了荀子的"制天命而用之"，否认天有意志，将天看作普通的自然物，提倡积极有为地干预物理之情，其根据就在于用人力夺天地造化之功的思想。干预物理之情、夺造化之功，首先要有对自然的研究。"道家出世的一个原因，是去研究自然，领会自然。"① 儒家哲学的中心是人，不是自然，是人与人的关系，不是人与自然的关系。而道教则一直关心自然，关注人与自然的关系。

道教哲学讲究寓道于术，作为形而上绝对价值原则的先秦道家的道在道教中下落为操作性的方术，② 丹可炼、金可坐、仙可学、世可度，虚无缥缈的道由可操作的方术体现，恬静无欲的思想转变为修仙证道的行为准则，清净无为、静观、玄览、抱一等抽象范畴化为长生方术。以方术的操作去认识自然，以行动和效验去理解自然，道教的自然观是实验的自然观：

> 凡天下事何者是也？何者非也？试而即应，事有成功，其有结疾病者解除，悉是也。试其事而不应，行之无成功，其有结疾者不解除，悉非；非一人也……斯可解亿万事……夫欲效是非，悉皆案此为法。③

---

① 李约瑟：《中国古代科学思想史》，江西人民出版社1990年版，第19页。
② 参见胡孚琛：《魏晋神仙道教》，人民出版社1989年版，第202页："道的范畴从形而上的宇宙本体，最后演化为形而下的神仙道教，这中间'一'的范畴是它演变的关键，因为道士只有通过守一的存思气功才能将道化为自己的内心体验，从而将自己的精神与道融为一体，通神成仙。'道'就是这样从抽象的哲学概念，在道教哲学中经过一个宗教化和方术化的推演过程，最后将它的哲学特征融入道士的精、气、神之中，从而体道合真，复归于道，再将它上升到抽象的神仙境界。"
③ 王明编：《太平经合校》，中华书局1960年版，第71页。

魏晋文人受这种探索自然的风气的影响，开始亲自参与一些技术性工作。嵇康、向秀、吕安都是名士，他们为自己亲自劳动而自豪，《晋书·向秀传》云："康善锻，秀为之佐，相对欣然，傍若无人。又共吕安灌园于山阳。"王戎生性吝啬，贪财聚敛，却在水车的发明上花大把的金银。高高在上的文人在手工技术方面亲力亲为，可见他们认识自然的兴趣浓厚。以行动认识自然，以效验为检验是非的标准；同样地，实验自然观中的自然，也区别于老子、庄子与现世隔绝的终极实在的自然，而指向实在的亲切的自然物，成为自然审美的现实基础。

普洛丁说："神才是美的来源，凡是和美同类的事物也都是从神那里来的。"① 魏晋文人以神仙境界为美，在他们眼中，难以言表的自然之美最能体现神秘莫测的神仙之美。陶弘景把秀美的山川称为"欲界之仙都"："山川之美，古来共谈。高峰入云，清流见底。两岸石壁，五色交晖。青林翠竹，四时俱备。晓雾将歇，猿鸟乱鸣。夕日欲颓，沉鳞竞跃，实是欲界之仙都。"以自然山川为仙都，这是魏晋艺术大量抒写自然美的重要原因。② 谢灵运是那个时期对山水之美体悟最深、描绘最多的一位诗人。钟嵘述谢的身世曰："钱塘杜明师夜梦东南有人来入其馆，是夕即灵运生于会稽。旬日而谢玄亡。其家以子孙难得，送灵运于杜治养之，十五方还都，故名客儿。"③ 钱塘杜明师是天师道世家，谢灵运在道教氛围中生活了十五年，受其影响当不言而喻，其名字本身也显出道教影响的痕迹。《宋书·谢灵运传》云：

---

① 北京大学哲学系美学教研室编：《西方哲学家论美和美感》，商务印书馆1980年版，第57页。

② 《华阳陶隐居集》，《道藏》第23册，文物出版社、上海书店、天津古籍出版社1992年版，第652页。

③ 周振甫：《诗品译注》，中华书局1998年版，第50页。

灵运因祖父之资，生业甚厚，奴童既众，义故门生数百。凿山浚湖，功役无已。寻山陟岭，必造幽峻。岩嶂千重，莫不备尽。登蹑常著木屐，上山则去其前齿，下山则去其后齿。尝自始宁南山伐木开径，直至临海，从者数百人。临海太守王琇惊骇，谓为山贼，徐知是灵运，乃安。

带领数百人伐木开山而去，俨然是探险家的风范。谢灵运还请求皇帝将会稽东边的回踵湖赐给他，以改造为良田，未获允准，他又转而求始宁的岯崲湖，目的同样是平湖为田。谢灵运拥丰厚产业，开山伐木、平湖为田都不是为稻粱谋。衣轻暖、食甘肥的门阀士族甘愿受皮肉之苦，是借与自然的亲近去接近心中的神明，体道求仙进入神仙境界。他以书生的孱弱开山凿岭，又极尽修辞描绘自然美景，他登上江中孤岛，沉醉于浮光掠影，同时念念不忘长生之术："始信安期术，得尽养生年。"[1] 伫立于冰天雪地之中，清新的晓月、辉煌的落日引起了人生感慨："颐阿竟何端，寂寂寄抱一。恬如既已交，缮性自此出。"[2] 抱朴守一，是道教求道成仙的途径，谢灵运就是在这自然之美中体验那至高无上的道。《过白岸亭诗》反映了诗人精神活动的过程：

拂衣遵沙垣，缓步入蓬屋。近涧涓密石，远山映疏木。空翠难强名。渔钓易为曲。援萝聆青崖，春心自相属。交交止栩黄，

① 谢灵运：《登江中孤屿》，逯钦立辑：《先秦汉魏晋南北朝诗·宋诗》卷二，中华书局 1983 年版，第 1162 页。
② 谢灵运：《登永嘉绿嶂山诗》，逯钦立辑：《先秦汉魏晋南北朝诗·宋诗》卷二，中华书局 1983 年版，第 1163 页。

呦呦食萍鹿。伤彼人百哀，嘉尔承筐乐。荣悴迭去来，穷通成休戚。未若长疏散，万事恒抱朴。

在明媚的自然景色中，诗人恍然若有所失，人世间有荣辱盛衰，消息更替，只有"采薇山阿，散发岩岫"，与天地合而为一才可能恒远不泯。精神世界的丰满与细腻，会导致审美眼光的转变。当人不仅仅为满足物质需要而关注自然时，亘古不变的天地、更替有序的日月、新陈代谢的鸟兽虫鱼，都焕发出灿烂的美感。

顾恺之《画云台山记》的创作主题是一段道教故事：道教祖师张道陵在云台山上考验他的弟子，敢不敢去摘绝涧之桃。画作失传，张彦远的《历代名画记》①记录下顾恺之为画作设计而写的《画云台山记》，从中可以看出顾恺之正是借山水云霞和动物等自然形象来渲染仙界之美的。顾恺之认为表现云台山这样的"神明之居"，要有"庆（卿）云"在清澈的天空，"可令庆云西而吐于东方。清天中，凡天及水色，尽用空青"，以衬托晴空中的太阳。山因日照而有明暗，云因受日光而呈五色，并舒卷于向背分明的山间，山顶上是青色的天，山脚下流着青色的水，作者用灿烂、绚丽的色调，敷衍美丽的仙界劲舞。作者还强调山、石、水的险峻之势："夹冈乘其间而上，使势蜿蟺如龙，因抱峰直顿而上；下作积冈，使望之蓬蓬然凝而上。次复一峰，是石，东邻向者峙峭峰，西连西向之丹崖。下据绝涧，画丹崖临涧上，

---

① 所引《画云台山记》均出自唐张彦远《历代名画记》卷五，参照伍蠡甫先生《中国画论研究》中对《画云台山记》的整理。

当使赫巘隆崇。"① "绝涧" "赫巘" 等雄伟、险峻的景物，突出到达仙境必须经历的艰难险阻。

道教认为修仙要依赖自然物质："圆丘有奇草，钟山有灵液。"②自然是仙药的生产地，要羽化登仙，离不开自然界的赐予，因而须对自然抱着崇敬的态度。崇敬成为发现自然之美、领略自然之美的慧眼："人们必须具备一双能够怀着崇敬的心情，察觉存在的各种形式的慧眼。"③ 魏晋文人对一些自然物质钟爱成痴，就是这种来源于宗教的崇敬目光的表现。王徽之生长于道教世家，他对竹极其钟爱。《世说新语·任诞》载：

> 王子猷尝暂寄人空宅住，便令种竹。或问："暂住何烦尔？"
> 王啸咏良久，直指竹曰："何可一日无此君？"

在魏晋名士的生活中，酒与药是不可或缺的东西，服药使人神情开朗，饮酒帮助他们进入心旷神怡的境界："酒，正使人人自远。" "酒，正自引人著胜地。"④ 竹子，也是不能须臾离开的。甚至于为了赏竹，而完全不顾世俗礼法：

---

① 北京大学哲学系美学教研室编：《西方哲学家论美和美感》，商务印书馆 1980 年版，第 57 页。

② 郭璞：《游仙诗》，《先秦汉魏晋南北朝诗·晋诗》卷十一，中华书局 1983 年版，第 866 页。

③ 巴尔塔萨著，曹卫东、刁承俊译：《荣耀·神学美学·导论》，生活·读书·新知三联书店 2002 年版，第 8 页。

④ 刘义庆著，刘孝标注，余嘉锡笺疏：《世说新语笺疏（修订本）》，上海古籍出版社 1993 年版，第 749、759 页。

　　王子猷尝行过吴中，见一士大夫家，极有好竹。主已知子猷当往，乃洒扫施设，在听事坐相待。王肩舆径造竹下，讽啸良久。主已失望，犹冀还当通，遂直欲出门。主人大不堪，便令左右闭门不听出。王更以此赏主人，乃留坐，尽欢而去。①

　　对竹子的喜爱到了痴迷境地，不仅仅是名士的高人逸致，也是信仰的效应。道教认为竹圆虚内鲜，盘根错节，有繁荣子嗣的功效，因而对竹极为推崇。梁简文帝求子心切时，就被告知应多多种竹。陶弘景《真诰·甄命授》第四载：

　　　　我案《九合内志文》曰："竹者为北机上精，受气于玄轩之宿也，所以圆虚内鲜，重阴含素。亦皆植根敷实，结繁众多矣。公试可种竹于内北宇之外，使美者游其下焉。尔乃天感机神，大致继嗣，孕既保全，诞亦寿考。微著之兴，常守利贞。此玄人之秘规，行之者甚验。"

　　竹子有广继子嗣的功效，散发出神秘而耀眼的光辉，它的美是神秘的美，崇高的美："灵草荫玄方，仰感旋曜精。洗洗繁茂荫，重德必克昌。"② 这就是以崇敬的心情察觉的各种存在的形式之美，这种美并未将精神与物质、人与自然隔开。寓道于术、重视行为操作的特点，

---

　　① 刘义庆著，刘孝标注，余嘉锡笺疏：《世说新语笺疏（修订本）》，上海古籍出版社1993年版，第775—776页。
　　② 吉川忠夫、麦谷邦夫编，朱越利译：《真诰校注》第四，中国社会科学出版社2006年版，第259页。

使得本欲到达宗教的虚幻性的精神，落实到花烂映发、云兴霞蔚的自然物上，精神境界的超迈高旷与自然的灿烂英姿交汇。

四、从畅玄到畅神：养生修炼的审美精神

魏晋文人喜欢将审美体验表述为"畅神"①，从道教的角度来看，"畅神"的实质就是"畅玄"。道教的宗教信仰为神仙，道教徒重要的修炼功课是养生，以期长生成仙；道教养生学主张形神相须，又更看重神的作用，提出神主形从的思想，认为形的寿夭完全取决于神。《太平经》说："人有一身，与精神常合并也，形者乃主死，精神者乃主生，常合则吉，去则凶，无精神则死，有精神则生。"② 道教非常重视神，从生命的永恒角度来理解神，认为人的生命由"精""气""神"构成，"精""气""神"皆由道化生。《老子想尔注》曰："精者，道之别气也，入人身中为根本。""生，道之别体也。"③ 可见，生命的本质在于道，道是生命永恒的理论基础，修仙即是修道，成仙即是得道："道教神仙的实质内涵是道，神仙不过是道的具象化罢了。"④ 因此，求仙的关键在于养神，养神的实质是求道，道教又将道别称为"玄""一"，"畅神"实为"畅玄"。

----

① 宗炳《画山水序》将绘画过程概括为"畅神"："独应无人之野。峰岫峣嶷，云林森渺。圣贤映于绝代，万趣融其神思。余复何为哉，畅神而已。神之所畅，孰有先焉！"魏晋多从精神的自由来定义审美的本质，顾恺之认为绘画的关键是"传神写照"，刘勰《文心雕龙》称文学创作思维为"神思"，慧远说山水之赏使人"神以之畅"（《庐山诸道人游石门诗序》），萧子显在《南齐书·文学传论》中强调："文章者，盖性情之风标，神明之律吕也。"

② 王明编：《太平经合校》，中华书局1960年版，第716页。

③ 顾宝田、张忠利注译，傅武光校阅：《新译老子想尔注》，台湾三民书局1997年版，第106、130页。

④ 孔令宏：《宋明道教思想研究》，宗教文化出版社2002年版，第6页。

　　"畅玄"是道教的终极精神关切。道教继承先秦道家哲学道的观念："有物混成，先天地生。寂兮寥兮，独立而不改，周行而不殆，可以为天下母。吾不知其名，字之曰道，强为之名曰大。"① 道是世界的初始、本原和运动变化法则，万物皆由道而生："道生一，一生二，二生三，三生万物。万物负阴而抱阳，冲气以为和。"② 道教还将道家的理论探求转化为宗教的神灵崇拜，将形而上的道落实为生命永驻的神仙，以信仰的方式给出了人生存性焦虑的中国式回答。众所周知，生老病死的困惑、自然灾害的破坏以及社会对个人的压抑等等，自始至终与人如影相随，人的存在一直受非存在威胁。有限是人的本体性特征，超越自我追求永恒就成为人永不停止的内在欲求，信仰作为这种欲求的表征，正是对人存在本质的探求。③ 道教神仙信仰相信通过呼吸吐纳等特殊修炼，可以得到飞翔、潜行、变幻等种种神奇本领，长生不死，进入一种超越时间空间的境界，获得无限的自由。庄子所述藐姑射之山神人"肤肌若冰雪，绰约如处子，不食五谷，吸风饮露，乘云气，御飞龙，而游乎四海之外，其神凝，使物不疵疠而年谷熟"④。后世神仙家书中的神仙就更是上天入地、神乎其神：彭祖"常

---

　　① 朱谦之撰：《老子校释》二十五章，中华书局1984年版，第100—101页。

　　② 朱谦之撰：《老子校释》四十二章，中华书局1984年版，第174—175页。

　　③ 西方宗教理论家认为宗教存在的依据在于人类自身与人的活动本身，蒂利希说："宗教，就这个词的最广泛和最根本的意义而言，是指一种终极的关切。"而终极关切就是"以一种极其认真、绝对认真的态度对待某一事物"的人生态度。（参见何光沪编：《蒂利希选集》，上海三联书店1999年版，第332页。）麦奎利说："正是人，才生活在信仰中，正是人，才探求作为信仰之阐释的神学，所以，如果我们要达到对信仰和神学基础的任何理解，我们似乎就必须通过研究人来寻求它。"（参见《人的生存》，刘小枫主编：《20世纪西方宗教哲学文选》，上海三联书店1991年版，第50页。）

　　④ 《南华真经注疏》，《道藏》第16册，文物出版社、上海书店、天津古籍出版社1992年版，第273页。

食桂芝，善导引行气，历夏至殷末"，"在世八百余岁"；容成公为
"黄帝之师"，曾"见于周穆王，能善补导之事，取精于玄牝"，后来
"发白更黑，齿堕更生，事与老子同，亦去老子师"①；白石生"至彭
祖之时，已年二千余岁矣"。② 葛洪充满激情地赞美神仙，神仙的生命
固若金汤、永世长存，仙人存在的时间和空间都超出常人的耳目所限：

> 若夫仙人，以药物养身，以术数延命，使内疾不生，外患不
> 入，虽久视不死，而旧身不改，苟有其道，无以为难也。
>
> 岂况仙人殊趣异路，以富贵为不幸，以荣华为秽污，以厚玩
> 为尘壤，以声誉为朝露，蹈炎飙而不灼，蹑玄波而轻步，鼓翮清
> 尘，风驷云轩，仰凌紫极，俯栖昆仑，行尸之人，安得见之？③

这确乎是那个时代所能想象的最大自由，这种自由让人能够面对
存在的有限性，能够洞穿时间的神秘和空间的混沌，能够去除荣华声
誉的浮沉，从而获得一种生存的勇气。葛洪说："我命在我不在天，还
丹成金亿万年。"④《老子西升经》曰："我命在我，不属天地。"一反
"生死由命，富贵在天"无助的安顺，显示出积极抗争、努力掌握自
己命运的人的自信与豪情。有限性与自由性的矛盾是人最本质的内在
结构。有限性决定了人对自由的追求，而人的自由不是一个偶然的行

---

① 《列仙传》卷上，《道藏》第5册，文物出版社、上海书店、天津古籍出版社
1992年版，第64—67页。

② 《神仙传·白石生》，《文渊阁四库全书》第1059册，台湾商务印书馆1986
年影印本，第261页。

③ 王明：《抱朴子内篇校释》，中华书局1985年版，第14页。

④ 王明：《抱朴子内篇校释》，中华书局1985年版，第15页。

动，不是被动地接受非存在力量的侵袭和凌虐，而是完全自我与理性人格的呈现，主动地出击与反抗正是人的自由性的表现。从这个意义上说，葛洪将老庄抽象的道转化为可学致的仙学理论系统，正是人的自由本质的伸张，是人的超越性追求的结果。

神仙信仰给予魏晋士人的，不仅是释放生存性焦虑的存在的勇气，更让其体会到一个完整鲜活生命的欢欣。与其他宗教相比，道教具有鲜明的此岸色彩，重现实生命与感官体验是神仙信仰的重要特征。早期道教经典《太平经》即强调生命乃世间最美最好之物："三万六千天地之间，寿为最善。"[1] 葛洪也说："天地之大德曰生。生，好物者也。"[2] 耐人寻味的是，神仙虽然被视为道的化身，却褪去了道的抽象虚无，神仙皆美貌聪明、神通广大且富庶安乐;[3] 这种感性特征鲜明的神仙形象，对体味生命的欢愉与发现人的本真自我有极大的启发意义。在中国历史上，魏晋士林的高标卓异是一道独特的文化风景，不拘名教、纵情任诞、耽美享乐构成了迥异于前代的觉醒的人的形象，旨在求仙的养生修炼是这一转型的重要推动力量。其时炼神养生不唯

---

① 王明编：《太平经合校》，中华书局 1960 年版，第 222 页。
② 王明：《抱朴子内篇校释》，中华书局 1985 年版，第 252 页。
③ 葛洪描写得道者的生活："夫得仙者，或升太清，或翔紫霄，或造玄洲，或栖板桐，听钧天之乐，出携松羡于倒景之表，入宴常阳于瑶房之中。"（《抱朴子内篇·明本》）又说求仙即是对现实欲望的伸张："又云，古之得仙者，或身生羽翼，变化飞行，失人之本，更受异形，有似雀之为蛤，雉之为蜃，非人道也。人道当食甘旨，服轻暖，通阴阳，处官秩，耳目聪明，骨节坚强，颜色悦怿，老而不衰，延年久视，出处任意，寒温风湿不能伤，鬼神众精不能犯，五兵百毒不能中，忧喜毁誉不为累，乃为贵耳。若委弃妻子，独处山泽，邈然断绝人理，块然与木石为邻，不足多也。……笃而论之，求长生者，正惜今日之所欲耳。"（《抱朴子内篇·对俗》）日本学者小南一郎认为道教的神仙追求与其说是想超越现实而达到较高的境界，不如说是对现世欲望的最大限度的追求。（参见小南一郎著，孙昌武译：《中国的神话传说与古小说》，中华书局 1993 年版，第 50 页。）

为道士所专注，亦文士之所尚，① 整个社会都在长生成仙与寿命早夭的矛盾中焦躁不安，新的时代背景下理想与现实的冲突对心灵的强烈刺激，导致了个体生命意识的觉醒。魏晋士人重情，自称"情之所钟，正在我辈""一往而有深情"，他们的情不是担当社会责任的浩然之气，不是认同伦理道德的安全感，其核心是对自然生命的体悟和对独特自我的发现。②

魏晋士人的自我发现是双重的，既是独立于礼俗的人格力量与精神追求，也是对感性生命的沉醉与享受，超拔的理性与生动的感性汇聚形成了魏晋士人独特的审美精神。席勒《审美教育书简》提出审美游戏的主体应该是完整的人："人既不能作为纯粹的自然人以感觉来支

---

① 魏晋南北朝道教传播于世门高胄，采药服食、炼丹养育成为社会风习，陈寅恪先生认为士人虽"行事遵周孔之命教，言论演老庄之自然"，而实际上世家中的大多数人，"其安身立命之秘，遗家训子之传，实为惑世诬民之鬼道"。据《天师道与滨海地域之关系》考证，钱塘杜氏、高平郗氏、琅邪王氏、东海鲍氏均为天师道世家。（参见陈寅恪：《金明馆丛稿初编》，生活·读书·新知三联书店 2001 年版，第 1—10页。）胡孚琛也认为这时天师道在上层社会有巨大影响："重门第的晋人把天师道也看成权贵的象征，社会名流纷纷入道或巴结天师道徒。"（参见胡孚琛：《魏晋神仙道教》，人民出版社 1989 年版，第 45—47 页。）《世说新语》关于东晋清谈的记录也可为此佐证："旧云，王丞相过江左，止道《声无哀乐》、《养生》、《言尽意》三理而已，然宛转关生，无所不入。"（余嘉锡笺疏：《世说新语笺疏》，上海古籍出版社，第 211 页。）

② 魏晋士人眼中的生命是自然本真的生命，孔融说："父之于子，当有何亲？论其本意，实为情欲发尔。子之于母，亦复奚为，譬如寄物瓶中，出则离矣。"（《后汉书·孔融传》，中华书局 1965 年版，第 2278 页。）《世说新语》载：阮"籍嫂尝归宁，籍相见与别。或讥之，籍曰：'礼岂为我辈设邪！'邻家少妇有美色，当垆沽酒。籍尝诣饮，醉便卧其侧。籍既不自嫌，其夫察之，亦不疑也。兵家女有才色，未嫁而死。籍不识其父兄，径往哭之，尽哀而还。"他们所重的情亦是最自然真切的人的感情，荀粲妻亡，"粲不哭而神伤"，不能从悲痛了出来，"岁余而亡"。"王戎丧儿万子，山简往省之。王悲不自胜。简曰：'孩抱中物，何至于此？'王曰：'圣人忘情，最下不及情。情之所钟，正在我辈。'"阮籍母丧，仍下棋不停，"既而饮酒二斗，举声一号，吐血数升，及将葬，食一蒸肫，饮二斗酒，然后临诀，直言穷矣，举声一号，因又吐血数升"（《晋书·阮籍传》）。

配原则，成为野人，也不能作为纯粹的理性人用原则来摧毁情感，成为蛮人。有教养的人具有性格的全面性，只有在这种条件下，理想中的国家才能成为现实，国家与个人才能达到和谐统一。"审美的游戏其实质为理性与感性的圆通："游戏冲动是感性冲动和形式冲动的集合体，是实在与形式，偶然与必然，受动与自由的；这样的统一使人性得以圆满完成，使人的感性与理性的双重天性同时得到发挥，而人性的圆满完成就是美。"魏晋士人的生存境遇与工业文明导致的人的现代性分裂当然迥然相异，但神仙信仰无限的精神追求与肉体生命的欢娱却正好构成了所谓完整的人。超脱了礼法的人不再是蛮人，能够以勤求苦练改变肉体生命的人也不是野人，这样的人内心一定洋溢着欢乐的生命之歌，一定会以坚定而强大的自我建构起新的人与世界的关系。宗教修炼的结果是审美感兴的勃发。

葛洪在《抱朴子》里专咏"畅玄"，渲染"玄"的无比壮观神秘之美：①

> 其高则冠盖乎九霄，其旷则笼罩乎八隅；光乎日月，迅乎电驰；或倏烁而景逝，或漂滭而星流；或晃漾于渊澄，或纷霏而云浮；因兆类而为有，托潜寂而为无；沦大幽而下沉，凌辰极而上游；金石不能比其刚，湛露不能等其柔；方而不矩，圆而不规；来焉莫见，往焉莫追；……故玄之所在，其乐不穷；玄之所去，

---

① 潘显一先生认为：葛洪以"玄"代"道"，把老子用作形容词的"玄"改造成了道教哲学的核心范畴，"玄""不单有老子'玄之又玄'带来的'美'的涵义，而且以此为基础把'玄'改造成了自己的美学范畴"。（参见潘显一、李斐、申喜萍等：《道教美学思想史研究》，商务印书馆2010年版，第147页。）

器弊神逝。①

值得注意的是，道门中人还极为强调修玄道带来的快乐，甚至视乐为得道的根本性特征："夫乐于道何为者也？乐乃可和合阴阳，凡事默作也，使人得道本也。"② 求乐是人生最重要的追求："人最善者，莫若常欲乐生，汲汲若渴，乃后可也。"乐也是美好世界最重要的特征：

> 元气乐即生大昌，自然乐则物强，天乐即三光明，地乐则成有常，五行乐则不相伤，四时乐则所生王，王者乐则天下无病，蚑行乐则不相害伤，万物乐则守其常，人乐则不愁易心肠，鬼神乐即利帝王。③

宗教修炼多取离世苦修的方式，道教坦率而热情地讴歌自然生命之乐，不仅体现出中国文化独特的在世精神，也让魏晋士人飘逸的体玄慕真生活充盈着旺健的生命情调，焕发出美的光辉。

伽达默尔说："美本身充满了一种自我规定的特性，它没有任何目的关系，没有任何预期的功利，而是洋溢着对自我描述的喜悦和欢乐。"④ 对魏晋士人而言，"畅神"则是他们"自我描述的喜悦和欢乐"。道教视乐为获致神明的状态："故乐者，天地之善气精为之，以

① 王明：《抱朴子内篇校释》，中华书局1985年版，第1页。
② 王明：《太平经合校》，中华书局1960年版，第13页。
③ 王明：《太平经合校》，中华书局1960年版，第14页。
④ 转引自刘小枫主编：《人类困境中的审美精神——哲人、诗人论美文选》，东方出版中心1994年版，第657页。

致神明，故静以生光明，光明所以候神也。能通神明，有以道为邻，且得长生久存。"① 又认为文章与道相通，是人的内在精神之发露："神者，道也。入则为神明，出则为文章，皆道之小成也。"② 玄道、欢乐、文章的内在关联，成为魏晋时期体悟甚深的时代命题。谢灵运就将写作的过程视为从"研精静虑"到"通神会性"，③ 他在《山居赋》中说："幸多暇日，自求诸己。研精静虑，贞观厥美。怀秋成章，含笑奏理。"④ 说明写诗吟赋，要先排除一切干扰和杂念进入虚静的状态，最后"别缘既阑，寻虑文咏，以尽暇日之适。便可得通神会性，以永终朝"⑤。模山范水的过程不仅是一个体悟的过程，更是与至上神明相合的过程；在与道合一的状态中，超越了生命短暂的悲哀，获得永恒的意义。王微认为山水画创作的灵魂也在于"明神降之"，《叙画》曰："望秋云神飞扬，临春风思浩荡；虽有金石之乐，圭璋之琛，岂能仿佛之哉！披图按牒，效异山海。绿林扬风，白水激涧。呜呼！岂独运诸指掌，亦以明神降之。此画之情也。"

　　道教"畅玄"的修炼还直接成为文人创作"畅神"的思维借鉴。

---

　　① 王明编：《太平经合校》，中华书局 1960 年版，第 14 页。
　　② 王明编：《太平经合校》，中华书局 1960 年版，第 734 页。
　　③ 谢灵运一生与佛教颇有缘，也与道教纠葛甚深。终身师事慧远，与多位僧人交游密切，还在会稽始宁建石壁精舍，与昙隆、法流诸僧人研讨佛理，共期西方。有《辨宗论》等佛学著作。钟嵘《诗品》曰："初，钱塘杜明师夜梦东南有人来入其馆，是夕，即灵运生于会稽。旬日而谢玄亡。其家以子孙难得，送灵运于杜治养之。十五方还都，故名'客儿'。""杜明师"即杜炅，字叔恭，钱塘人，其时著名的道教领袖。《南史·沈约传》载："初，钱唐人杜炅，字子恭，通灵有道术，东土豪家及都下贵望，并事之为弟子，执在三之敬。""远近道俗，归化如云，十年之内，操米户数万。""明师"是其道徒弟子为他所定的谥号。（参见张君房：《云笈七签·杜炅传》，中华书局 2003 年版，第 2423—2425 页。）
　　④ 顾绍柏校：《谢灵运集》，岳麓书社 1987 年版，第 277 页。
　　⑤ 顾绍柏校：《谢灵运集》，岳麓书社 1987 年版，第 277 页。

陶弘景在系统总结道教养生理论的《养性延命录》中论述得道养生的途径时说："假令为仙者，以药石炼其形，以精灵莹其神，以和气濯其质，以善德解其缠。众法共通，无碍无滞。""莹神"之术就是具有浓郁艺术气质的思维方法。道教认为神会离开人的形体在宇宙中行游，修炼就是要集中意念，把身外之神收纳回来，同时又接引外界五行诸神返回人的体内，达到修身长生、驱邪去病的修炼目的："夫人神乃生内，返游于外，游不以时，还为身害，即能追之以还，自治不败也。追之如何？使空室内傍无人，画象随其藏色，与四时气相应，悬之窗光之中而思之。上有藏象，下有十乡，卧即念近悬象，思之不止，五藏神能报二十四时气，五行神且来救助之，万疾皆愈。"① 道门中人称为存神，也称存思、存想，它要求修炼者闭合双眼，在心中想象神真的形貌，内观其活动状态。陶弘景《真诰》卷九引《丹字紫书三五顺行经》曰："坐常欲闭目内视，存见五脏肠胃，久行之，自得分明了了也。然而道教设想之神，散之则为气，可以漫游于天地之间，故思存之法，必兼思外景。"又引《紫度炎光内视中方》曰："常欲闭目而卧，安身微气，使如卧状，令旁人不觉也。乃内视远听四方，令我耳目注万里之外。久行之，亦自见万里之外事，精心为之，乃见百万里之外事也。"存思内景和外景都要求修炼者在心中能见所观之对象，以意念观其形象，是一种形象性的思维："存想体验的对象，是形象著明的神灵世界，存想的第一个显著特点，是它的形象性。"② 存思，一方面可以使修炼之人精神静定以达修炼长生之目的；另一方面在想象中

① 王明编：《太平经合校》，中华书局1960年版，第14页。
② 刘仲宇：《道教法术》，上海文化出版社2002年版，第241页。

与各种神仙相遇，体味神仙生活的美好："存想本身是形象的、流动的，它所构筑的神仙世界，是仙灵瞬息往来的神秘境地。借助了它，道士才能直接'面对'这一凡人无法感知的仙境，借助了它，行法者才具有降妖捉怪、腾天倒地的法力。因此，神仙信仰要求存想必须具有形象性和流动性的特点，而借助了这种特点，修道者、行法者才能体验、领略到内心的信仰。"① 同时，存思还是带有强烈的个人体验色彩的思维活动，各种神仙形象的显现、内景外景的相接都伴随着虔诚的求仙；它要求修炼者全身心地投入到这种活动中，全神贯注于自己体验的对象。形象性、想象性和情感性特点，赋予道教这一养性延命的修持之术浓郁的审美气质，以至于修炼活动与审美活动混融，宗教体验与审美体验贯通，宗教术语也常常成为艺术认识与艺术表达的语言。② 葛兆光先生说："道教的存思使得文学家的思维精骛八极，心游万仞，幻化着万万千千的奇异景象。"③

---

① 刘仲宇：《存想简论——道教思维神秘性的初步探讨》，《上海教育学院学报》，1994 年第 3 期，第 56 页。

② 刘勰《文心雕龙·神思》将文学创作的构思称为"神与物游，神居胸臆"，这个"神"不仅是一般的精神认识活动，也包括宗教信仰的神秘体验。把创作过程描述为"物沿耳目""乃见百万里之外事"，实为借用存思的内景、外景概念："乃内视听四方，令我耳目注万里之外。"刘勰与陆机都强调创作中要澄心静虑、抱朴守一，这也是存思的要求。刘勰说："寂然凝虑，思接千载；悄焉动容，视通万里。"陆机主张："伫中区以玄览，颐情志于典坟。"《上清大洞真经》描述修炼："盖修炼之道必本于养气存神，逐想去虑，然后气凝神化，物绝虑融，无毫毛之间碍，而后复乎溟滓混沌之始，故不饥渴，不生灭，与云行空摄者，游于或往或来而莫知其极也。"二者在思维和用语上的相似不言而喻。魏晋文学中常常使用"存思""存想"，上清道派的领袖人物陶弘景创作的志怪小说《周氏冥通记》，是典型的神仙冥幻形式；束皙《补亡诗序》曰："于是遥想既往，存思在昔，补著其文，以缀旧制。"陆云《赠郑曼季诗四首·谷风》之四云："鸾栖高冈，耳想云韶。"诗人卢谌怀想好友刘琨也用的是"口存心想"。

③ 葛兆光：《想象力的世界》，现代出版社 1990 年版，第 147 页。

五、天机骏利：与神相接的艺术思维

神之所畅一直指向超然的神明，启发了对非经验非逻辑思维的自觉认识；魏晋文人深厚的宗教素质，成为深层次探讨艺术创作理论及关注艺术创作灵感现象的基础。

明确提出艺术创作灵感现象的是陆机。《文赋》曰：

> 若夫应感之会，通塞之纪，来不可遏，去不可止。藏若景灭，行犹响起。方天机之骏利，夫何纷而不理。思风发于胸臆，言泉流于唇齿。纷葳蕤以馺遝，唯毫素之所拟。文徽徽以溢目，音泠泠而盈耳。及其六情底滞，志往神留，兀若枯木，豁若涸流，览营魂以探赜，顿精爽而自求。理翳翳而愈伏，思轧轧其若抽。是故或竭情而多悔，或率意而寡尤。

这是中国文学思想史上第一次具体论述灵感。在西方，早在古希腊时期，柏拉图就对灵感有过精妙的论述，他认为诗人的创作是凭灵感而不是技艺："诗人是一种轻飘的长着羽翼的神明的东西，不得到灵感，不失去平常理智而陷入迷狂，就没有能力创造，就不能作诗或代神说话。"① 而灵感的本质在"神灵凭附"："诗歌在本质上不是人的而是神的，不是人的制作而是神的诏语，诗人只是神的代言人，由神凭

---

① 柏拉图著，朱光潜译：《柏拉图文艺对话录》，人民文学出版社 2008 年版，第 8 页。

附着。最平庸的诗人也有时唱出最美妙的诗歌。"① 柏拉图在终极的意义上定义诗歌，用最高的形而上学理性解释诗歌本质，因而对诗歌创作思维的认识一开始就摆脱了日常世界的感物或抒情，直接将写作与最高的理性相联系，自然而然地将诗歌创作思维归结为神秘的灵感。

魏晋之前，或从情感产生、认识角度定义诗歌，或从社会政治角度认识诗歌，不离意志观念的表达、个人情性的抒发与宇宙万物的描摹，② 因此，尽管有发达的诗歌的创作和大量的优秀诗作，却始终未触及写作中特殊的心理状态和思维活动。在魏晋求仙拜佛的时代氛围中，超越现实时空的宗教修炼成为文人普遍的心理体验，人的情感和宇宙万物被来自彼岸的光芒照耀，与日常生活垂直截断的写作心理状态就凸显出来。陆机之所以成为灵感论述第一人，也得力于时代精神中宗教维度的导引。③《文赋》将写作视为存思内景，明确其超越时间空间的特点："其始也，皆收视反听，耽思傍讯，精骛八极，心游万仞。"老子的"涤除玄鉴"，庄子的"心斋""坐忘"就提出了要虚静、心无旁骛，但明确将艺术创作视为内视内观，则是这一时期道教术语的挪借。陆机还认为写作的高潮即内景与外景相接而带来意象纷

---

① 柏拉图著，朱光潜译：《柏拉图文艺对话录》，人民文学出版社2008年版，第9页。

② 《尚书》曰："诗言志。"《毛诗序》曰："诗者，志之所之也，在心为志，发言为诗，情动于中而形于言。"《乐记》曰："声音之道与政通。"

③ 除了时代宗教氛围的濡染，陆机诗作也隐约透露其宗教情怀，《前缓声歌》即是对仙界的热情描绘："游仙聚灵族，高会层城阿。长风万里举，庆云郁嵯峨。宓妃兴洛浦，王韩起太华。北征瑶台女，南要湘川娥。肃肃霄驾动，翩翩翠盖罗。羽旗栖琼鸾，玉衡吐鸣和。大容挥高弦，洪崖发清歌。献酬既已周，轻举乘紫霞。总辔扶桑枝，濯足汤谷波。清辉溢天门，垂庆惠皇家。"其诗还常用"目想""心存"来表达精神飞扬的状态。陆机的弟弟陆云的《为顾彦先赠妇往返诗四首》曰："目想清惠姿，耳存淑媚音。"

飞的状态——"其致也，情瞳眬而弥鲜，物昭晰而互进"——也与宗教修炼体验相类。无独有偶，与佛教渊源颇深的刘勰也注意到灵感，《文心雕龙·神思》曰："枢机方通，则物无隐貌；关键将塞，则神有遁心。"视"与神冥会"为写作顺利的关键，这与王微的绘画本质观——"岂独运诸指掌，亦以明神降之"——如出一辙，故刘勰认为文学创作要"宝神""养气"："纷哉万象，劳矣千里。玄神宜宝，素气资养。"不唯陆机与刘勰，承认艺术思维的非经验非逻辑的特质、重视灵感在艺术创作中的作用，是魏晋审美精神的时代声音。颜子推指出文章乃是"标举兴会，发引性灵"的具体表现。《南齐书·文学传论》曰："若夫委自天机，参之史传，应思悱来，勿先构聚。"强调文学创作的非人为预构特点。王士禛《渔洋诗话》引萧子显语："登高极目，临水送归；蚤雁初莺，花开叶落。有斯来应，每不能已；须其自来，不以力构。"

第四章　《黄帝内经》"气"说的美学内涵

　　《黄帝内经》（以下简称《内经》）包括《素问》和《灵枢》两部分，是中医学的理论奠基之作。《内经》研究的主体对象是"人"，其目的在于保全人的性命，修养人的身心，使人达到健康长寿的状态。《内经》对"人"的研究包含心理与生理两个方面，其中，心理研究更是中医心理学的基础。《内经》吸纳中国哲学理论以完善其理论体系，以"气一元论"为核心，认为宇宙自然万物皆是因气的生长收藏的运动而发生、发展、变化的，人亦禀气而生，气是构成宇宙自然万物和人的共同本原。在这一基础上，人与自然万物有了相沟通的桥梁。"气"也是中国传统美学中一个重要的范畴，审美的主体是人，审美差异的造成在于主体个性心理的殊异。这种殊异，在《内经》看来，便是"气"对审美心理影响的结果。以《内经》的"气"说为切入点，透过医学理论本身，研究探讨，深挖其背后的美学内涵。挖掘"气"与自然、社会、人生等之间的关联，进而探讨主体所禀受的气对主体生理、心理所产生的影响，对审美主体的审美感知能力、审美情感、审美心理等的作用。以美学与医学理论的交叉结合论证，从生理学上对主体审美的心理进行研究，对审美活动中主体所具有的审美心理结构及其活动规律进行探讨与研究。为审美心理的个性化差异提供医学的理论支撑。促进医学与美学的交流，是对中医美学研究的补充与演化。

第一节　《内经》及其"气"的概念

中国医学的传承已历时数千年，中医起源于先民对生的渴望。残酷的生存环境导致了寿命的短暂，对生存的本能希求促使人们重视医学，从日常生活中，逐渐累积原初的医学经验。这些经验在人们的长期实践之中，不断被修正完善，加以总结，促进了中医学的发展。当客观积累的经验，经过长期实践和考证趋于成熟后，便要求一个理论系统的框架加以归纳总结，以便其得以传承。《内经》是第一部有系统理论体系的中国医学著作。

一、中医学的兴起与发展

"医"字最初写作"毉"，表明最初的医学并非独立存在：它与"巫"共存，从"巫"中发源。夏、商、周三代特别重视宗教职能，宗教信仰的活动，依赖于巫觋这一职业。他们作为人与神的中介，沟通鬼神，代鬼神言论，为人消灾祈福。他们掌握知识——天文、历法、历史、传说、神话乃至医学知识。

在先民看来，病痛源自于鬼怪的作祟或是神灵的惩罚，要消除病痛，便需要巫觋作法驱赶恶鬼，或是代为祈祷，祈求天神的宽恕。可以说，原初的医与巫是同源同流的。《素问·移精变气论》① 中有云：

> 古之治病，惟其移精变气，可祝由而已。……毒药不能治其内，针石不能治其外，故可移精祝由而已。②

所谓祝由，是通过语言的方式，祝说病由，开导病患心理，转移精神，调整病机，达到"使邪不伤正，精神复强而内守也"的治病目的。祝由之术，便是巫医最常利用的手段之一。但随着社会的发展，人们对疾病的产生有了新的认识，巫觋在治病的过程中，不再仅局限于精神的慰疗：

> 当今之世不然，忧患缘其内，苦形伤其外，又失四时之从，逆寒暑之宜。贼风数至，虚邪朝夕，内至五藏③骨髓，外伤空窍肌肤，所以小病必甚，大病必死。故祝由不能已也。④

----

① 书中所引《内经》原文皆出自曹炳章编《中国医学大成续集（校勘影印本）》（上海科学技术出版社 2000 年版）卷一《黄帝内经素问》、卷四《黄帝灵枢经》。此后不再一一详述。若有因版本不同而出现文字增减的，以郭霭春编《黄帝内经素问校注语译》《黄帝内经灵枢校注语译》（贵州教育出版社 2010 年版）为参照引据，将特别注明。
② 《素问·移精变气论》，第 185 页。
③ 今之所用"五脏"，源于西医。西医以解剖学为基础解释人体生理结构，所谓"五脏"即指我们眼睛所见的脏腑器官。中医理论基础之一为"藏象"学说，"五藏"是"藏象"学说的一个重要部分，是储存、运化精、气、神，维持生命的重要系统，是西医脏腑系统之外的另一套生命系统。《素问·五藏别论》曰："五藏者，藏精气而不泄也。"《灵枢·九针论》曰："五藏：心藏神，肺藏魄，肝藏魂，脾藏意，肾藏精志也。"《灵枢·本藏论》曰："五藏者，所以藏精神血气魂魄者也。"其中所谓"五藏"皆有藏匿，贮藏生机之义。故本书所言，皆为"五藏"。
④ 《素问·移精变气论》，第 187 页。

祝由术一类的精神治疗法已不能满足日常医疗的需要，巫觋们开始尝试以动物、植物、矿石、针灸、按摩导引等方式为人治病，对人体本身也有了一定的洞察和认识。医的专业性开始凸显，甚至形成了专职的巫医。《逸周书·大聚解》云："乡立巫医，具百药以备疾灾，畜五味以备百草。"① 反映出了巫医在当时社会存在的普遍性。

巫医存在的基础是巫教观念的沉淀，是当时鼎盛的宗教信仰的产物。随着社会经济、政治制度的变迁，古代的宗教逐渐没落瓦解。

原始社会，对天、天神的崇拜是宗教信仰的核心。天、天神是神圣的，有意志、有目的，具有无上的权力与威信，主宰世间万物——此为"天命观"。天被赋予道德的属性——"皇天无亲，惟德是辅；民心无常，惟惠之怀"②，它以德行判定人间善恶，施以奖惩。然而，现实的社会却与宗教的宣言相悖，人间的善恶是非并未得到公正的审判。民众对天、天神产生了怀疑，这也就加速了宗教信仰的没落瓦解，巫觋的社会地位下降，其所掌握的知识随着教团的瓦解，逐渐流向民间，直接造就了学术下移的局面。孔子曾叹"天子失官，学在四夷"，说的便是这种学术文化的变迁。医学也正是在此时，开始冲破巫术的桎梏，流向民间，寻求自己的道路。

随着人类对自身认识的加深、疾病防治思想和技术的积累，医学开始寻求自身独立的发展。医学的发展是注重科学的实践经验的结果；而巫术仍然坚持灵魂、鬼神的崇拜。医学否定巫术，将医学的研究植

---

① 黄淮新、张懋镕、田旭东撰，李学勤审定：《逸周书汇校集注》卷三十九《大聚解》，上海古籍出版社1995年版，第423页。

② 李民、王健撰：《（十三经译注）尚书译注》卷十九《周书·蔡仲之命》，上海古籍出版社2004年版，第334页。

根于唯物论上。《史记·扁鹊传》提到医术有六不治原则：

> 病有六不治：骄恣不论于理，一不治也；轻身重财，二不治
> 也；衣食不能适，三不治也；阴阳并，藏气不定，四不治也；形
> 赢不能服药，五不治也；信巫不信医，六不治也。有此一者，则
> 重难治也。①

《素问·五藏别论》也特别强调：

> 拘于鬼神者，不可与言至德；恶于针石者，不可与言至巧。
> ……道无鬼神，独来独往。②

随着宗教信仰的颠覆，医学与巫术之间的分歧越来越大。医学反对巫术，并最终与之分离，确定了自己的科学唯物的道路。

如前所言，宗教信仰的颠覆，促进了以理性思考为基础的无神论思想的产生，凭借宗教的神秘、神圣、权威维持的国家意识形态再难维持。据《左传·昭公十八年》记载，子产反对祭祀灶神以避火灾时说：

> 天道远，人道迩，非所及也，何以知之？③

---

① 司马迁：《史记》卷一百五《扁鹊仓公列传》，中华书局 1959 年版，第 9 册，第 2794 页。
② 《素问·五藏别论》，第 179—180 页。
③ 洪亮吉撰，李解民点校：《〈十三经清人注疏〉春秋左传诂》卷十七《昭公十八年》，中华书局 1987 年版，第 731 页。

天道邈远不可知，人道切近且具体，是将天道与人道相区分开来，并将二者置于对等的地位。据《左传·桓公六年》，随国大夫季梁劝阻随侯与楚交战时说道：

> 所谓道，忠于民而信于神也。……夫民，神之主也。是以圣王先成民而后致力于神……①

在这里，神的地位已然退居民后，民乃"神之主"，强调了民的重要性，天不再是神性的上帝，人从天、天神的权威下被解放，不再从属于天神，人的地位得以提高。牟钟鉴先生在《中国宗教通史》中指出："中国的无神论思潮在西周末年便产生了。"② 伴随着无神论思潮的延续，神秘的"天命"观念被抛弃，"天人相分"的思想凸显了出来。孔子"不语怪力乱神"③，肯定人事；老子讲求"道法自然"④，主张顺应自然，无为而处；庄子则提倡"天地与我并生，而万物与我为一"⑤ 的逍遥境界。廖育群先生在《医者意也》一书中提到："'人'之地位的逐步提高，是文明发达的重要标志之一，或者说是文明构成的要素之一。"⑥ 人的独立意识的觉醒，随之而来的便是文明的

---

① 洪亮吉撰，李解民点校：《（十三经清人注疏）春秋左传诂》卷五《桓公六年》，中华书局1987年版，第218页。
② 牟钟鉴、张践：《中国宗教通史》，中国社会科学出版社2007年版，第124页。
③ 朱熹：《论语集注·季氏第十六》，《四书章句集注》，中华书局1983年版，第98页。
④ 王弼著，楼宇烈校释：《老子道德经注·二十五章》，《王弼集校注》，中华书局1980年版，第63页。
⑤ 郭庆藩撰，王孝鱼点校：《内篇·齐物论第二》，《庄子集解》，中华书局1961年版，第79页。
⑥ 廖育群：《医者意也——认识中医》，广西师范大学出版社2009年版，第5页。

建构与发展。这其中也就包括医学。对医学的重视，及其自身的演变发展历程，正是对人的生命的重视，对人的地位的尊重的进化过程。

如前所言，最初的医学是源自求生本能的驱使；但随着人的地位的提高，对医学也就有了更高的要求。在保全性命的基础上，开始了对人体自身规律的探寻思考，包括人与宇宙自然、人体机能、人身生理等。《素问·宝命全形论》中有云：

> 天覆地载，万物悉备，莫贵于人。……夫人生于地，悬命于天；天地合气，命之曰人。人能应四时者，天地为之父母；知万物者，谓之天子。①

人是自然界一切生物中最为宝贵、重要的存在，强调了人在天地自然中的至高地位。

人虽是天地中最具灵气的存在，仍存于天地之间，"以天地之气生"。人"与天地如一，得一之情，以知死生"②。"天地俱生，万物以荣"③，人的身体与天地是同一的整体，人体自身为一小天地，整个天地也只是一个人身罢了。故人的起源、生理结构、精神情志等也会受到自然的影响，人的运动变化规律也与宇宙自然的规律相类通。"中国在古代哲学家所谓'天人合一'，其最基本的含义就是肯定'自然界和精神的统一'，在这个意义上，天人合一的命题是基本正确的。"④

---

① 《素问·宝命全形论》，第 360—365 页。
② 《素问·脉要精微论》，第 233 页。
③ 《素问·四气调神大论》，第 20 页。
④ 张岱年：《中国哲学中"天人合一"思想的剖析》，《北京大学学报（哲学社会科学版）》1985 年 01 期，第 8 页。

人与自然的统一作为理论被带入中医思想体系。《内经》中多次提出"人与天地相参"①"人与天地相应"②，这种天人合一的整体观思维是中医学理论体系的一个重要原则。《素问·保命全形论》说：

> 人以天地之气生，四时之法成。③

这就是人的起源。人所居的空间，称为"气交"，气交在天地之间，由天地二气相交而生。人居其间，凭借天地之气而生成。《素问·上古天真论》则以"知道者，法于阴阳，和于术数"④ 为参考，指出男女的生理发育规律为"女七男八"。《灵枢·邪客》云：

> 天圆地方，人头圆足方以应之。天有日月，人有两目；地有九州，人有九窍；天有风雨，人有喜怒；天有雷电，人有音声；天有四时，人有四肢；天有五音，人有五藏；天有六律，人有六腑；天有冬夏，人有寒热；天有十日，人有手十指；辰有十二，人有足十指，茎垂以应之，女子不足二节，以抱人形；天有阴阳，人有夫妻；岁有三百六十五日，人有三百六十五节；地有高山，人有肩膝；地有深谷，人有腋腘；地有十二经水，人有十二经脉；地有泉脉，人有卫气；地有草蓂，人有毫毛；天有昼夜，人有卧起；天有列星，人有牙齿；地有小山，人有小节；地有山石，人

---

① 《素问·咳论篇》，第 507 页。
② 《灵枢·邪客》，第 423 页。
③ 《素问·保命全形论》，第 363 页。
④ 《素问·上古天真论》，第 3 页。

有高骨；地有林木，人有募筋；地有聚邑，人有䐃肉；岁有十二月，人有十二节；地有四时不生草，人有无子。此人与天地相应者也。①

将人体结构与天地自然事物相对应，强调人与天地在结构上的类似，再一次论证人体自身就是一个小天地。《素问·四气调神大论》曰：

> 四时阴阳者，万物之根本也……阴阳四时者，万物之终始也；生死之本也；逆之则灾害生，从之则苛疾不起，是谓得道。②

以天地阴阳五行配于人体的阴阳五行，并详细论述了阴阳转换，五行生克胜复对人体病机的作用。

将人与天地相类比，强调人与天地在本原、结构、性质上的同一性。是以，人顺应天地自然的规律而生。"至数之机，迫迮以微，其来可见，其往可追，敬之者昌，慢之者亡，无道行弘，必得天殃。谨奉天道，请言真要。"③ 不单如此，人还可以在认识、遵循规律的基础上，把握、利用规律，而为自身谋福。

从对外抵御疾病入侵，转为向内探寻人体自身结构，是医学实践经验累积到一定程度后自觉自发的思考，是对前期实践经验的总结，也是为后来医学的发展奠下基石。这种探寻思考，不单是为了抵御外

---

① 《灵枢·邪客》，第421—423页。
② 《素问·四气调神大论》，第23页。
③ 《素问·天元纪大论》，第883页。

在病邪的侵犯，更要从人体自身内部结构出发，寻求人与天地相通的普遍性的规律，以期达到应时顺气、保养生命、及早扼杀病源的效果。这就是中医学所强调的"不治已病，治未病；不治已乱，治未乱"①的预防原则。"治未乱"运用到政治理论中，成为治国平乱、维护国家长治久安的指导思想；"治未乱"思想亦成为中国文化的一大精华。

当保全性命、预防疾病都得到满足后，医学的重心便转向了对长寿永生的追求：

> 五福：一曰寿，二曰富，三曰康宁，四曰攸好德，五曰考终命。六极：一曰凶短折，二曰疾，三曰忧，四曰贫，五曰恶，六曰弱。②

这里的"五福""六极"便与健康长寿相关。《诗经》中就有多处与寿相关的讨论：

> 君曰卜尔，万寿无疆。……如月之恒，如日之升。如南山之寿，不骞不崩。如松柏之茂，无不尔或承。③
> 乐只君子，万寿无期。……乐只君子，万寿无疆。④

---

①　《素问·四气调神大论》，第33—34页。
②　李民、王健撰：《（十三经译注）尚书译注》卷十九《周书·洪范》，上海古籍出版社2004年版，第229页。
③　周振甫译注：《诗经译注》卷四《小雅·鹿什之鸣·天保》，中华书局2002年版，第240—241页。
④　周振甫译注：《诗经译注》卷四《小雅·白华之什·南山有台》，中华书局2002年版，第240—241页。

人类期盼生命的永恒，渴求与日月、天地同寿。而"延年益寿""与天同寿""千秋万岁"等字眼亦频见于各种典籍之中。养生、保养成为医学在日常生活中的一个重要课题。《素问·上古天真论》有言：

> 上古之人，其知道者，法于阴阳，和于术数，食饮有节，起居有常，不妄作劳，故能形与神俱，而尽终其天年，度百岁乃去。[①]

人的长寿不衰，在于尊"道"而行，和于阴阳术数，依循自然规律，指出养身的根本在于顺应自然四时调养精神。这种应时顺气的养身观亦成为中医养身的重要理论。

中国的传统文化最主要的一个内容便是对生命的思索。医学重视人的生命，追求生命不衰的活力。对生命无限的追求，本质上是对自由的追求、对无限的向往，这种蓬勃向上的人生底蕴，将传统中医学确立为一门生命科学。"医学的逐渐发达与受到重视，也同样是'人'的地位逐渐提高的一种表现形式与证明，同样是文明不断成长的一个重要侧面。"[②]

古代原始宗教意识的崩塌，人对天神信仰的挣脱与独立，带来了思想领域的繁荣。春秋战国时期思想领域的百家争鸣，也为医学的理论发展注入了活力。在此背景之下，医学吸收并运用哲学思想，将之化入自身的理论之中，构筑起了一个完善的医学理论体系，这就是

---

① 《素问·上古天真论》，第3—4页。
② 廖育群：《医者意也——认识中医》，广西师范大学出版社2009年版，第5页。

《黄帝内经》。

二、中医理论体系的集大成者——《黄帝内经》

（一）《内经》略说

《内经》是中医理论体系的集大成者，也是现存最早的一部中医学经典著作。它总结归纳了早期医学实践经验，并将之系统地罗列，建构了一个集天、地、人于一体的完善的医学理论体系。《内经》的出世，为中医的发展奠定了理论基础，其内蕴的丰富的医学知识，也一直指导着后世医学的发展，时至今日，《内经》依然是中医学的入门必读书。《内经》在医学、历史、人文等学科中的历史地位及价值，毋庸置疑。

《黄帝内经》，以"黄帝"为名，以黄帝与岐伯、雷公、鬼臾区等六位医学大臣问答对话的方式来展现医理。内容涉及哲学、天文、地理、人事、历法、气候、象数、伦理等，从治病养身延伸至修身治国，对人与自然、生命起源、人生追求等都有所探讨。《内经》其名最早见于《汉书·艺文志》："《黄帝内经》十八卷，《外经》三十七卷。"①

《内经》由《素问》与《灵枢》两个部分组成，两部分原本各九卷，每卷九篇，各有八十一篇。

有记载最早为《内经·素问》作注的，是魏晋南北朝时期齐梁人全元起。他将"素问"解释为："素者本也，问者黄帝问岐伯也。方

---

① 班固撰，颜师古注：《汉书》卷三十《艺文志》，中华书局1999年版，第1395页。

陈性情之源，五行之本，故曰《素问》。"① 宋高保衡、林亿等人的"新校正云"对"素问"二字做了另一番理解："'夫有形生于无形，故有太易、有太初、有太始、有太素。太易者，未见气也。太初者，气之始也。太始者，形之始也。太素者，质之始也。'气形质具，而苛瘵由是萌生，故黄帝问此太素质之始也。《素问》之名，义或由此。"② 全元起注本现已亡佚，但唐王冰作注时，尚有参考此书。王冰在校注《素问》时补入了《天元纪大论》《五运行大论》《六微旨大论》《气交变大论》《五常政大论》《六元正纪大论》《至真要大论》七篇。此七篇对中医五运六气思想论述得完整系统，因而被称为"运气七篇"③。《素问·刺法论》和《素问·本命论》原本缺失。后虽有宋人刘温舒著《素问遗篇》以补，但因其思想内容相距甚远而未得认可。

《灵枢》有三个名字。汉张仲景在《伤寒杂病论》中将之称为

① 高保衡、林亿撰：《重广补注黄帝内经素问》"新校正云"［宋嘉祐二年(1057 年)，高保衡、林亿等人奉旨校正王冰所注《素问》，定书名为《重广补注黄帝内经素问》，高保衡、林亿等人所注文字即称为"新校正云"。后文凡涉及此皆简称为"新校正云"，不再详述］，曹炳章编：《中国医学大成续集 (校勘影印本)》卷一《黄帝内经素问》，上海科学技术出版社 2000 年版，第 14 页。
② 曹炳章编：《中国医学大成续集 (校勘影印本)》卷一《黄帝内经素问》，上海科学技术出版社 2000 年版，第 14 页。
③ 对"运气七篇"的真伪，历来争议颇多，据王冰校《黄帝内经素问》(曹炳章编：《中国医学大成续集 (校勘影印本)》，上海科学技术出版社 2000 年版，第 8—9 页)："虽复年移代革而授尊，犹存惧非其人而时有所隐，故第七一卷，师氏藏之，今之奉行惟八卷尔。……得先师张公之秘本……用传不朽兼旧藏之卷，合八十一篇二十四卷，勒成一部。""运气七篇"与《素问》其他篇章语言风格迥异。但就思想内容而言，确有相承之处。方药中、许家山在《黄帝内经素问运气七篇讲解》(人民卫生出版社 1984 年版) 的前言中指出："就所述内容来看，它与《素问》的其他篇章一脉相承，息息相通，互为补充，是《内经》中极其重要的组成部分。中医的自然观、整体恒动观、气化学说，病因病机学说，治则治法，制方选药等等，可以说无一不是渊源于此《七篇》之中。"李经纬、张志斌主编的《中医学思想史》(湖南教育出版社 2006 年版，第 99—114 页) 针对"七篇大论"成书于东汉以前古医经的观点，给出了例证阐释。

《素问》《九卷》。皇甫谧在《针灸甲乙经》中说："按《七略》、《艺文志》，《黄帝内经》十八卷。今有《针经》九卷，《素问》九卷，二九十八卷，即《内经》也。"① 王冰在校注《素问》时，两处引用《灵枢》，高保衡、林亿等人据此在"新校正云"中指出，《灵枢》即《针经》。南宋史崧将《灵枢》由九卷改为二十四卷，全称《黄帝内经灵枢经》："家藏旧本《灵枢》九卷，共八十一篇，增修音释，附于卷末，勒为二十四卷，庶使好生之人，开卷易明，了无差别。"② 所以现今我们所见到的《内经》，都是以《重广补注黄帝内经素问》《黄帝内经灵枢经》为祖本进行的校正与注疏。

关于《内经》的成书历来颇有争议，诸家各有论述，大体说来，关于《内经》的成书年代，可归为以下几种观点：

一是成书于黄帝时期，确为黄帝与岐伯等君臣所著。如晋皇甫谧③、明张介宾④等。

二是为春秋战国至秦汉之际所著。持这一观点的有宋代的邵雍⑤、

---

① 山东中医学院校释：《针灸甲乙经校释》"黄帝三部针灸甲乙经序"，人民卫生出版社1979年版，第16页。

② 曹炳章编：《中国医学大成续集》卷四《黄帝灵枢经》，上海科学技术出版社2000年版，第3页。

③ 皇甫谧著，刘晓东等点校：《二十五别史·帝王世纪》，齐鲁书社出版2000年版，第5—6页："（黄帝）又使岐伯尝味百草，典医疗疾，今《经方》、《本草》之书咸出焉。"

④ 张介宾：《类经》，人民卫生出版社1964年版，第5页："《内经》者，三坟之一。盖自轩辕帝同岐伯、鬼臾区等六臣，互相讨论，发明至理以遗教后世。"

⑤ 邵雍著，黄畿注：《皇极经世书》卷之八下《心学第十二》，中州古籍出版社1993年版，第444页："《素问》密语之类，于术之理可谓至也。《素问》、《阴符》，七国时书也。"

程颢①等。

三是成书当在两汉时期。伴随着近年来出土文献的发掘与研究，近代学者们以此为依据，几乎推翻了《内经》成书于上古的观点，而多以为《内经》成书当在秦汉之间，尤其是西汉时期。近当代学者中持这一观点的，有恽铁樵②、任应秋③、郭霭春④等。

程雅君集前人之言，将《内经》的成书过程概括为"先秦孤本成篇，西汉汇集成编，东汉充实发展，唐宋校注大成"⑤。这是可信的。

至于其名"黄帝"，南怀瑾说："中国一切的文化，科学的，宗教的，哲学的，都是从这里（黄帝）开始。"⑥又按《淮南子·修务训》中说："世俗之人，多尊古而贱今，故为道者必托之于神农、黄帝而后能入说。"⑦由此观之，《内经》以"黄帝"命名，乃是假托"黄帝"以立学说，而非系出黄帝本人之手。

（二）《内经》哲学思想概说

医学理论的完善离不开哲学思想的助力。如前所说，随着"人"的发现与解放，哲学思索由最初的"天命观"转向"自然观"，即基

---

① 程颢、程颐：《二程遗书·伊川先生语》，上海古籍出版社，第286页："《素问》之书，出战国之末，气象可见。若是三皇五帝典文，文章自别，其气运处，绝浅近。"

② 恽铁樵著，张家玮点校，余瀛鳌审定：《群经见智录》，福建科学技术出版社2007年版，第6页："无论内外经，当非汉以前所有。"

③ 任应秋著，任延革整理：《内经研习拓导讲稿》，人民卫生出版社2008年版，第16页："成书于战国时代，只是个别的篇卷，渗入了汉代的东西，因而《黄帝内经》亦不是成于某一人之手。"

④ 郭霭春编著：《黄帝内经素问校注语译》，贵州教育出版社2010年版，第1页："关于它的成书年代，近人任应秋先生说是'战国至东汉一段时间'。我基本上同意他的说法。"

⑤ 程雅君：《中医哲学史（先秦两汉时期）》，巴蜀书社2009年版，第478页。

⑥ 南怀瑾：《小言〈黄帝内经〉与生命科学》，东方出版社2008年版，第4页。

⑦ 何宁：《淮南子》卷十九《修务训》，中华书局1998年版，第1355页。

于对自然、社会运行变化的基本规律的认知，哲学由神道走向人道，建立了以"阴阳－五行－气"为核心的自然哲学理论体系。医学将之纳入自身范畴，以"天人合一"的整体观为大前提，构筑中医学理论体系。值得一提的是，《内经》中所言的"天"，多是自然属性的天；其中虽也有提及神性的、有意志的天，却多持否定态度而加以批判。

中医学天人合一的整体观，旨在探求人与自然法则之关系，即人受自然环境的影响。前面说到，自然规律的变化可被人认识和把握，并被内化而运用于人之自身，模拟天地自然将人体构建为一个整体的小自然，参照自然万物运动变化的规律而解析人体的变化。恽铁樵以为，《内经》虽涵盖丰富，却始终有一提纲挈领的总要，即所谓的"揆度奇恒，道在于一，神转不回，回则不转，乃失其机"①。所谓"奇恒"，杨上善注《太素》②曰："切求其病，得其处，知其浅深，故曰奇恒。"③恽铁樵以为："转为恒，回为奇，故奇恒回转可谓《内经》之总纲。奇恒之道在于一，则一又为总纲之总纲。不明了此一字，千言万语均无当也。"④人的健康常态，就在于人与自然的"一"——统一、同一、合一。"一"则"神转不回"，"转而恒"，人便安康平常；若失了"一"，人与自然的规则向违逆，则"回则不转"，"回而奇"，则病变生。《内经》所言的根本，在于维持"一"的常态，扭转非"一"状态，使人保持康健长寿。人体的发展变化与自然的运动变

---

①　《素问·玉版论要》，第22页。

②　唐杨上善注《黄帝内经》时，《素问》名为《太素》。后高保衡、林亿"新校注云"中将"素问"解释为"黄帝问此太素质之始也"，指杨上善之命名颇为恰当。

③　郭霭春校注：《黄帝内经·素问校注语译》，贵州教育出版社2010年版，第83页。

④　恽铁樵著，张家玮点校，余瀛鳌审定：《群经见智录》，福建科学技术出版社2007年版，第19页。

化一脉相承。

1. 阴阳

阴阳学说是中国哲学的重要内容，也是中医学的理论根基。《周易·系辞上》云：

> 一阴一阳之谓道，继之者善也，成之者性也。①
> 是故《易》有太极，是生两仪。两仪生四象，四象生八卦。②

阴阳学说从哲学本体论的层面出发，以对立统一的辩证思想来阐释宇宙自然的本原、事物的发展变化。阴阳学说在长久的发展变化之中，逐渐沉淀为认识世界、解释世界的一种世界观与方法论，作为一种"一般性的"思维方式而根植于传统的土壤之中，对中国文化影响深远。

阴阳学渗入医学，在《内经》中得到极大的发展：

> 阴阳四时者，万物之终始也，死生之本也。③

阴阳贯穿一切事物的生灭过程。《素问·阴阳应象大论》专论阴阳规律，将人体阴阳与天地四时的阴阳相对照，二者息息相通：

> 阴阳者，天地之道也，万物之纲纪，变化之父母，生杀之本

① 郭彧译注：《周易·系辞上》，中华书局 2006 年版，第 360 页。
② 郭彧译注：《周易·系辞上》，中华书局 2006 年版，第 372 页。
③ 《素问·四气调神》，第 24 页。

始，神明之府也。①

明确指出了阴阳乃是天地万物变化发展的规律所在：

> 故积阳为天，积阴为地。阴静阳燥，阳生阴长，阳杀阴藏，
> 阳化气，阴成形。②

强调阴阳的对立结合，胜复转化。

据程雅君先生《中医哲学史》统计，《黄帝内经·素问》八十一篇之中，言及阴阳的便有四十五篇。其内容所涉甚广，详细论述了形体、生理、病理、诊断、治疗、针药等的阴阳之分。根据阴阳的对立、平衡、相互化生的特性，提出了阴阳离合、阴阳匀平、阴阳和合等养身保健理论。中医阴阳观，是中医学理论的基础，对中医辨证论治的思维观产生了极大的影响。

2. 五行

五行学说起源很早，《尚书·洪范》中已有较为具体的论述：

> 五行：一曰水，二曰火，三曰木，四曰金，五曰土。水曰润
> 下，火曰炎上，木曰曲直，金曰从革，土爰稼穑。润下作咸，炎
> 上作苦，曲直作酸，从革作辛，稼穑作甘。③

---

① 《素问·阴阳应象大论》，第69—70页。
② 《素问·阴阳应象大论》，第95页。
③ 李民、王健：《（十三经译注）尚书译注》卷十九《周书·洪范》，上海古籍出版社2004年版，第219页。

古人以为五行的生克乘侮是宇宙自然所有事物相互联系、制衡的普遍规律。认为万物皆有其内在属性，而这种内在属性又可以通过分类、归纳的方式划分为五种类型，即金木水火土五行，每一类型之内的事物现象都有其共通的性质。五方、五味、五音、五色、五藏……五行通过比附、类推等形式，以生克乘侮的转换，来解释自然、社会中的各类事物或现象。它涵盖了地理、星相、兵法、伦理、医学等世间万物，从具体的事物分类，推及理论常识，并最终成为一种认识、理解世界的哲学思维方式。五行学说作为一种认识论、方法论，沉淀在传统文化的根基之中。

五行学说引入医学领域，成为中医哲学的核心："天地之间，六合之内，不离于五，人亦应之。"①《素问·阴阳应象大论》五行比附人之五藏：肝属木，心属火，脾属土，肺属金，肾属水。以五行各自的性质属性、生克乘侮胜复的转化来解释五藏的生长化收藏，构建起一个完整的人体腑脏系统。中医学关于五行配属五藏的推演系统在《内经》中得以统一固定。天人理论、藏象模式、运气学说等中医精髓，也都是以五行学说为根基建立起来的。

3. 气

"气"是中国哲学的基本范畴，中医将"气"说纳入，以气为自然万物的本原，认为万物由气而生。气是永恒运动的，升降出入方能生生不息，气是一切事物运动变化的根源所在。人与天地同一，故人禀气而生，而气的运动变化会对人的生命、性格、气质、心理、情志等有所影响。人是审美的主体，主体的审美心理结构离不开气的作用。

_____

① 《灵枢·阴阳二十五人》，第380—381页。

我们将在后文详细论述《内经》中"气"说的美学内涵。

4. 四时

《内经》所建构的中医理论体系，以阴阳、五行、气为核心。在此之外，还有一个重要的范畴："四时"。

"天地之理，分一岁之变以为四时。"① 四时的变化是天地之理。《内经》以为，"天之道也，此因天之序，盛衰之时也。"② 所谓"天道"，便在"天时"。是以《内经》反复强调"因时之序"③"以时"为道。《易经》谓："法象莫大乎天地；变通莫大乎四时。"④ 万物的变化皆以"时"为法则。恽铁樵则提出，五行配属五藏，乃是由四时派生，而四时的风寒暑湿化生出风、寒、暑、湿、燥、火六气；而四时的生长化收藏则化生春、夏、长夏、秋、冬五季。五季应于五行，配属五藏。是以，以四时为基础，化生五运六气，四时的盛衰变化依循五行的生克乘侮，四时的更替变化也会引发自然万物的变化，对人体的生老病死亦有莫大的影响。伯阳父对周幽王言："夫天地之气，不失其序；若过其序，民乱之也。"⑤《素问·六节藏象论》言："谨候其时，气可与期。"气乃万物之本原，时与气相关联，顺四时者生，逆四时者病，自然万物变化以四时为准则，四时统摄自然万物的变化规律。

"一切偶然都离不开时间之必然，一切空间分裂都在时间变化中得到统一。"⑥"天人合一"的基础依赖于"时"。所谓遵循天道，顺应

---

① 苏舆撰，钟哲点校：《春秋繁露义证》卷七《官制象天第二十四》，中华书局1992年版，第218页。

② 《素问·六微旨大论》，第959页。

③ 《素问·生气通天论》，第51页。

④ 郭彧译注：《周易·系辞上》，中华书局2006年版，第372页。

⑤ 司马迁：《史记》卷一百五《周本纪第四》，中华书局1959年版，第145页。

⑥ 程雅君：《中医哲学史（先秦两汉时期）》，巴蜀书社2009年版，第854页。

自然规律，便是依据四时变化做出相应的反应，顺时可为，在时变之中求得生存发展。今之所谓"审时度势""识时务者"，大概便是能把握"以时为道"的思想，推知事物发展变化之规律，顺时而为，做出最合时宜的选择的人。中医"应时顺气"的养生观亦从此而来："圣人为无为，乐恬澹，顺时以养生。"①

（三）《内经》"气"的含义

气早在甲骨文中便有记载。本义为云气。汉许慎在《说文解字》中，以象形将"气"解释为气，认为气与云气的样子相像。伴随着人的认识感知的拓展，气的内涵逐渐变化，引申出多重含义：形成万物之气，如元气等；人的呼吸之气；气血之气；人的道德精神，如志气、正气等；自然之气，如天气、地气等。

> 天有六气，降生五味，发为五色，征为五声，淫生六疾。六气曰阴、阳、风、雨、晦、明也。分为四时，序为五节，过则为灾。②

天有六气，曰：阴、阳、风、雨、晦、明。六气与四时、五节相联系，医者认为，人体规律与自然规律相感应，六气的变化会影响自然、社会和人的生理状况，乃至人的思想、感情和意志。

---

① 恽铁樵著，张家玮点校，余瀛鳌审定：《群经见智录》，福建科学技术出版社2007年版，第37页。
② 洪亮吉撰，李解民点校：《（十三经清人注疏）春秋左传诂》卷十五《昭公元年》，中华书局1987年版，第643—644页。

> 民有好、恶、喜、怒、哀、乐，生于六气。①

气将自然、社会与人的精神意识相联系，逐渐上升为中国哲学的基本范畴。

孔子将气概括为四类：气息、辞气、食气和血气。孔子曰：

> 君子有三戒：少之时，血气未定，戒之在色；及其壮也，血气方刚，戒之在斗；及其老也，血气既衰，戒之在得。②

以"血气"为维持生命活动的基本要素。及后，血气更引申出元气、精力、血性、骨气、气质、情感等含义。孟子言：

> 我善养吾浩然之气……其为气也，至大至刚，以直养而无害，则塞于天地之间。其为气也，配义与道。无是，馁也。是集义所生者，非义袭而取之也。③

将"浩然之气"内化为人心中的正气，是人的道德精神的存在，一种主观的精神力量或心理状态。荀子则从自然、社会以及人的精神、道德方面，提出人有气，故有生，故有知，故有义，所以"人最为天下贵"：

---

① 洪亮吉撰，李解民点校：《（十三经清人注疏）春秋左传诂》卷十八《昭公二十五年》，中华书局1987年版，第766页。
② 朱熹：《论语集注·季氏第十六》，《四书章句集注》，中华书局1983年版，第172页。
③ 杨伯峻：《孟子译注》卷三《公孙丑章句上》，中华书局1960年版，第57页。

水火有气而无生，草木有生而无知，禽兽有知而无义；人有气、有生、有知亦且有义，故最为天下贵也。①

凡生乎天地之间者，有血气之属必有知，有知之属莫不爱其类。……故有血气之属莫知于人。②

《老子》言："道生一，一生二，二生三，三生万物。万物负阴以抱阳，冲气以为和。"③ 老子以道为万物之源，指出道与气的关系。《管子》则明确指出道即气，是以，气乃宇宙万物之本原。《管子·内业》说：

凡物之精，此则为生。下生五谷，上为列星，流于天地之间谓之鬼神，藏于胸中谓之圣人，是故民气。……精也者，气之精也。气，道乃生，生乃思，思乃知，知乃止矣。凡心之形，过知失生。……人之生也，天出其精，地出其形，合此以为人。和乃生，不和不生。④

"精"是"气"的精微部分。精气为构成天地万物的物质。精气流于天地，人由气产生，气不单支配着人的生命活动，也支配着人的

---

① 王先谦撰，沈啸寰、王星贤点校：《荀子集解》，《王制第九》，中华书局1988年版，第164页。
② 王先谦撰，沈啸寰、王星贤点校：《荀子集解》，《礼论第十九》，中华书局1988年版，第372—373页。
③ 王弼著，楼宇烈校释：《王弼集校注》，《老子道德经注·四十二章》，中华书局1980年版，第27页。
④ 黎翔凤撰，梁运华整理：《管子校注》卷第十六《内业第四十九》，中华书局2004年版，第931、937、945页。

精神活动。庄子曰：

> 察其始而本无生，非徒无生也而本无形，非徒无形也而本无气。杂乎芒芴之间，变而有气，气变而有形，形变而有生，今又变而之死。①

> 人之生，气之聚也；聚则为生，散则为死。若死生为徒，吾又何患！故万物一也，是其所美者为神奇，其所恶者为臭腐；臭腐复化为神奇，神奇复化为臭腐。故曰"通天下一气耳。"圣人故贵一。②

万物的生成源自气的凝聚，既然万物都是因气而生，其本原一致，那么无论外在形貌如何，都是可以以气相通、互相转化的。庄子还提出"心斋"，认为只有保持内在心境的虚静，才能达到对"道"的观照。他以气来形容这种虚静的心态：

> 若一志，无听之以耳而听之以心，无听之以心而听之以气！听止于耳，心止于符。气也者，虚而待物者也。唯道集虚，虚者，心斋也。③

---

① 郭庆藩撰，王孝鱼点校：《外篇·至乐第十八》，《庄子集解》，中华书局1961年版，第615页。

② 郭庆藩撰，王孝鱼点校：《外篇·知北游第二十二》，《庄子集解》，中华书局1961年版，第733页。

③ 郭庆藩撰，王孝鱼点校：《内篇·人间世第四》，《庄子集解》，中华书局1961年版，第147页。

　　《内经》吸纳气的概念，结合自身，形成了中医学独特的"气"学说。在《内经》中，气的概念已得到极大的延展，得到极为广泛的使用。按程雅君在《中医哲学史》中的统计，《内经》全书，除去已亡佚的《本命论》《刺法论》两篇，共计 160 篇，其中有关于"气"的论述有 150 篇，所记载的各类气的名称总计 2997 个，如：阴气、阳气、天气、地气、正气、邪气、营气、卫气等。程雅君将《内经》中的气分为物质之气、功能之气和病症之气三种。① 孙广仁指出，《内经》中的气有多层含义：宇宙本原之气；自然之气；人体之气；病邪之气；药食之气。② 刘承才以为《内经》之气可分为天地之气、生理之气、致病邪气和药物之气四种。③ 张立文在《中国哲学范畴精粹丛书——气》一书中，亦采用此种分类。综合前人之说，本书将气大致分为自然之气、生理之气与病理之气三类。

　　《内经》常用"气"这一概念表达对自然世界的认识，如对天与地的描述、对自然万物不同特征的表征以及对自然变化运行规律的把握等等，这一类的"气"可称为自然之气，包括天地之气、五行之气、四时之气。

　　天地之气与阴阳之气相通。《素问·阴阳应象大论》说：

　　　　清阳为天，浊阴为地。地气上为云，天气下为雨；雨出地气，

---

　　① 程雅君：《中医哲学史（先秦两汉时期）》，巴蜀书社 2009 年版，第 504 页。
　　② 孙广仁：《〈内经〉中气的涵义辨析》，《浙江中医学院学报》2000 年第 5 期，第 53 页。
　　③ 刘承才：《先秦哲学气范畴和〈黄帝内经〉的气学理论》，《中国医药学报》1993 年第 1 期，第 45—47 页。

云出天气。①

清阳之气为"天气"，浊阴之气为"地气"。天地之气就是阴阳之气，二气相磨相荡、交感呼应而生自然万物。是以气是天地肇基的本原：

> 天地合气，别为九野，分为四时，月有大小，日有短长。万物并至，不可胜量。②
>
> 太虚寥廓，肇基化元，万物资始。③

气还是万物生发的始基：

> 天有精，地有形，天有八纪，地有五理，故能为万物之父母。④
>
> 本乎天者，天之气也；本乎地者，地之气也。天地合气，六节分而万物化生矣。⑤

气是无形的，但也是实在的客观物质，可为人感知。气作为无形的物质存在，却是产生有形的万物的本原：

---

① 《素问·阴阳应象大论》，第 72 页。
② 《素问·保命全形论》，第 363 页。
③ 《素问·天元纪大论》，第 872 页。
④ 《素问·阴阳应象大论》，第 96 页。
⑤ 《素问·至真要大论》，第 1206—1207 页。

气合而有形，因变以正名。①

气充满太虚，弥漫渗透整个宇宙，万物生长化收藏的变化源自气的流动。人的生命的维系也在于气的周流不息，即气的气化作用：

气始而生化，气散而有形，气布而繁育，气终而象变，其致一也。②

万物皆以气为中介，配合阴阳、五行而产生关联。上文提过，《内经》将五行之气配属人体五藏，以五行的生克胜复解释人体的机能变化：

东方生风，风生木，木生酸，酸生肝，肝生筋，筋生心，肝主目。其在天为玄，在人为道，在地为化。化生五味，道生智，玄生神，神在天为风，在地为木，在体为筋，在脏为肝。在色为苍，在音为角，在声为呼，在变动为握，在窍为目，在味为酸，在志为怒。怒伤肝，悲胜怒，风伤筋，燥胜风，酸伤筋，辛胜酸。③

五藏配属五行，各有属性，彼此关联。五藏各自为政，却又互为制衡，构成一个相互联系、相互制约的有机整体。生命的健康便在于

---

① 《素问·六节藏象论》，第 169 页。
② 《素问·五常政大论》，第 1066 页。
③ 《素问·阴阳应象大论》，第 80—85 页。

人体内部五行之气的平衡发展，其中任一气太过或不及，都会导致病变的产生。

气维系人与天地万物之间的联系，是以遵循四时的规律为前提的。前文说到，在《内经》强调"以时"为道，强调四时为自然规律的统摄。人体亦遵循此规律。好比四季，春夏秋冬各应不同之气，而有不同的治病养身法。

> 四时阴阳者，万物之根本也。所以圣人春夏养阳，秋冬养阴，以从其根；故与万物沉浮于生长之门。逆其根则伐其本，坏其真矣。①

生理之气，即维系人的生命活动和精神活动的物质基础。人禀气而生：

> 人之血气精神者，所以奉生而周于性命者也。②

气既是万物生发的共通本原，则万物因气而相通，故人体的生理之气也当循自然之气，结合阴阳五行，遵循四时之序，来诊治疾病、保养健康。《内经》所涉生理之气颇多，如精气、营气、卫气、脏腑之气、脉络之气、阴阳之气、清浊之气、人气、血气、骨气等。按照气的作用属性，大致可将之分为：物质之气，即维持生理运行的气，

---

① 《素问·四气调神大论》，第32—33 页。
② 《灵枢·本藏》，第300 页。

如精气、营气、卫气、脏腑之气、脉络之气、阴阳之气、清浊之气等；精神之气，即人的精神、思想、情志等赖以产生和活动的基础，如精气、人气、血气、骨气等。

前文说到，人居天地之间，气是人得以生发的物质根基，人之气与天地之气一脉相承：

> 天地合气，命之曰人。①
>
> 言天者求之本，言地者求之位，言人者求之气交。……上下之位，气交之中，人之居也。……天枢之上，天气主之；天枢之下，地气主之；气交之分，人气从之，万物由之，此之谓也。②

气是人生而有形的基本，人禀天地之气而生，居于天地之间的气交之中，上傍天，下傍地，中傍人事。合于阴阳五行，遵循四时规律之变而保命全形。

精神之气，重在对人的精神活动、心理体验、思想情志等的影响：

> 天之在我者德也，地之在我者气也。德流气薄而生者也。故生之来谓之精；两精相搏谓之神；随神往来者谓之魂；并精而出入者谓之魄；所以任物者谓之心；心有所忆谓之意；意之所存谓之志；因志而存变谓之思；因思而远慕谓之虑；因虑而处物谓之智。③

---

① 《素问·保命全形论》，第 364 页。
② 《素问·六微旨大论》，第 927—932 页。
③ 《灵枢·本神》，第 79 页。

　　人体的精神之气对人的情志也会产生影响。所谓五藏情志，包括七情与五志。七情为喜、怒、忧、思、悲、恐、惊；五志为心志喜、肝志怒、脾志思、肺志忧、肾志恐。七情五志对人体健康的影响不容忽视，《灵枢·本藏》曰：

　　　　志意者，所以御精神，收魂魄，适寒温，和喜怒者也……志意和则精神专直，魂魄不散，悔怒不起，五藏不受邪矣。[1]

　　五藏之气的太过或不及会影响人体的生理之气，对健康产生影响，从而引发情志的感发：

　　　　肝藏血，血舍魂，肝气虚则恐，实则怒。脾藏营，营舍意，脾气虚则四肢不用，五藏不安，实则腹胀经溲不利。心藏脉，脉舍神，心气虚则悲，实则笑不休。肺藏气，气舍魄，肺气虚，则鼻塞不利少气，实则喘喝胸盈仰息。肾藏精，精舍志，肾气虚则厥，实则胀。五藏不安。必审五藏之病形，以知其气之虚实，谨而调之也。[2]

　　另一方面，情志的抒泄也会对生理之气产生影响，过度的情感宣泄会伤气，而适当的情感体验则可养气：

---

①　《灵枢·本藏》，第301页。
②　《灵枢·本神》，第82—83页。

百病生于气也，怒则气上，喜则气缓，悲则气消，恐则气下，寒则气收，炅则气泄，惊则气乱，劳则气耗，思则气结。①

人为天下最"贵"，原因之一就在于人对于外界事物的审美感知能力。对客观事物的审美感知依赖于个体审美心理结构的差异，而这种差异的产生，就人体生理而言，则依赖于精神之气对人的体质、性格、气质的影响。对此后文将详细论述。

病理之气则主要包括病邪之气与药食之气。

病邪之气，顾名思义，乃是导致人体生病的因素，病邪之气又有内外之分。外在之气，如"六气"：风气、寒气、暑气、湿气、燥气、火气。其中尤以风气致病影响最大。《素问·痹论》《素问·阴阳应象大论》皆详细论述了六气何以致病，此处不再多加论述。内在之气，则多为血气、精气、神气等失衡，气化的升降出入受阻，内在五行之气的太过或不及等原因导致。

药食之气乃是根据药食的性质功用将之分为寒、热、温、凉四气，酸、苦、甘、辛、咸五味。这也是对五行之气的化用，旨在通过药食的五行之气调节、平衡人体的内在生理之气。

医学的发生肇始于对生命的渴求。人从天、天神意志的束缚中解放而出，医学挣脱巫术迷信，开辟自己的道路。医学的发展历史，与"人"的发现、发展相伴相随，从保命全形，到治未乱的预防，再到长寿不衰的追求，医学的指向一直不曾脱离对人的生命的关注，在本质上将医学确立为一门生命科学。另一方面，医学的发展是在大量实

---

① 《素问·举痛论》，第522页。

践经验上的不断突破与创新，从这一个层面来说，中医学也是一门经验的学科。大量实践经验的累积，带来的是理论系统的质的突破性创建。中医学在传统哲学思想的渗透影响下，构建起了一个以"天人合一"的整体观为基本原则，以四时变化为基础，以"阴阳－五行－气"为核心的中医理论体系。这一体系，大致可以概括为：人以"天地之气"为生发的物质基础，人的生长发育的生理规律基于"四时"的法则，阴阳、五行、气的变化与四时的规律相一致，遵循四时规律，就是遵循天地自然的变化规律。其中，气是万物生发之根源，人的生命活动与精神活动皆依赖气而产生。气的布化之变对人的体质、性格、气质等都会产生影响，并最终影响人的内在审美心理结构的建构。《黄帝内经》就是对这一理论体系集中而详细的阐释。

第二节　《内经》"气"的美学探讨

《内经》以为气是构成人和宇宙自然万物的共同质料。是以，作为主体的人，既可以融生命于宇宙，亦可纳宇宙于生命；在天人合一、物我两忘的境界之中，感悟宇宙、生命的真谛，达到至高的人生境界。就审美活动而言，审美主体在身与物化、虚静澄明的心境状态下，观照宇宙自然万物，将自我的内在情志投射、弥散于外于自我的事物之中，超越目所及、耳所闻的具体、有限的表象，获得生命的饱满活力与精神的无限自由，达到审美的境界。可以说，《内经》的人生境界与审美境界的追求是同一的。

正所谓"美不自美，因人而彰"，美的生成离不开作为审美主体的人的观照，审美境界的创构亦少不了作为主体的人的参与。审美境界的创构来源于主体耳闻目见的直观观照，透过感官系统知觉外在事物，激发主体内在心理的感悟、冲动，感于物、动于中，激发生命的活力。在身与物化、物我两忘的虚静的审美心态中，获得与天地宇宙同一的审美心境体验，从物我合一到物我两忘，突破感官知觉的有限，而获得精神的无限自由。《内经》将审美感兴的获得归于心神、情志的作用。

同时，审美境界的创构与审美主体的才气、人格心理、精神素养等审美心理结构密不可分。

一、气与境界追求

（一）人对自然的感知

《内经》所提倡的人生境界的追求与审美境界的追求是一致的。

医学的对象是人的生命，目标是保全个体生命的健康长寿，保障人类群体的繁衍生息。中医学的发展，伴随着人类自我意识的独立觉醒，从对有意志的天的崇拜中挣脱出来，转为对人的自我价值的追寻。《内经》作为中医理论的奠基之作，讲求以人为贵，认识到人是有意志、思维、情感等活动的生物。是以，人不仅是有生命的个体存在，更是天地间最"贵"的生命个体。气是构成自然万物的本原，包括人的生命；气虽无形，却可为人感知；万物的运动变化皆源于气升降出入的运动变化。气的运动是自发的："气有胜复，胜复之作，有德有化，有用有变。"① 气的运动是万物运动变化的根本原因。人禀气而生，气在体内周流变化不息，不单维持人的生理机能，也带动着人的心理情感的生发。是以，人是具有主观能动性的机体，能以气为媒介，对外界的刺激做出反应，在感知认识外界刺激的基础上，有意识地对自我加以调整，以适应外界的变化：

> 风雨寒热不得虚，邪不能独伤人。猝然逢疾风暴雨而不病者，盖无虚，故邪不能独伤人。此必因虚邪之风，与其身形，两虚相得，乃客其形。②

突逢暴风骤雨，难免伤身，但若是能保持体内正气的实，不给邪气可乘之虚，人便可无恙。如此，便是基于人对外界自然变化的感知，而得出的病理观，并由此衍生出相应的治疗预防理论。人的主观能动性对宇宙自然的感知，也包含着人的审美活动。

皮朝纲先生认为中国美学的"内在体系是一个有机的生命整体"③，是以，中国美学历来关注人与自然万物的关系——人是自然的一部分，与天地万物密不可分，强调主体与自然之间的相互感召。这种天人合一的感应便是以气为桥梁所架通的。气是天地万物生发的本原，也是人得以生的本原。人与天地万物在本质上是一致的。是以，自然万物的生发变化都凭借气的凝聚与运动不息。气给予生命积极向上的活力，这种生命的活力正是中国美学所追求的生命的丰富与完满。

---

① 《素问·六微旨大论》，第953页。
② 《灵枢·百病始生论》，第403页。
③ 皮朝纲主编：《中国美学体系论》，语文出版社1995年版，第37页。

（二）《内经》的人生境界

冯友兰先生将人生的境界分为四类：最基本的是自然境界，其次是功利境界，再次是道德境界，最高的是天地境界。处于自然境界的人，依其本性而为，但对其所处之世界、所为之事却并无任何意识，只任其自然而然，无过多思考。冯氏将这种思考称为"觉解"。功利境界的人对自我已有意识，着意"为己"而做事，目的在于自我的获利。道德境界已经是较高的精神境界，在功利的基础上，对社会的存在亦有了意识，觉解的程度由个体的人上升到了人类的共性。在人性思考的基础上，建立了一套契合道德意义的价值标准，以指导日常的为人处世。功利境界的行为目标是"利"，道德境界有"利"，但更偏重于"义"，其行事的目的在于"贡献"。天地境界则是人生的最高境界，人除了对人和社会的思考外，更有对宇宙的觉解。使人达到对自我所处世界的深层的观照，亦能明了自我所为之事的真正意义，达到知天、事天、乐天、尽心、知性、尽性的状态。是以，天地境界才是真正理想的人格。

天地境界的人，凭借自我对宇宙的觉解，达到与天地宇宙之道的体悟。在这种体悟之中，人心与天地之道相感应顺化，超越了理性的现实世界，而得到精神的无限自由。这种参天地之道而得精神的独立逍遥的境界，正是《内经》所追求的理想的人生境界。《内经》称之为"真人"。

《素问·上古天真论》是《内经》的第一篇，总括了《内经》的主旨在于效法上古时期长寿不衰之人，总结学习他们的经验，以保全现世的人的性命，进而追求长寿安康的境界。在《内经》看来，能够保持长寿不衰的关键，是对生命至道的体悟：

> 上古之人，其知道者，法于阴阳，和于术数，食饮有节，起居有常，不妄作劳，故能形与神俱，而尽终其天年，度百岁乃去。①

长寿的关键在于对天地自然的规律的顺应，保持形神的统一，如此就可以"度百岁"，得长寿。与此相对的是当世的人的"半百衰"的生命：

> 今时之人不然也，以酒为浆，以妄为常，醉以入房，以欲竭其精，以耗散其真，不知持满，不时御神，务快其心，逆于生乐，起居无节，故半百而衰也。②

当世之人，生活无节，起居无常，正气不守，邪气乘虚，因此生命早早衰亡。这可谓是养身之术的精髓所在。

长寿的境界不是人人皆可至的，普通人只能做到保全性命，即所谓的健康，被称为"常人"。要达到长寿不衰的境界，全在于个人对至道的觉解，觉解的深浅又决定了个人所能达到的境界的高低。《内经》根据长寿的程度，将人分为四种境界：最上真人，其次至人，再次圣人，最后贤人。

> 上古有真人者，提挈天地，把握阴阳，呼吸精气，独立守神，

---

① 《素问·上古天真论》，第3—4页。
② 《素问·上古天真论》，第5—6页。

肌肉若一，故能寿敝天地，无有终时，此其道生。

中古之时，有至人者，淳德全道，和于阴阳，调于四时，去世离俗，积精全神，游行天地之间，视听八远之外，此盖益其寿命而强者也，亦归于真人。

其次有圣人者，处天地之和，从八风之理，适嗜欲于世俗之间，无恚嗔之心，行不欲离于世，被服章，举不欲观于俗，外不劳形于事，内无思想之患，以恬愉为务，以自得为功，形体不敝，精神不散，亦可以百数。

其次有贤人者，法则天地，象似日月，辨列星辰，逆从阴阳，分别四时，将从上古合同于道，亦可使益寿而有极时。①

常人不过"度百岁"。贤人较之常人，也只能达到益寿的目的，最终还是"有极时"的。圣人保持形体的不老常态，但年岁亦不过百数之多。至人养身，既能强身健体，又能延长寿命，虽归为真人一列，仍比不得真人的寿比天地。真人的寿命与天地相当，没有终结，达到了"与道俱生"的境界，所以真人的境界可谓是最高、最理想的人生境界。

若是以冯友兰先生的人生境界划分归类，那么：常人处事，"各从其欲，皆得所愿"②，顺其本性而为，是为自然境界；贤人行事，虽然效法天地自然规律，其目的在于自我生命的"益寿"，是为功利境界；圣人身处世俗之间，但"行不欲离于世"，"举不欲观于俗"，有较高

---

① 《素问·上古天真论》，第15—19页。
② 《素问·上古天真论》，第11页。

的精神觉解，是为道德境界；真人与至人与道俱生，"淳德全道"，对至道有最深的觉解体悟，是为天地境界。

（三）《内经》的人生境界与审美的境界同一

《内经》以气为生命本原之道，又以气为宇宙万物运行变化之道，从天时、人事、精神的协调，阐释了对最高的真人之境的追求。真人对至道的体悟觉解，到达"与道俱生"的境界，即天地境界。审美的至高境界也是对天地境界的追求。

人与宇宙在本质上是同源同构的，皆源出于气的聚散离合。人对宇宙万物的审美感知源自体内气的布化不息。审美主体对宇宙本原的体悟，就是对生命本原的觉解。审美主体以自我体内之气，与天地之气相感应，触发自我的审美感兴和审美体悟，在澄净虚空的审美心境中，感受宇宙自然生命的脉动。自我的精神之气，"提挈天地"，合阴阳，调四时，从八风，象阴阳，与天地之气交融合一，从最深最内的层次中，达到天人与物我的贯通。是以保守体内真气，勿使外泄，既是保命全形、养身长寿的根本，在审美境界的创构中，亦是必不可少的内在缘由。

从自然而言，常人只能做到"虚邪贼风，避之有时"[1]，对天地之气的变化只能被动地做出反应，然后才能采取避的行为。贤人则对天地之气的变化有了一定的认识，能够主动地法天地、分四时，但贤人的行动也只局限在被动的模仿，虽有觉解，但只得其然，未明其所以然。圣人"处天地之和，从八风之理"[2]，王冰注曰："与天地合其德，

---

① 《素问·上古天真论》，第12页。
② 《素问·上古天真论》，第13页。

与日月合其明，与四时合其序，与鬼神合其吉凶。"① 圣人已经能够把握天地之气运行变化的一定规律，从而顺应变化规律。至人"淳德全道"，对于天地之气内在运化规律，即道之变化，有更深的觉解，主动地整合自身内在生理之气，从而达到同和阴阳、调适四时的状态。真人"与道俱生"，生理之气与天地之气已然合一，自我与天地契合，物我融汇，即"肌肉若一"。杨上善云："真人身之肌体，与太极同质，故云宗一。"② 人道与天道俨然一体。中国美学历来重视天人契合与物我交融，审美主体透过自我内在审美心理，观照宇宙自然万物的流变之道，关注天地自然的生命的精神，达到自我与外于自我的客观自然之间的沟通交流，体悟天道，从中把握人生的哲理与宇宙的奥秘。在这个过程中，审美主体将自我的内在心理领悟投射于自然，同时又将所感悟到的宇宙自然生命的脉动纳入自身经脉之中。自我生命与宇宙生命契合，觉解生命的真谛。

就社会人事来说，常人在处世之中得圣人教化，"美其食，任其服，乐其俗，高下不相慕，其民故曰朴"③。这个"朴"字正是常人"合于道"的追求。贤人明晓"欲"的危害，故举止"从上古合同于道"，饮食有节，起居有常，不妄作劳，使自我真气和而不乱，不受欲念淫邪的迷惑。圣人对自我的内在欲望有更进一步的把握，能够"适嗜欲"，控制自身的欲望，自我虽身处尘世，"被服章"，形不脱于世；但能使自己保持心境平和，不为大喜大悲、大起大落所扰，内在神志

① 曹炳章编：《中国医学大成续集（校勘影印本）》卷一《黄帝内经素问》，上海科学技术出版社 2000 年版，第 17 页。
② 郭霭春：《黄帝内经·素问校注语译》，贵州教育出版社 2010 年版，第 6 页。
③ 《素问·上古天真论》，第 16 页。

不为世所累。至人则参透世俗人事欲望对人的缠缚，故并不于世俗之中纠缠，而"去世离俗"，使心远世俗纷扰，身离俗尘凡欲。真人者，不言人事，任自我而逍遥游于自然天地，故最为上。陶渊明高呼"归去来兮！田园将芜胡不归？既自以心为形役，奚惆怅而独悲？"① 喟叹社会人事对自我内在心志的束缚——"心为形役"，不得自由，情感被严重抑压而不得发，气郁结于胸而不得出，气不顺，则五内俱感纠结，故惆怅悲情所由生。故毅然离世，寻求"采菊东篱下，悠然见南山"② 的自得之境。陶渊明这般自得的审美心态，俨然超脱于圣人之境，而可与至人、真人相媲美。能修得陶潜这般自由自得心态者不多，大多数的常人，仍是摆脱不了世俗的限制。是以《内经》又言："志闲而少欲，心安而不惧，形劳而不倦，气从以顺，各从其欲，皆得所愿。"③ 面对社会人事，一般的人身处尘世，虽不能做到如真人至人那样去世离俗，但亦可学习圣人的恬愉自得："内机息故少欲，外纷静故心安，然情欲两亡，是非一贯，起居皆适，故不倦也。"④ 这就要求寻常之人控制自我的欲望，不劳志；平复自我的情感内心，勿使心中担忧不安；劳动有度而不过分消耗体力使自己疲劳过度。自我内在的生理之气平和顺从，做自己喜好的事但又有所节制，不任性放纵，就是最好的处世养身之道。

精神心志方面，重在守神、顺气。圣人内无焦愁忧患以伤心，外

---

① 袁行霈撰：《陶渊明集笺注》卷第五《归去来兮辞（并序）》，中华书局2003年版，第460页。

② 袁行霈撰：《陶渊明集笺注》卷第三《饮酒二十首》，中华书局2003年版，第247页。

③ 《素问·上古天真论》，第11页。

④ 曹炳章编：《中国医学大成续集（校勘影印本）》卷一《黄帝内经素问》，上海科学技术出版社2000年版，第7页。

不为俗世所累以劳神，"以自得为功"，行无为之事，保持内心虚静，做到"形体不敝，精神不散"①，从而保全精神，神不离形，适性而动，达自由自得之境界。至人远离尘俗纷杂，"积精全神"；真人"呼吸精气，独立守神"②。二者皆主张精神内守，内聚真气，保持身心积极向上的生命活力，唤醒主体的审美感官，向外与宇宙自然相感召，而游心于宇宙天地之间。"恬淡虚无，真气从之，精神内守，病安从来。"③ 道贵清静，是以保持内心的恬淡虚静，保守体内的生理之气，守正气，邪气不侵犯身体而得健康。庚桑楚曰："神全之人，不虑而通，不谋而当，精照无外，志凝宇宙，若天地然。……体合于心，心合于气，气合于神，神合于无，其有介然之，有唯然之。音虽远际八荒之外，近在眉睫之内，来于我者，吾必尽知之，夫如是者，神全故，所以能矣。"④ 作为主体的人法道之清净虚无，澄明内心，保持内在心灵的空灵虚无；远离纷争，守神顺气，使主体的心境达到自由自得的状态，随性而行，感物而发。这正是中国美学所追求的审美境界。陆机云："遵四时以叹逝，瞻万物而思纷。悲落叶于劲秋，喜柔条于芳春，心懔懔以怀霜，志眇眇而临云。"⑤ 心随物动，随性而行，率意而为，审美主体在平和自由的心境中，游心于宇宙，合气于天地，顺应自然之道，把握内在心理体验，主体内心与万物合一，达到心物相感，物我交融，物我皆忘，乃至超越了自我欲望、人事纷扰的束缚，而得

---

① 《素问·上古天真论》，第 17 页。

② 《素问·上古天真论》，第 15 页。

③ 《素问·上古天真论》，第 7 页。

④ 曹炳章编：《中国医学大成续集（校勘影印本）》卷一《黄帝内经素问》，上海科学技术出版社 2000 年版，第 8 页。

⑤ 陆机：《文赋》，严可均校辑：《全上古三代秦汉三国六朝文（二）·全晋文》卷九十七，中华书局 1958 年版，第 2013—2014 页。

天地自由的境界。

中国美学的审美境界是生命自由的审美境界。要求审美主体能够超越自我生命的局限，而达到对宇宙万物本原的体悟，从中感悟生命的底蕴，将自我的生命融于宇宙的生命，自我与宇宙达到高度的合一。突破自我形体的有限性，而获得精神的无限自由；从个体生命的短暂体悟时间延续的永恒，把握宇宙的奥秘，在自然和解放之中，回归精神的家园，达到诗意的、审美的境界。人与天地一体，天人契合，物我交融，是中国美学追求的至高境界。是以无论是中国美学，还是中国医学，其所追求的至高境界都是人与天地自然的沟通交流，心与宇宙万物的感召合一，主体合同于道，在逍遥自得中获得对生命自由的极高体悟。

二、气与审美境界创构

审美境界的创构，源自审美主体对外在事物的感知。外在事物在主体内心投射的直观的象引发主体情感的反应，激发审美主体的审美体验与感性观照，流溢出主体内在的情感，在审美感兴的活动中创构出一个主体内心的意象世界，即审美的境界。《内经》以气为人的生命的基础，也是人的情感的基础。气在人体内的生长化收藏，培育出人的情感：

> 天有四时五行，以生长收藏，以生寒暑燥湿风。人有五藏化五气，以生喜怒悲忧恐。①

---

① 《素问·阴阳应象大论》，第77页。

气化生情感，情感催动审美感兴的发生，审美感兴源出人的生命之气。《内经》认为，主体的情感兴发正是主体在心神统御下的情志的抒发，"心神"统御人的身心活动，以心神为主导而生发情感，外显为七情五志。情志的调和、失衡与五藏精气相关联，直接影响作为审美主体的人对外界事物的知觉。是以，审美主体的心神与情志的活动是激发审美感兴活动的重要因素。心神与情志是一个人的心理结构的重要构成部分。审美的主体是独立存在的个体，有其独特的个性心理，个性心理的独特性也决定了主体的审美情趣、精神内蕴上的差异。审美境界的营构势必受到主体独特的精神烙印和审美追求的影响。换言之，审美境界的创构与审美主体的心理结构密切相关。

（一）心神

《内经》以为，心是五藏之君主。五藏与感官相连，心辖五藏精气运化，故心亦可调节感官知觉。"心者，神之舍也。"心是具有思维活动的器官，心的思维能力来自气的运化；心的管辖作用则是因为神的引导。心主形体思维，神主精神心灵，心神一体，共同引导了人的身心活动。

中国古代文化一直以"心"为人体思维活动的重要器官，孟子以为：

> 耳目之官不思，而蔽于物。……心之官则思，思则得之，不思则不得也。[1]

---

① 杨伯峻：《孟子译注》卷十一《告子章句上》，中华书局 1960 年版，第 249 页。

指出心是人的内在知觉系统，具有思维的能力。眼、耳、口、鼻皆是人知觉外在事物的感官系统，唯有"心"具有"知"的能力，只有"心"所主宰的"思"的能力调动起来，才能得到感觉。这就强调了心的功能是统辖着人的感官系统的。管子曰：

> 心之在体，君之位也；九窍之有职，官之分也。心处其道。九窍循理；嗜欲充益，目不见色，耳不闻声。①

耳目与心皆是感知外物的器官，但唯有心具备思的功能。是以心是人体中最重要的感官，居于君主之位。《内经》继承了先秦文化中"心"的观念，视心神为人的身心活动的主宰。《内经》以为气运布体内，周流不息，内藏于人的心中。人心中藏气，因气动而有所感，故心是人的思维活动得以进行的重要器官，为五藏之君：

> 心者，五藏六腑之主也。②
>
> 心者，君之官也，神明出焉。肺者，相傅之官，治节出焉。肝者，将军之官，谋虑出焉。……脾胃者，食廪之官，五味出焉。……肾者，作强之官，伎巧出焉。③

强调人体五藏职能不同，需要相互协调。紊乱失调必导致气化失

---

① 黎翔凤撰，梁运华整理：《管子校注》卷第十二《心术上第三十六》，中华书局 2004 年版，第 759 页。

② 《灵枢·口问》，第 225 页。

③ 《素问·灵兰秘典论》，第 129 页。

常，而百病生。是以，心的作用便是调节五藏之间的平衡互补。

心因藏气而独具思维的能力，成为五藏之君主，调节各器官职能的平衡。赋予心这种独特能力的气，便是"神"：

> 心者，生之本，神之变也。①

> 心者，五脏六腑之大主也，精神之所舍也，其脏坚固，邪弗能容也。容之则心伤，心伤则神去，神去则死矣。②

如果说心是维持生命跳动的物质性器官，那么神就主导心的思维、感官、意识等精神活动。在《内经》看来，人要成为一个完备的人，不单需要物质的生命之形，还需要心理思维的精神活动：

> 血气已和，营卫已通，五藏已成，神气舍心，魂魄毕具，乃成为人。③

人禀气而生，除了维持物质生命的血气，还需要主导精神活动的神气。这个神气就藏在人的心中。《内经》强调神的作用：得神则生，失神则死。正如《素问·上古天真论》所说的"精神内守，病安从来"④，养生旨在养神全形。"粗守形，上守神"⑤，相对身形而言，心神才是最重要的。达到至高的天地境界的真人，也讲求"独立守神"。

---

① 《素问·六节藏象论》，第152页。
② 《灵枢·邪客》，第426页。
③ 《灵枢·天年》，第343页。
④ 《素问·上古天真论》，第7页。
⑤ 《灵枢·九针十二原》，第2页。

心神一体，主宰着人体的生命脉动和精神心理活动。

心神主宰人的精神思维活动，调节五藏的功能活动。心神的这种调节机能所维持的五藏的平和，为人带来感官系统的和谐。审美的愉悦来自于诸感官知觉的和谐律动，心神是审美主体生成的关键。

按《内经》所言，五藏与人体感官的五窍相对应：心开窍于舌，肺开窍于鼻，肝开窍于目，脾开窍于口，肾开窍于耳。人禀气而生，气周流体内，架通五藏，贯流五藏与人体的感官系统：

> 五藏常内阅于上七窍也。故肺气通于鼻，肺和则鼻能知臭香矣；心气通于舌，心和则舌能知五味矣；肝气通于目，肝和则目能辨五色矣；脾气通于口，脾和则口能知五谷矣；肾气通于耳，肾和则耳能闻五音矣。①

生命之气的流转，激发了感官系统对外界事物的知觉效应："口内味而耳内声，声味生气，气在口为言，在目为明。……若视听不和，而有震眩，则味入不精，不精则气佚，气佚则不和。"②对外界事物的感知，生成了声音、气味、视觉等生理知觉，并在气的作用下，进一步产生了心理和精神的活动。知觉的效应带来了审美体验的快感。

柏拉图曾说："美，就是由视觉和听觉产生的快感。"③亚里士多德在谈审美经验时也提到，人的审美经验来自于感官，尤其是视觉和

---

① 《灵枢·脉度》，第169页。
② 左丘明著，上海师范大学古籍整理组校点：《国语·周语下》，上海古籍出版社1978年版，第125页。
③ 柏拉图著，朱光潜译：《柏拉图文艺对话集》，人民文学出版社1959年版，第185页。

听觉的和谐所带来的愉快。透过耳闻目见的直观观照，将自然万物的形象纳入主体的内心，引领主体进入内在自我追求的审美境界。在这个过程中，耳目等感官系统带来的是直观的审美体验，而审美主体在体验过程中的内在情感反应，在营构审美境界时所激发出来的生命的活力和对宇宙底蕴的把握则依赖于心神的引导。

"春秋代序，阴阳惨舒，物色之动，心亦摇焉。"① 外物发展变化刺激审美主体的心神，从而唤起了主体情感的审美需要，外感于物而心神动。这正是中国美学"感于物而动"的"物感"说的含义。在审美知觉的作用下，从物到心，激发了主体对对象的审美冲动，从直观观照，到审美回味，再到经由审美想象的再创造，进而抒泄自我的情感志向，获得新的审美感悟，并最终把握宇宙人生的底蕴，达到精神的自由。

审美主体依赖感官知觉外物，外感物而心神动，获得新的审美体悟。一方面，心神引导下的直观观照激发审美境界的创构。另一方面，对宇宙自然的观照要求在虚境无为的体道方式下进行："致虚极，守静笃，万物并作，吾以观其复。"② 境界的营构离不开虚境空明的审美心境，而心境的生成离不开心神的作用，尤其是神。

《内经》以"气"为本原，气维持审美主体的生命活动、精神活动，气构成审美对象的本原。审美主体保持内心的澄澈与宁静，"澄心静怀"，以气为媒介与万物沟通交融。"凡物之美者，盈天地间皆是

---

① 刘勰著，范文澜注：《文心雕龙》卷十《物色第四十六》，人民文学出版社1958年版，第693页。

② 王弼著，楼宇烈校释：《老子道德经注·十六章》，《王弼集校注》，中华书局1980年版，第35页。

也，然必待人之神明才慧而见。"① 指出"神"在审美观照中的作用。《内经》对"神"做了一番特别的解释：

> 帝曰：何谓神？岐伯曰：请言神，神乎神，耳不闻，目（不）② 明，心开而志先，慧然独悟，口弗能言，俱视独见，适若昏，昭然独明，若风吹云，故曰神。③

所谓"神"，是在耳朵听不见杂声，眼睛看不见异物的状态下，心开志先的幡然领悟；它不能用口说出来，只可意会不能言传。神是山重水复后的柳暗花明，是风吹云散后的清晰澄明。岐伯对"神"的解释，俨然已跳出了医理的范畴。"神乎神"，神是不可捉摸的，没有具体的形态，看不见却无所不在；神就是气，神气是也。这里，对作为医学术语的神气的阐释，事实上已触及审美感兴中即目、神游、兴会等重要的心理活动。

中国传统的审美感知方式是"即目"："耳不闻，目（不）见。"审美主体依赖感官系统知觉外物，以气为媒，与主体的内在心理情感契合，审美主体获得纯直觉式的审美体验。但是，审美体验不能只局限于直观观照的审美对象，还要透过感官所知觉到的具象，把握其背后所隐蕴、寄托、传达的哲理、真谛与情感。这种把握就要求主体排除一切外界干扰，摒弃感官系统的知觉，潜入内心，达到虚境空明的

---

① 转引自叶朗：《现代美学体系》，北京大学出版社1999年版，第458页。
② 按郭霭春校注："服子温说，目下疑脱'不'字。"郭霭春编著：《黄帝内经·素问校注语译》（上册），贵州教育出版社2010年版，第163页。
③ 《素问·八正神明论》，第287页。

心境，获得心灵的解脱与自由。在此种心境状态下，心任物而游，抛开审美对象的具象而直接面对触碰。审美主体的生命之气与宇宙万物的生长布化之气融为一体，达到物我两忘、物我相融、物我合一的境界。

中国古人视审美感兴为"神游"的过程："心开而志先，慧然独悟。"① 摒绝了理性的思虑，志凝神专，心在自由无碍中遨游体道。主体获得了心灵的解脱、精神的自由，以虚静的心境对待外物的变化。在这种澄静之中，"堕肢体，黜聪明，离形去知，同于大通，此谓坐忘"②，没有主观的思虑活动，我心与外物之间不再有对立的界限，物动则心动，物变化则心变化，没有主观的活动，只顺应宇宙自然的规律而动，物与我的界限被消弭。

"兴会"是审美感兴中独特的思维活动："口弗能言，俱视独见，适若昏，昭然独明，若风吹云。"③ 主体的主观思维带来了忆、意、志、思、虑、智等思维，抛开思虑，慢慢进入澄心静怀的入神状态。只有完全超脱了思虑，才能在灵光乍现的一瞥中，把握宇宙的真谛、生命的意义。这份隐含的哲理是没有办法用言语来表述的，它是审美主体的内在心灵感悟，是凝神遐思中的妙悟，不可言传。

在这样的心境之中，主体进入了与天地万物并生、为一的天地境界，无为而动，任心逍遥。审美主体的感官系统在心神的引导下知觉外物，获得纯直觉式的审美体验。心任物而游，感物而动，在"神"

---

① 《素问·八正神明论》，第387页。
② 郭庆藩撰，王孝鱼点校：《内篇·大宗师第六》，《庄子集解》，中华书局1961年版，第284页。
③ 《素问·八正神明论》，第387页。

的虚境空明的心境之下，物我两忘。透过外物的表象，唤醒主体内在的心灵情感，并在无知觉的情况之下，将内在的情感投射于外物，物我相融，在直观观照到的审美对象的表象之外，构造出了一个包含自我的回忆、经验、情感等在内的只可意会的"象"。这个只可意会、不可言传的意象之"象"，就是我们所说的审美境界。

（二）情志

审美主体在任物之心和澄静之神的共同作用下，在澄静空明的心境之中，心感物而动，透过审美对象的表象，唤起主体内在情感的涌现，并将这种情感投射于对象，在对象的表象之外构造审美的意象。这份涌现的情感，《内经》称之为"情"和"志"。[①] "凡情志之属，惟心所统，是为吾身之全神也。"[②] 心神既为五藏之君主，主宰人的身心活动，故心神影响情志的生发：

> 人有五藏化五气，以生喜怒悲忧恐。[③]
>
> 心藏神，肺藏魄，肝藏魂，脾藏意，肾藏志。[④]

五藏各蕴精气，以纳人之魂魄意志神。五藏精气流动，受外界环境感召，而产生人的情志活动，气的流动是情志产生的基础。气和顺

---

① "情志"一词首见于明张介宾《类经·情志九气》。"七情"一词首见于宋陈言《三因极·病症方论》。《内经》多言情、志，虽未并举，但其有关情志之论说，为后世所沿用，是中医"情志"理论的奠基。而《内经》中的"志"多情绪、情感之义。故本书援用后世中医学之"情志"以论《内经》之情、志。

② 张介宾：《类经》卷三《藏象篇·天年常度（灵枢天年篇）》，人民卫生出版社 1964 年版，第 63 页。

③ 《素问·阴阳应象大论》，第 77 页。

④ 《素问·宣明五气论》，第 352 页。

则情志畅达,气受阻则情志乖戾。情志之气受心神之气牵引而生发,而情志之气的出入也会反作用于心神之气的流转。

情有七情:"何谓人情?喜怒哀惧爱恶欲,七情者,弗学而能。"[1] 人的情感的生发是人的本能,与生俱来,不学而会。而情的感触又源于六气:"民有好、恶、喜、怒、哀、乐,生于六气。是故审则宜类,以制六志。"[2] 孔颖达疏曰:"此六志,《礼记》谓之六情。在己为情,情动为志,情志一也。"[3] 《内经》援引此"情志一也"的观点,以情、志表述人的思想情感:七情者,喜怒忧思悲恐惊;五志者,肝志怒,心志喜,脾志思,肺志忧,肾志恐。情志又分好恶:好者,喜、乐、爱;恶者,哀、怨、怒、忧、惧。好的情气有益身心,恶情则会伤身。无论好恶,情志亦应有度有节,好恶偏失,不能平衡,就会对人的心神造成极大的影响。

情志的生发源自人的生命之气的流转不息,五藏各藏精气,精化气,气化神,神动而情志生。气血的流转带动心神的运动,牵引外在情志的显现。喜怒哀乐都是感物而生发,心神受外物的感召而引发情气的流转,产生喜怒哀乐的情感发泄:"哀有哭泣,乐有歌舞,喜有施舍,怒有战斗。"[4] 《内经》言:

夫心者,五藏之专精也,目者其窍也,华色者其荣也。是以

---

[1] 郑玄注,孔颖达疏,龚抗云整理,王文锦审定:《礼记正义》卷二十一《礼运第九》,《十三经注疏》,北京大学出版社1999年版,第689页。

[2] 洪亮吉撰,李解民点校:《(十三经清人注疏)春秋左传诂》卷十八《昭公二十五年》,中华书局1987年版,第766页。

[3] 孔颖达注:《春秋左传正义》,《十三经注疏》,中华书局1980年版,第2108页。

[4] 洪亮吉撰,李解民点校:《(十三经清人注疏)春秋左传诂》卷十八《昭公二十五年》,中华书局1987年版,第766页。

人有德（得）也，则气和于目，有亡，忧知于色。是以悲哀则泣下。……夫水之精为志，火之精为神，水火相感，神志俱悲，是以目之水生也。故谚曰：心悲名曰志悲，志与心精共凑于目也。是以俱悲则神气传于心精，上不传于志，而志独悲，故泣出也。①

心为五藏之主，眼睛与面色是心的窍，通过眼神与脸色可以看出一个人的情绪的高低：人有所得时，心中高兴则神气显于双目，双目含喜；有所失时，心中抑郁则显于面色，面露忧色。王冰曰："气者，生之主，神之舍也。天布德，地化气，故人因之以生也。气和则神安，神安则外鉴明矣。气不和则神不守，神不守则外荣减矣。故曰人有德也，气和于目，有亡也，忧知于色也。"② 心神与情志相通，心神悲则情志悲，二者聚合于眼睛，于是哭泣流泪。心神感外物而动，外显为情志，是为"感于物而动"，也就是"情动于中而形于外"的表现。

心物交汇激发主体心理情感的活动，对这种由内生发的情感有一种强烈的意欲向外疏泄的渴求，在这种渴求的推动下，就有了情志的外显。这就是审美创作动机的生成。所谓"不吐不快"，便是这个由头：心中有气不得宣，是以郁结生恶情，唯有将此情气"吐"出来，才可获得"快"的感觉。"快"是"吐"所追求的目标。"诗言志""诗缘情"等，便是情志外显的一种表达方式。外物的感召和刺激便成了一个重要的因素。前文说道，心神对外物的观照、感受是以气为本原而得以实现，而心神对情志的牵引作用亦源自气的布化流转。归

---

　　① 《素问·解精微论》，第1372—1374页。
　　② 曹炳章编：《中国医学大成续集（校勘影印本）》，上海科学技术出版社2000年版，第1372页。

根结底，情志的生发转变是以气的流动为基础的。外物与主体的情志之间，以气为媒，在心神的主导下，二者的作用是相互的。情志的动摇会影响主体对外物的知觉，而外物对主体的感召，也会激发情志的凸显。这一过程中，情志常态则身心平衡健康，情志乖戾则会致人生病，这就是中医学中的"情志病因"。

情志病因，是中医心理学的一个重要内容。人的情志会对人身心造成影响，进而影响到审美主体对客体的审美观和感悟，这就是"内伤七情"。而外物的发展变化亦会对主体的身心有所影响，进而影响主体的情志抒发。变化中的外物包含自然环境、社会生活与个人经历，即"外感六淫"。

人禀气，心因藏神气而有所感，情志活动同样基于气的运转不息。情志与五藏相对应，情志的活动以五藏精气的周流布化为基础。五藏精气的藏泄活动协调畅顺，气血和，情志为常态；气血失调，精气运行受阻不畅，则情志乖戾。是以，情志内伤，始于气：

> 百病生于气也，怒则气上，喜则气缓，悲则气消，恐则气下，寒则气收，炅则气泄，惊则气乱，劳则气耗，思则气结。①
> 风寒伤形，忧恐忿怒伤气。②

倘或情志疏泄未得节制而太过，导致气血逆乱，伤及腑脏："悲哀忧愁则心动，心动则五藏六腑皆摇。"③ 腑脏既病，则身心皆病弱。日

---

① 《素问·举痛论》，第 522 页。
② 《灵枢·寿夭刚柔》，第 64 页。
③ 《灵枢·口问》，第 225 页。

常所说大喜伤心、大怒伤肝、忧思过度伤脾、大悲伤肺、恐惧伤肾，都是内伤七情所致。"忧恐悲喜怒，令不得以其次，故令人有大病矣。"① 姚止庵注："五志之伤，蓄久忽发，初非循序而来，故病不以次。"② 情志太过便会扰乱正常的生理气机的次序。

"凡物之用极，皆自伤也。怒发于肝，而反伤肝藏。"③ 情志偏激失衡，反伤五藏，导致气血不畅，知觉感官系统也会因此而失调。"心忧恐则口衔刍豢而不知其味，耳听钟鼓而不知其声，目视黼黻而不知其状，轻暖平簟而体不知其安。"④ 脾志忧，忧情太胜，脾气紊乱，五藏气皆失平衡，造成味觉与听觉的失调。主体的心神依赖感官知觉系统感应外物，知觉系统不能正常运行，会对主体的审美体验造成影响。

主体对外物的审美观照，是主体内在的情气与外物的气之间的交流融汇所带来的情感的宣泄。"情往似赠，兴来如答。"⑤ 主体以内在情感体验外物，自我的内在情感与外物得以交汇、契合。由此显现出来的情志也会影响到主体的审美体验感受。情志喜乐，则所见对象皆是生机盎然之乐事；若情志悲愁，则满目皆是忧苦。情志太过，则反伤自身。《红楼梦》中，林黛玉自幼体弱多咳，先天肺气不足，肺志忧，是以黛玉多忧愁；恶情偏盛，情气与外物相交，入眼之景便皆染上了内心的悲气，眼见秋风催落花，心中悲情更重，又思及自身，心

---

① 《灵枢·寿夭刚柔》，第64页。
② 郭霭春校注：《黄帝内经·素问校注语译》，贵州教育出版社2010年版，第121页。
③ 曹炳章编：《中国医学大成续集（校勘影印本）》，上海科学技术出版社2000年版，第905页。
④ 王先谦撰，沈啸寰、王星贤点校：《正名第二十二》，《荀子集解》，中华书局1988年版，第431页。
⑤ 刘勰著，范文澜注：《文心雕龙》卷十《物色第四十六》，人民文学出版社1958年版，第695页。

有戚戚焉，写下《葬花吟》这般伤怀之句。由落花起兴，抒发内心的悲情，在这一刻，黛玉即是落花，落花即是黛玉，二者达到了统一的境界，身与物化。意境虽美，但对黛玉而言，情志忧惧。"愁忧者，气闭塞而不行。"① 悲忧过度又反伤肺气，加重了她的病情。

外感，强调外界的事物对主体情志的作用——一方面是外界自然环境的变化的对主体生理健康的影响，尤其对五藏六腑的气机运行的影响，进而导致情志的摇动；另一方面就是社会生活和个人经历对主体情志的直接作用。

人在情志平顺的状态之下，自然万物可以激荡审美主体的心神，进而唤醒主体的审美情感，激发主体情志的疏泄。钟嵘《诗品》曰："气之动物，物之感人，故摇荡性情，形诸舞咏……"②。解释强调外界事物对主体情志的感召与刺激：主体意欲外泄自我的内在情志，从而推动了主体的审美创作需要的生成。但是，自然环境的变化也可能给人的身心带来损耗，由此扰乱情志的平和。自然中的致病邪气，首推六淫：风、寒、暑、湿、燥、火。邪气内侵，五藏气受邪气侵扰而运行不畅，气机失调，则情志失调："肝气虚则恐，实则怒；……心气虚则悲，实则笑不休。"③《四气调神大论》则专门论述了四时的气的变化，强调人们对它的适应，以及如何调养五藏神志：春使志生，夏使志无怒，秋使志安宁，冬无外其志。"五劳七伤"亦是源于自然环境的影响。"五劳所伤：久视伤血，久卧伤气，久坐伤肉，久立伤骨，

① 《灵枢·本神》，第80页。
② 钟嵘著，周振甫译注：《诗品译注》，中华书局1998年版，第15页。
③ 《灵枢·本神》，第82页。

久行伤筋，是谓五劳所伤。"① 七伤，则是大饱伤脾，大怒气逆伤肝，强力举重久坐湿地伤肾，形寒饮冷伤肺，形劳意损伤神，风雨寒暑伤形，恐惧不节伤志。

> 心怵惕思虑则伤神，脾忧愁而不解则伤意；肝悲哀动中则伤魂；肺喜乐无极则伤魄；肾盛怒而不止则伤志。②

五神损伤，则精神不济，意志消沉，失魂落魄。主体情气不畅，内有郁结，心境不能保持畅达平静，则对外物的感召难有回应，审美观照难以进行。这就是五藏气受损对情志的影响。

社会生活与主体的审美活动紧密相关。社会生活的变迁是审美创作的背景，一代有一代之文学，正在于时代精神、文化的底蕴的变迁，身处其间的人必然受此时代文化的影响，群体的情志、审美意识也与此紧密相关。

《内经》以为，社会生活的变迁会对人的精神情志造成影响，进而对人的身体健康产生作用。"卑贱富贵，人之形体所从。"③ 贫贱富贵，是社会地位的变化，与人的身体健康相关联，是以，"凡未诊病者，必问尝贵后贱，虽不中邪，病从内生，名曰脱营。尝富后贫，名曰失精，五气留连，病有所并"④。王冰注曰："贵之尊荣，贱之屈辱，心怀眷慕，志结忧惧，故虽不中邪，而病从内生，血脉虚减，故曰脱

---

① 《素问·宣明五气论》，第353页。
② 《灵枢·本神》，第80—81页。
③ 《素问·解精微论》，第1371页。
④ 《素问·疏五过论》，第1329页。

营。富而从欲，贫夺丰财，内结忧煎，外悲过物，然则心从想慕，神随往计，荣卫之道，闭以迟留，气血不行，积并为病。"① 由贵入贱，情志忧惧；先富后贫，则情志忧悲。朝代更迭，帝王将相，今非昔比，其情志亦有起伏："诊有三常，必问贵贱，封君败伤，及欲侯王？故贵脱势，虽不中邪，精神内伤，身必败亡。"② 王冰注曰："贵则形乐志乐。贱则形苦志苦。苦乐殊贯，故先问也。封君败伤，降君之位，封公卿也。及欲侯王，谓情慕尊贵而妄为不已也。"③ 成王败寇，王公庶民，经此变迁，即使未外感邪气，然内在精神情志已然受损。

孙思邈在后来的《千金翼方》中尤其强调社会因素对人的情志的影响："凡人不终眉寿或致夭殁者，皆由不自爱惜，竭情尽意，邀名射利，聚毒攻神，内伤骨髓，外败筋肉。"④ 内伤情志，则五藏气皆受损，必然生病乃至死亡。个人的生活经历塑造着个人独特的自我性格、心理、意识，命途多舛或者平步青云，都会影响个人的审美心境。

在《内经》看来，情志乖戾是致病的邪气之一。对此，《内经》提出了"顺其志"的治疗原则：

> 夫治民与自治，治彼与治此，治小与治大，治国与治家，未有逆而能治之也，夫惟顺而已矣。顺者，非独阴阳脉，论气之逆

---

① 曹炳章编：《中国医学大成续集（校勘影印本）》，上海科学技术出版社2000年版，第1372页。

② 《素问·疏五过论》，第1333页。

③ 曹炳章编：《中国医学大成续集（校勘影印本）》，上海科学技术出版社2000年版，第1329页。

④ 孙思邈：《千金方》，《千金翼方》卷第十五《补益·叙虚损论第一》，中国中医药出版社1998年版，第675页。

顺也，百姓人民，皆欲顺其志也。①

在《内经》看来，治病的关键在于"顺其志"。就情志的社会性而言，便是强调要顺人之情志、意愿而治。治家、治国亦是如此，顺百姓意愿而行，勿使拂逆，百姓情志舒畅，则国情和顺，可得安乐。个人情志的顺逆与家国的治乱相关联，个体的审美趣味与群体审美格调相关联，共同构筑起了一个国家、社会、时代的审美追求。另一方面，情志外感六淫而乖戾，便是没有遵循自然协调的"顺"。

逆春气则少阳不生，肝气内变。逆夏气则太阳不长，心气内洞。逆秋气则太阴不收，肺气焦满。逆冬气则少阴不藏，肾气独沉。②

逆四时之气则五藏受损，生百病；五藏气逆，则情志之气乱。唯有从四时之气，顺四时之志，方可身心健康：

圣人从之，故身无奇病，万物不失，生气不竭。③

《内经》以为，情志之气不单要"顺"，还应把握得度，勿使偏颇，七情调畅方可身心健康：

---

① 《灵枢·师传》，第 231 页。
② 《素问·四气调神大论》，第 31—32 页。
③ 《素问·四气调神大论》，第 30—31 页。

> 志意者，所以御精神，收魂魄，适寒温，和喜怒者也。……
> 志意和则精神专直，魂魄不散，悔怒不起，五藏不受邪矣。①

情志既与五藏关联，五藏又以五行为基础，各有生克胜复，《内经》依据五行之理，提出"情志相胜"理论："怒伤肝，悲胜怒"；"喜伤心，恐胜喜"；"思伤脾，怒胜思"；"忧伤肺，喜胜忧"；"恐伤肾，思胜恐"。② 以"致中和"的原则调节情志。"虽有喜，勿至荡动湛然之性；虽有怒，勿至结滞浩然之气。"③ 要求不可放纵情绪，把握得度。中国传统美学讲求"中和"之美："中和之美的音乐与诗歌（雅颂之声）可以对这种已经鼓荡起来的'情'进行疏导和澄汰，而将真正的心性之源挖掘和导引出来，使生命如泉之奔涌，澄明而活跃。"④ 情志的疏泄，就是为了达到这一"中和"的状态。"凡七情，合和当视之。相须相使者良，勿用相恶相反者。"⑤ 情志不能达到"和"的状态，气未得疏散，搅扰了心神之气的畅达，导致五藏气运行受阻，外显为情志乖戾，而主体的心神亦难以保持澄静空明的状态。"论病由七情生者，只应养性怡神，发抒志气以解之，不宜全仗药石攻治。"⑥ 疏泄情志，便是要将萦绕胸中的情气加以调顺，使其达到平衡。好恶之情各得所宜，达到平静和谐的心理状态，方可在平和澄静

---

① 《灵枢·本藏》，第 301 页。
② 《素问·阴阳应象大论》，第 82—90 页。
③ 徐春甫编集：《古今医统大全》卷九十九《养身余录》，人民卫生出版社 1991 年版，第 1379 页。
④ 叶朗主编：《现代美学体系》，北京大学出版社 2008 年版，第 80 页。
⑤ 段逸山主编：《医古文》上《神农本草经·序》，人民卫生出版社 2001 年版，第 132 页。
⑥ 缪希雍编著：《神农本草经疏》，山西科学技术出版社 2012 年版，第 24 页。

的心境之中体悟万物。

人以气为本，气的周流布化维持着人的生命与精神活动；主体的心神，任物而游，感物而动，在静穆空明的心境之下体悟自然。心神以气为基而统御五藏，调和情志。情志的常态、失衡直接影响作为审美主体的人的心境及其对外界事物的知觉。只有情志"和"，气运调顺，主体的身心达到健康平衡时，方可进入澄静平和的审美心境。在这个过程中，主体以澄明的心境观照外物，在虚境空明的审美心境中体悟万物自然，把握大化至道。

三、气与审美主体心理建构

审美境界的创构，是主体的心理情感活动。心感物而动，生发情感，情气外溢，外显为情志。情志平顺和谐，内在心境澄明清净，即可复观万物。人之本原之气与宇宙万物之气交融契合，以把握宇宙的本原，生命的底蕴，达到心物一也、身与物化、物我交融的至高境界。这一活动，直接依赖于主体的心神与情志，而不同的人，其心对外物的感知能力、神所能达到的空明的程度、情志平和的状态等是不一样的，这就造成了不同的审美主体之间的审美差异。究其原因，便在于主体所禀受的气的不同。心神与情志皆以气的流转运化为其活动之基本，气也决定着审美主体在体质、才性、性格、人品、气质上的不同，构成了审美主体不同的审美心理结构，直接造成了主体审美趣味、审美情感、审美体验等的差异。

审美主体是独立存在的独特的个体。主体是社会的人，必然受社会时代的审美追求的影响，有共同的文化底蕴背景，但主体亦是独立的个体存在，有其独特的人生际遇、思想意识、信念价值等，这就构成了主体独特的个性心理。这种审美个性就包括个人的人品、气质等。《内经》以"气一元论"为理论核心。气乃万物的本原，而气有阴阳之分，阴阳交感而化生万物。又，五藏对应五行，各有属性，五藏所蕴含的精气亦有五行属性之分。阴阳、五行的差异，影响着人的生理体质以及个性心理，这就是中医心理学的"人格气质论"。个性心理一方面由先天所禀受的内在生理之气所决定，同时也受到后天环境的影响，包括外在生活环境、风俗习惯、学习教化、伦理道德等。所以，先天禀受的气的劣势可通过后天的养气行为加以弥补，以构建理想的人格气质，即理想的审美主体个性心理结构。

《内经》关于人格气质的分型是以气的阴阳、五行差异为基础的，按照这种原则，将人分为"阴阳二十五人"和"阴阳五态人"。

《内经》依据五行分列出了阴阳二十五人："先立五形金木水火土，别其五色，异其五形之人，而二十五人具矣。"① 将人分为金木水火土五形，又在此基础上，按照五音、上下、左右的对比再次分类，每形又演化出五类，便有了二十五型，其在筋骨气血上亦各有不同。按照阴阳之气的多少、五行属性的差异，这二十五类人在体形、肤色、人格等方面皆有不同。而人格气质的不同，对人的认知、情感、意志、行为和人生态度亦有所影响。

"阴阳五态人"根据阴阳二气的多少，又将阴阳二气分为太与少两类，而对应出。"凡五人者，其态不同，其筋骨气血各不等。"②

---

① 《灵枢·阴阳二十五人》，第382页。
② 《灵枢·通天》，第431页。

> 太阴之人，其状黮黮然黑色，念然下意，临临然长大，腘然未偻。……少阴之人，其状清然窃然，固以阴贼，立而躁崄，行而似伏。……太阳之人，其状轩轩储储，反身折腘。……少阳之人，其状立则好仰，行则好摇，其两臂两肘，则常出于背。……阴阳和平之人，其状委委然，随随然，颙颙然，愉愉然，暶暶然，豆豆然，众人皆曰君子。①

阴阳、太少别异，则人的体质、外形、喜好各不同。

阴阳五态人与阴阳二十五人其本质是相通的，都是以阴阳二气为划分原则。太阳之人，就是火形之人；太阴之人，便是水形之人；少阳与金形相通；少阴则类于木形之人；至于最完美的阴阳和平之人，便是居于中间的土形之人。

以阴阳和平的土形之人为例：

> 土形之人，比于上宫，似于上古黄帝，其为人黄色圆面、大头、美肩背、大腹、美股胫、小手足、多肉、上下相称行安地，举足浮。安心，好利人不喜权势，善附人也。能秋冬不能春夏，春夏感而病生，足太阴，敦敦然。大宫之人比于左足阳明，阳明之上婉婉然。加宫之人，比于左足阳明，阳明之下坎坎然。少宫之人，比于右足阳明，阳明之上，枢枢然。左宫之人，比于右足阳明，阳明之下，兀兀然。②

---

① 《灵枢·通天》，第435—436页。
② 《灵枢·阴阳二十五人》，第384—385页。

这一类型的人在行事方面能做到举止稳当，取信于人，乐于助人，不攀附权贵，为人诚恳，情志和顺，心中充满喜悦之情，内心多善良。这就是最为理想的人格气质。

《内经》的这种论断，基于人的外在表现做出。这一论断并不停足于个人的生理表现，也融合了社会性对人的影响。《素问·异法方宜论》便详尽阐释了不同的自然环境、社会生活、风俗习惯等，对人的体质的影响，并提出了因地制宜、因人制宜、同病异治的治疗方式。

人是社会的人，所以有精神生活上的共性；然人的生理特性也是独立的存在，所以其人所展现出来的心理的个性亦不相同。《内经》对人格气质的划分，是以先天禀受的气与后天环境的影响的交融为综合考量所得出的结论。气的阴阳、太少之分决定了人的品性、气质的差异：

> 太阴之人，贪而不仁，下齐湛湛，好内而恶出，心和而不发，不务于时，动而后之，此太阴之人也。少阴之人，小贪而贼心，见人有亡，常若有得，好伤好害，见人有荣，乃反愠怒，心疾而无恩，此少阴之人也。……太阳之人，居处于于，好言大事，无能而虚说，志发乎四野，举措不顾是非，为事如常自用，事虽败，而常无悔，此太阳之人也。……少阳之人，谛好自贵，有小小官，则高自宜，好为外交，而不内附，此少阳之人也。……阴阳和平之人，居处安静，无为惧惧，无为欣欣，婉然从物，或与不争，与时变化，尊则谦谦，谭而不治，是谓至治。①

---

① 《灵枢·通天》，第431—432页。

以阴阳之气的多少划分好恶，展现出一个人的道德修养，风格风貌。阴气偏盛，即为恶者，贪婪不仁、好怒易妒；阳气过多，虽开朗有志，但好高骛远、刚愎自用、冲动鲁莽、自以为是、固执不知悔改；阴阳和平之人，平和从容、荣辱不惊、与时俱进、无为而治，最称善者。阴阳五态人之中，最为理想的便是这阴阳和平之人。

阴阳和平，便是二气平衡，达到"和"的状态，保持内心的澄净空明，自然无为，应时顺气。如此方可达到提挈天地、把握阴阳、独立守神、与道合一的至高人生境界。

《内经》反复强调，人以气为主。人禀气而生，气主导着人的生理与精神活动。人的体形、人格、气质等外在或内在差异，都由气的阴阳、五行差异所决定。古人对气之差异所造成的人格气质的不同也多有共识。魏晋时期，刘劭以个人禀受的阴阳二气的偏盛不足对人性格上的差异，进行了划分："凡有血气者，莫不含元一以为质，禀阴阳以立性，体五行而着形。……其在体也：木骨、金筋、火气、土肌、水血，五物之象也。五物之实，各有所济。"[1] 由此列出了十二种性格：强毅、柔顺、雄悍、惧慎、凌楷、辨博、弘普、狷介、修动、沉静、朴露、韬谲。刘劭所谓"性质禀之自然，情变由于染习"[2]，便是再次强调了个性心理受先天禀赋与后天教化及环境的影响。

气是人与万物生命的本原，是审美主体生命力的源泉，在审美心理结构的建构中起着至关重要的作用。曹丕以为："文以气为主，气之

---

[1]　刘劭著，梁满仓译注：《人物志》卷上《九徵第一》，中华书局 2009 年版，第 10 页。

[2]　刘劭著，梁满仓译注：《人物志》卷上《九徵第一》，中华书局 2009 年版，第 10 页。

清浊有体,不可力强而致。譬诸音乐,曲度虽均,节奏同检,至于引气不齐,巧拙有素,虽在父兄,不能以移子弟。"① 先天禀受的气的"不齐"决定了审美主体在个体生理和心理上的差异,加上后天的教化学习,最终形成了主体独特的人品、气质等审美个性心理的内容。

人品,便是人的品格、品行、品性,也就是人的人格。它是审美主体个性心理的基本心理素质,包含人的道德情操、气节尊严、思想品德等内容。历来对一个人的评价都离不开对人品的品评,对人品的高要求,即是对完美人格的追求。人品的高下也会反映在一个人的审美价值观、审美情趣、审美追求等审美心理要素上。同样,人品的价值也影响着主体所追求的审美境界的价值。气质,是审美主体个性心理的重要特征之一,是主体所外现出来的风貌风格,是个体在生理与心理上呈现出来的心理类型。气质差异与先天所禀之气相关。"同个性结构中的其它因素相比,气质较多地受个体生理组织的制约,稳定性较强。"② 在审美创作活动中,主体所特有的气质也会体现在其作品之中,展现出独有的审美风格和风貌。

审美境界的营构,需要审美主体以心神观照外物,以主体独特的个性心理为出发点,寻找最能与其内心相契合的东西,心气、情气与宇宙万物之气交融。在这一过程中,心与物之间的对立被消弭而达到相融统一的状态。主体便在这一状态之中获得了独有的审美体验和审美感悟,并在此间创构出烙上自己独特的审美情趣与精神追求的象外之境。这种独特性,就是属于审美主体个人所独有的个性心理。个性

① 曹丕:《典论·论文》,严可均校辑:《全上古三代秦汉三国六朝文·全晋三国文》卷八,中华书局1958年版,第1098页。
② 皮朝纲主编:《中国美学体系论》,语文出版社1995年版,第37页。

心理的差异和独特性便是基于气的聚散升降。主体的审美心理结构影响着主体的审美情趣、审美意味、审美情感、审美鉴赏等等。气决定着主体的审美心理结构的建构，同时也是造成审美的个性差异的直接原因。是以，"养气"对于提高主体的审美才能，建构理想的审美心理结构便尤为重要。

气是生命的本原，气在人体内升降出入、布化流转，维持着人的生理与精神活动，承载着主体的情感、思想、追求等心理要素。人先天所禀受的气决定着人的人格气质类型。养气，可调顺主体内在的生命之气，达到提高修养、陶冶情性、磨砺心性的目的，使主体达到凝神守心、和情益性的审美心境，从而使主体之气与自然万物之气相交融，人与天地相沟通，在逍遥自由之中获得对宇宙、生命的感悟，创构符合其理想追求的审美境界。

养气，一要养提高道德品质、培养人格情操的浩然正气，成就高尚的人格美，二要培养主体的审美感知能力，陶冶主体的气质、才性，健全提升主体的审美情趣，从而建构理想的审美心理结构。养气的途径很多：可以读书悟道，也可游历体道。《内经》以为，养气的关键在应时顺气、和情益性、凝神守心。主体顺四时的变化而调畅心气、情气，在平和的状态中获得虚静澄明的心境，让心神在心观内视之中观照、体验万物，主体的生命之气与自然万物的生命之气交融汇合，人与万物相化。

应时顺气，便是顺应四时之气的变化以调节主体内在的生理之气。"人能应四时者，天地为之父母。"[①] "故智者之养生也，必顺四时而适

---

① 《素问·宝命全形论》，第356页。

寒暑，和喜怒而安居处，节阴阳而调刚柔。如是，则辟邪不至，长生久视。"① 顺应自然，以积养精气，保养精神，是养气的根本。《素问·四气调神大论》便详尽论述了如何根据四季的阴阳消长、寒暑变化的规律，调理五藏情志之气。四时之气，各主万物的生长收藏，所谓"春生夏长秋收冬藏"。春生，万物勃发生机，人情气也当与之相适应而舒展开来；夏长，万物蓬勃繁茂，情气也当随之饱满充实，积极外放，但切忌外放过度而暴怒；秋收，秋气肃杀，此时当平心静气，勿大喜大悲，过度波动，当以内敛情气为主；冬藏，万物闭藏，为来年春生做准备，情志亦当以伏匿为主，尽量不要耗费情气。故说，四时养气调神的关键，在于春天"使志生"，夏日"志无怒"，秋来"志安宁"，冬季"志若伏若匿"。

顺四时之气而调理主体的情气，使之和顺，则心气顺畅无阻，情志畅达平和。《内经》一再强调"和喜怒"，便是指出和情益性的重要性。主体心气顺畅，情气和顺，则五藏有序，情志平和，感官知觉亦能正常运行，从而以主体生命之气去体验、感应外物的生命之气，获得审美体验的感悟。

凝神守心亦是关键。只有获得了澄明的寂静，主体才能不受干扰地心观内视，使心神跳出身体的限制而任物而游于天地间。这就要求主体顺应环境的变化，保持情志的安定，心静不躁，神安不乱，精神内守，则邪气不能入侵，精气充裕旺盛。正所谓"静则神藏，躁则消亡"②。《内经》要求主体心神情志保持"清静"，恬淡虚无、恬余乐

---

① 《灵枢·本神》，第79—80页。
② 《素问·痹论》，第575页。

俗、勿使劳神，而最为理想的阴阳和平之人，其首要便是"居处安静"。静，并非绝对的不动，而是在静穆寂静的心境之下，心观万物，内视玄览，在极静之中，心随物而动，无有限制，逍遥遨游，畅游宇宙自然，在虚境之中把握宇宙最精微的至理，达到极高的审美境界。

　　气是主体生命的本原，维持着主体的生理与精神的活动；气是自然万物生命的本原，万物因气而生美。气是人与宇宙自然万物的共同本原，人体的内在生理之气可与自然万物的生命之气相沟通交流，自然与人因气而相感、相应、相通。气赐予心神审美认知的能力，主体的感官系统知觉外物，在神的澄心静怀之中进行审美观照、审美体验活动。气调节着主体外显的情志，气平和顺畅，则情志平和畅达；情志之气平和，心神之气方能畅达，如此方可进入静穆的审美心境之中。人禀气而生，气的清浊好恶对人的人格气质有决定性的作用，审美趣味、审美情趣、审美情感等心理结构要素都受到主体的人格气质的影响。想要塑造理想的人格气质，关键在于养气。是以，《内经》强调人应当应时顺气，以保养精神，内守正气，从而保证身心的健康平衡，达到和情益性、凝神守心的目的。如此，主体便可在虚境空灵的心境之中，心观内视，超越耳闻目击的具象，超越生命身形的限制，自我融于宇宙，游心于宇宙，合气于天地，达到自由自得的状态，随性而行，感物而发，获得生命的饱满活力与精神的无限自由。这便是《内经》所追求的得天地自由的至高人生境界，也是美学所追求的自由的、诗意的审美境界。

第三节 《内经》与魏晋美学思想

《内经》的形成，从东汉的发展，到唐宋时期的大成，其间经历了魏晋南北朝的三百余年动乱。这一时期，《内经》内容上虽无大的变化，但其思想体系势必与这一切时期的文化、思想、宗教等意识形态有所交流与互渗。魏晋时期是一个动荡的年代，政治混乱、战乱频仍，困扰着其时的人们。生命在这样的环境之中异常脆弱，是以，对保命全形、养生长生的追求是这一时期人们的普遍价值取向。《内经》对生命的重视正契合了这一点，而《内经》以气为理论核心，所提出的治病养生的内容也为世人所接纳、重视、实践。"魏晋南北朝时期的医学学术，是在分裂动荡、战争频仍、疫疠流行的社会背景下向前推进的，医疗实践方面的经验积累也就成为这一时期医学发展的最为突出的现象。……而在这其中，由于社会和宗教原因牵动的医学发展，表现得特别明显。"① 《内经》在唐宋时期得以大成，离不开魏晋时代的洗礼。

一、人的第二次觉醒

魏晋时期，是一个自觉的时代，这种自觉体现在思想的高度觉醒与独立。两汉时期，经学占据文化心理和意识形态的统治地位，"人的

---

① 张立文主编，向世陵著：《中国学术通史·魏晋南北朝卷》，人民出版社2004年版，第703页。

活动和观念完全屈从于神学目的论和谶纬之宿命论支配下"[1]。动乱的魏晋时期，皇权的约束力减弱，思想领域逐渐挣脱束缚转向了自由与开放的论辩。医学的发展是重视"人"的生命的结果，这一进程将人从天神的束缚之中解放出来，使人不再从属于天，而获得了独立的地位。如果说这是人的第一次觉醒，那么，魏晋时期对人的内在精神的自由与独立的追求，就带来了人的第二次觉醒。

医学对人的生命的不断探索便是要追求生命向上的活力，维持生命的长盛不衰，是对蓬勃昂扬的生命底蕴的追求。所以，医学的目的，归根结底就是维持生命、保全健康、延长寿命。这一点，在生命极其脆弱的魏晋得到了拥簇。这一时期，医学在理论和临床研究上都取得了长足的发展：理论上，整理、注释医家典籍，归纳总结出了脉学，针灸学科也在这一时期通过实践得以确立；临床上，内科、骨科、妇科、儿科等因为战乱而相继出现并得到了完善。最早的《内经·素问》注疏便是由这一时期的全元起完成。

魏晋时期，政权混乱，群雄割据，战乱频仍。在这样的时代下，世人对生死无常、生命短促等问题有特别的感触。此时的人们在情感上无不充斥着对生命短暂、人生无常的无奈与悲哀，这种哀伤的喟叹奠定了整个时代的感情基调。对生命短促的喟叹背后，掩藏着对生的极度渴求，对生命长度的渴求，对个人短暂生命的存在意义与价值的渴求。是以，这种悲哀的喟叹背后潜藏着求生的积极向上的人生态度。个体的生命是短暂有时而尽的，但整个人类群体的生命，却是绵延无绝期的。在有时限的生命里创造出超越生死古今的无限价值，创造出

---

[1]　李泽厚：《美学三书》，天津社会科学院出版社 2003 年版，第 80 页。

属于个人独有的人生价值、境界，成为这一时期人们的追求。曹丕言"盖文章，经国之大业，不朽之盛事。年寿有时而尽，荣乐止乎其身，二者必至之常期，未若文章之无穷。是以古之作者，寄身于翰墨，见意于篇籍，不假良史之辞，不托飞驰之势，而声名自传于后"[1]，便是感叹生死有命、富贵在天，人力无法改变，但文章却可以传承百世，作为个人生命价值、理想抱负的延续。

"意识到真理终极依据并不在于'群体的确认'而在于'个人的体证'，人的存在价值并不在于社会的赞许而在于心灵的自由。"[2] 人不再以社会群体的认同为理想价值，而转向对内在的人生价值、境界的追求。这是对个人精神的自由与独立的追求，是人的思想意识的觉醒所带来的转变。这就是人的第二次觉醒。

二、医与酒与魏晋风度

人的第二次觉醒，要求主体内视心灵，向内追求心灵、精神的自由独立，以达到超然豁达、逍遥自在的审美境界。这一自在自得、与道合一的至高审美境界需要审美主体在顺四时而养生命之气的基础上，凝神守心，和情益性，内视心观，使主体的生命之气与外物自然之气沟通交流，心物一体，身与物化，人与自然相融，如此方可把握宇宙生命的底蕴。在这一过程中，要保持内心的澄净空明，在追求生命长久的主题上，《内经》所提出的养生之道受到了推崇。另一方面，魏晋时期，道教重生恶死、重视个体生命、修生养性的思想也满足了当

---

① 曹丕：《典论·论文》，严可均校辑：《全上古三代秦汉三国六朝文·全晋三国文》卷八，中华书局1958年版，第1098页。

② 葛兆光：《中国思想史》（第一卷），复旦大学出版社2010年版，第318页。

时人们的渴求，故此也将对长生的追求诉诸道教的服食、炼丹等宗教性的行为上。当时，社会名士服食之风异常盛行，而服食尤其离不开的就是酒。

酒是中国传统文化中很重要的部分，各种阶层、各种职业、各种身份的人都离不开酒：

> 大哉！酒之于世也，礼天地、事鬼神、射乡之饮、《鹿鸣》之歌，宾主百拜、左右秩秩，上至缙绅，下逮闾里，诗人墨客，渔夫樵妇，无一可以缺此。①

酒是祭祀天地鬼神的祭物，聚会庆贺的饮物，招待客人的必备珍馐；酒激发审美创作主体的灵感与智慧，在半醉半醒之间借酒抒情、借酒言志、疏泄情志。酒与医密切相关，它是最早的治病的药。《内经》对酒的药理有详细的论述。酒从医学走向社会，逐渐沉淀为一种独特的文化风景，成为与审美主体境界追求相关联的符号。

最早的医字写作"毉"，从巫从医，表明医学与巫术之间的关系。医字也写作"醫"，从酉。酒具有药用价值，早期治病多以酒入药，"醪酒主治"②，是以医字从酒。

"或以酒非神农时物，然《本草衍义》已据《素问》首言'以妄为常，以酒为浆'，谓酒自黄帝始。"③ 以酒入药而治疗疾病，《内经》

---

① 朱肱著，郭丽娜编译：《酒经》，江苏凤凰科学技术出版社2016年版，第16页。
② 《素问·玉版论》，第204页。
③ 段逸山主编：《医古文》上《神农本草经·序》，人民卫生出版社2001年版，第132页。

可算创始者：

> 黄帝问曰：为五谷汤液及醪醴奈何？岐伯对曰：必以稻米，炊之稻薪，稻米者完，稻薪者坚。帝曰：何以然？岐伯曰：此得天地之和，高下之宜，故能至完；伐取得时，故能至坚也。……帝曰：上古圣人作汤液醪醴，为而不用何也？岐伯曰：自古圣人之作汤液醪醴者，以为备耳！夫上古作汤液，故为而弗服也。中古之世，道德稍衰，邪气时至，服之万全。①

以酒入药，关键在于酒的制造。如岐伯所言，制酒的原料是五谷，而五谷要生长于适宜的地方，方可得天地合和之气。以此五谷所酿之酒便含有天地阴阳调和之气。人若饮之，便可借酒中所含之气，调和其内在生理之气，以驱邪气，扬正气。生命之气和则身心康健：

> 饮酒者，卫气先行皮肤，先充络脉，络脉先盛，故卫气已平，营气乃满，而经脉大盛。②

酒的药用价值很高，班固在《汉书·食货志》中将酒称为"百药之长"，张仲景在《伤寒杂病论》中记述了酒的药用价值，并列出了多种以酒入药的炮制方法：

---

① 《素问·汤液醪醴论》，第 195—196 页。
② 《灵枢·经脉》第 123—124 页，

弘景曰：大寒凝海，惟酒不冰，明其性热，独冠群物。药家多用以行其势，人饮，多则体弊神昏，是其有毒故也。《博物志》云："王肃、张衡、马均三人，冒雾晨行。一人饮酒，一人饱食，一人空腹。空腹者死，饱食者病，饮酒者健。此酒势辟恶，胜于作食之效也。①

酒可以入药治疾，适量饮酒可以保健养身，所以酒被认为是"百药之长"。"后世以酒为浆，不醉反耻，岂知百药之长，黄帝所以治疾耶。"②

酒除了药用之外，也可助人疏泄情志。酒进入人体，刺激大脑神经，从而令人表现出兴奋、活跃、欢欣等情绪反应。酒还可令人释放愁绪、消除焦虑、对抗负面情感等，所谓"酒壮怂人胆"便是如此：

黄帝曰：怯士之得酒，怒不避勇士者，何藏使然？少俞曰：酒者，水谷之精，熟谷之液也，其气慓悍，其入于胃中，则胃胀，气上逆，满于胸中，肝浮胆横。当是之时，固比于勇士，气衰则悔。与勇士同类，不知避之，名曰酒悖也。③

酒气入胃，则胃气胀满，向上充盈胸中，"酒酣胸胆尚开张"④；同时也会使肝气浮动，胆气恣意纵横。这时，即便怯弱者也变得好像

---

① 李时珍撰，刘衡如、刘山永校注：《本草纲目（新校注本·第三版）》（中册）《谷部第二十五卷·酒》，华夏出版社 2008 年版，第 1047 页。
② 朱肱者，郭丽娜编译：《酒经》，江苏凤凰科学技术出版社 2016 年版，第 12 页。
③ 《灵枢·论勇》，第 334—335 页。
④ 王水照选注：《苏轼选集》，上海古籍出版社 2014 年版，第 260 页。

勇士一般。

酒可以治疗疾病，也可保养身心，还可疏泄情志，但饮酒过度则会伤身：

> 少饮则和血行气，壮神御寒，消愁遣兴；痛饮则伤神耗血，损胃亡精，生痰动火。①

《内经》也多处提及醉酒可致病，更有病名"酒风"，言醉酒伤身：

> 酒入于胃，则络脉满而经脉虚，脾主为胃行其津液者也。阴气虚则阳气入，阳气入则胃不和，胃不和，则精气竭，精气竭，则不营其四肢也。此人必数醉若饱，以入房，气聚于脾中不得散，酒气与谷气相薄，热盛于中，故热遍于身，内热而溺赤也。夫酒气盛而慓悍，肾气有衰，阳气独胜，故手足为之热也。②

过度饮酒，就会阻碍气在体内的升降出入，造成阴阳失衡，最终导致精气衰竭。若是醉酒，酒气萦绕胸中不散，短时间阻碍五藏气的循环往复。心神之气受阻则感官系统的知觉能力受到干扰；情志之气受阻就会情绪失调，喜怒无常，或哭或笑，不能自已。是以，醉酒对主体的审美感知、审美情趣等都会有所影响。

---

① 李时珍撰，刘衡如、刘山永校注：《本草纲目（新校注本·第三版）》（中册）《谷部第二十五卷·酒》，华夏出版社 2008 年版，第 1047 页。
② 《素问·厥论》，第 596—597 页。

　　酒逐渐从医学中走出而与日常生活紧密关联，积淀为一种独特的酒文化。酒文化，既包括物质层面，也包括精神层面。说到精神层面的酒文化，便绕不开魏晋时期。

　　魏晋时期，时局动荡，生死无常，生命价值成为当时人们的共同追求。一方面，人生无常，谁也不知道明天会发生什么，在这样的担忧下，人们索性放开心怀，不去担忧不可预知的未来，转而把握现在，选择活在当下，及时行乐。现世的享受以饮酒为途径。另一方面，酒也是当时文人名士避祸的手段。魏晋时期，士人一方面渴求建功立业，实现自我的人生价值与抱负；另一方面，战乱的祸害，政治迫害频仍的现状，又令他们不得不想方设法躲避灾祸。他们或选择归隐山林，以超然之姿远离时政，求得自我平安；又或者选择以醉酒之态来保护自己——既然醉酒了，所言所行便当不得真。

　　魏晋时期的饮酒之风还与魏晋的服食行散之风相关联。魏晋文人名士，既在现实享乐之中丰富生命，也欲通过道教的服食、炼丹、导引等方式，修仙炼道，追求长生久视。服食之风由是而盛行。所谓服食便是吃一种名叫"五石散"的药。"五石散"又名"寒食散"，孙思邈以为："凡是五石散先名寒食散者，言此散宜寒食冷水洗取寒，唯酒欲清，热饮之，不尔，即百病生焉。服寒食散，但冷将息，即是解药。"[①]鲁迅先生对此做了阐释："普通发冷宜多穿衣，吃热的东西。但吃药后的发冷刚刚要相反：衣少，冷食，以冷水浇身。倘穿衣多而食物热，那就非死不可。因此五食散一名寒食散。只有一样不必冷吃

---

　　① 孙思邈：《千金方》，《千金翼方》卷第二十二《飞炼·解石及寒食散并下是第四》，中国中医药出版社 1998 年版，第 765 页。

的，就是酒。"① 服食之风的风靡促进了饮酒之风的盛行。

饮酒，从最初的治病延展开来，包含追逐现世享乐、逃避政治迫害、养身修道等内容。饮酒还可以帮助人疏泄心中情志的郁结之气，饮酒逐渐成为一种畅抒内心的意志、情感的方式。"对酒当歌，人生几何……何以解忧，唯有杜康。"② 饮酒是人生情怀的彰显，醉酒是对审美境界的体悟。

所谓醉酒，不是酩酊大醉，而是微醺。在似醉非醉、半梦半醒之间体味一种醉境、酒趣。"饮酒莫教成酩酊，看花慎勿至离披。"③ "美酒饮教微醉后。此得饮酒之妙，可谓醉中趣、壶中天者也。"④ 所谓"醉翁之意不在酒"，便是要在人醉心不醉的状态下，忘却世情，抛开礼俗的束缚，自由自在，"投闲自放，攘襟露腹，便然醅卧于江湖之上"⑤。魏晋饮酒之习蔚然成风，竹林七贤、陶渊明等皆是饮中名士。他们饮酒，在酒气的作用下，于微醉之中，模糊了感官系统的知觉体验，忘记了喧嚣尘世的烦恼忧愁，在迷醉之中物我两忘，逍遥自适，与道冥合。

审美境界的生成在于审美主体精神的自由与逍遥。这种自由可以通过主体保持内心的澄净以内游心观的方式获得，也可以通过饮酒之后的迷醉的状态获得。罗素说："人类成就中最伟大的东西大部分都包

① 鲁迅：《魏晋风度及文章与药及酒之关系》，《鲁迅全集》，人民文学出版社 2005 年版，第 537 页。
② 曹操：《短歌行》，郭预衡主编：《中国古代文学作品选》（二），上海古籍出版社 2004 年版，第 11 页。
③ 洪应明撰，韩希明评注：《菜根谭》，中华书局 2008 年版，第 78 页。
④ 李时珍撰，刘衡如、刘山永校注：《本草纲目（新校注本·第三版）》（中册）《谷部第二十五卷·酒》，华夏出版社 2008 年版，第 1047 页。
⑤ 朱肱著，郭丽娜译：《酒经》，江苏凤凰科学技术出版社 2016 年版，第 16 页。

含有某种沉醉的成分，某种程度上的以热情来扫除审慎。"① 审美主体正是在这种醉酒的状态之下，抛开世情的困扰，获得个体精神上的自由，在迷醉之中涤荡性情，在微醺之中，物我皆忘，将自我置身于宇宙大化之中，身与物化，把握宇宙自然的生命底蕴，获得自由的、诗意的审美境界。

魏晋的自觉，激发了人的觉醒，转向对精神自由与独立的追求。实现人生的价值是这一时代人们的普遍追求。他们一方面渴求入世以建功立业，流芳百世；另一方面又迫于时局而选择归隐山林或是放浪形骸，以超然的姿态躲避时政的迫害。作为"百药之长"的酒成了他们避祸的法宝。为提升生命的质量，他们选择纵酒以享乐；在追求长生久视的道路上，药和酒均为必需。尔后，渐渐地，饮酒不再为了政治、养身的目的，而带上了人生态度、审美境界的意味。借酒抒发情志，或是在酒气的作用之下，在微醉的状态之中，物我两忘，获得精神的自由，达到自由的审美境界。

---

① 罗素著，何兆武、李约瑟译：《西方哲学史》，商务印书馆2009年版，第39页。

第五章　《淮南子》的科学美学思想

　　《淮南子》又名《淮南鸿烈》，是汉代淮南王刘安众多著作中流传至今最具影响力的。刘安（公元前179—公元前122年），是汉高祖刘邦的孙子，汉文帝时期立为淮南王。自幼博学广识，才思敏捷，广纳百家之言为其所用，认为"百家异说，各有所出"①，诸子百家的学说见解，都有可取之处。面对前人的思想，他认为要立足当下，批判地继承："今取新圣人书，名之孔、墨，则弟子句指而受者必众矣。故美人者，非必西施之种；通士者，不必孔、墨之类。晓然意有所通于物，故作书以喻意，以为知者也。诚得清明之士，执玄鉴于心，照物明白，

──────────

　　① 何宁撰：《淮南子·俶真训》，《淮南子集释》，中华书局1998年版，第117页。

不为古今易意，撼书明指以示之，虽阘棺亦不恨矣。"通达之士不一定要像孔孟，只要心里有透彻高明的思想，能观照事物，不因古今差异而改变自己的主见，将宗旨思想阐述清楚以示他人，启发世人智慧，将来死了也没什么好遗憾的。

《淮南子》一书并非刘安一人所著，而是刘安率领门客集体编撰而成的："与苏飞、李尚、左吴、田由、雷被、伍被、毛被、晋昌等八人及诸儒大山、小山之徒，共讲论道德，总统仁义，而著此书。"①《淮南子》是一部集众家之所长、出自众家之手、以研究科学美学思想为主的集体著作，也正因如此，书中亦有一些重复甚至矛盾之处。刘安为书的编著者，书的结构框架及最后的润色都由刘安完成，因此在《汉书》中才有"初，安入朝，献所作内篇"的记载。因是由刘安主持编著，全书的结构比较严密，思想也较为统一。《淮南子》以道家思想为旨趣，强调与时俱进，对秦汉之际的各家思想进行了全面的阐述与糅合，广取各家之言，不仅探讨宇宙演化、万物奥秘，更以美学的理论、科学的思维，建立起了一套完整的哲学体系。

美学是一门人文科学，以哲学为基础，从一般出发。科学通常指对自然进行充分的观察和研究或通过科学方法获得验证的知识体系或普遍规律。《淮南子》的科学美学思想是对于自然以及对人与自然的关系进行思考所形成的理论观念和思想精髓。在西方古希腊时期，哲学思想与自然科学知识是交织在一起的。恩格斯认为最早的哲学家就是自然科学家。根据《说文解字》，"科，从禾从斗，斗者量也，会意字。"故"科学"乃取"测量之学问"之义。在唐宋年间，直至近代

---

① 刘安编著，高诱注：《淮南鸿烈解》，中华书局 1985 年版，第 6 页。

以前，"科学"往往指"科举之学"。宋代学者陈亮《送叔祖主筠州高要簿序》中有云："自科学之兴，世之为士者往往困于一日之程文，甚至于老死而或不遇。"此处"科学"即为"科举之学"的略语。反映自然、理性思辨等的客观规律知识体系的"科学"一词的使用可追溯到近代的康有为，康氏以此代替当时广泛使用的"格物致知"。科学是一种历史的、社会的、文化的人类活动，它建立在实践的基础上，是关于客观世界事物运动规律与本质的知识体系。古今中外的哲学家与科学家一直试图为科学提供一个本质的定义，故近代的自然科学家常以哲学家自居。自然科学与自然哲学在古代中国一直是交织在一起的，各领域的科学思想也都属于哲学思想，在某种程度上，自然科学思想就是科学领域的哲学思想，包括自然观、认识论、宇宙观等。

第一节　道论——科学美学思想的哲学依据

　　《淮南子》在卷二十一《要略》中阐明了著书的目的："夫作为书论者，所以纪纲道德，经纬人事，上考之天，下揆之地，中通诸理，虽未能抽引玄妙之中才，繁然足以观终始矣。""凡属书者，所以窥道开塞，庶后世使知举错取舍之宜适，外与物接而不眩，内有以处神养气，宴炀至和，而己自乐所受乎天地者也。""故著书二十篇，则天地之理究矣，人间之事接矣，帝王之道备矣。其言有小有巨，有微有粗，指奏卷异，各有为语。今专言道，则无不在焉，然而能得本知末者，其唯圣人也。今学者无圣人之才，而不为详说，则终身颠顿乎混溟之中，而不知觉宿乎昭明之术矣。"① 刘安认为著书立说的目的，向上可用以考察天道的变化规律，向下可研究大地自然万物，把得到的启发连接起来整治道德，规划人世，体验自然的法则，并揽合百变。不难看出，《淮南子》是在试图为当时社会的思想提供一个基于科学知识的美学观念，寻求一种放之四海而皆准的哲学基础，这个依据在《淮南子》中浓缩为一个包容宇宙的世界观——"道"。"道"是《淮南子》谈论美的基础与前提，在其看来，一切美好的事物都源于"道"。

---

　　① 刘安编著，高诱注：《淮南鸿烈解·要略》，中华书局 1985 年版，第 823、833—834 页。本书所引《淮南子》均出自此书，以下只注篇名和页码。

一、科学美学思想的理论体系

《淮南子》内篇前二十篇，有的论说小事，有的涉及大事：

> 诚通乎二十篇之论，睹凡得要，以通九野，径十门，外天地，
> 掉山川，其于逍遥一世之间，宰匠万物之形，亦优游矣。若然者，
> 挟日月而不姚，润万物而不耗。曼兮洮兮，足以览矣！藐兮浩兮，
> 旷旷兮，可以游矣！①

可见《淮南子》是以"道"为指归，对儒、道、法、墨、阴阳等诸子百家的思想进行综合论述的著作，其治道的思想是建立在科学美学的基础之上的。这是《淮南子》的第一个特点。第二个特点是淡化了老庄思想中的玄思，而进一步将其用于世事，更加政治化。第三个特点是虽然在阐述中将各家思想政治化，但在根本精神上，还是在追求宣道、悟道、得道的审美境界。《原道训》探索天地四方形成规律与大道的深远，强调尊重天道保持本性，明确"道"就是万物的本源。《俶真训》观察最高的"道"的等齐合同生死的关系，审查仁义得失，使人明白返回真性的启发。《天文训》的内容涉及阴阳、日月、星辰、季节、历法等方面。《地形训》勾勒东西南北的长宽形势、大山大川的流向，明确万物的根本，以地理、生物知识为主。《时则训》论述统治者要依循自然运行的时序，实行适宜的节令，按规律教化百姓。《览冥训》阐明万物之间的互相感应、阴阳二气的相互融合、自

---

① 刘安著，许慎注：《淮南子·要略》，上海古籍出版社 2016 年版，第 533 页。

然万物与人类意志的关系。《精神训》探讨人类产生的本原、生命产生的根本与归属。《本经训》略列古今道德的变化，说明"道"的调和是养性治世的根本。《主术训》讲国君统治天下之事，以自然为规律，像枝条通往树干，各自发挥本心，便可建立功业。《缪称训》解释道德的理论，从而论述世间的事情都由变化莫测的大道统摄。《兵略训》说明攻克敌阵的方法，充满逻辑思想。《修务训》针对有人对"道"的认识不够精深，放弃学业满足安逸的状况，强调学习的重要性。《泰族训》研究道旨与人事的关系。作者深信知晓"道"的精义后，就能达到逍遥的境界。这大概就是当时作者们的理想境界，代表着汉代审美文化的主导精神。从另一方面来讲，这些都说明了科学美学思想在《淮南子》思想体系中的基础地位与作用。

科学研究的对象是客观存在的物质自然，科学技术的发展需要以理性思考的态度看待自然界。美学作为哲学的一个分支，其思想与科学思想的关系是一个不断发展、交融、变化的过程。在汉代，科学思想并未从哲学思想中脱离出来，哲学与科学是融为一体的，于是在《淮南子》中，自然美学的思想包含着科学思想，而科学思想又是美学思想的一个不可或缺的组成部分。多数美学思想都是在对科学思想进行概括、归纳、总结与提炼后抽象出来的，而许多科学思想也都直接来源于美学思想。美学思想不仅能成为古代人们认识自然的方法，其发展还能推动科学思想进一步发展。

二、"道"与万物的同一性

《淮南子》一书对于"道"有诸多描述，既继承了老庄"无为而治"的思想与黄老道家关于"道"的无限性的观点，在精神上将

"道"作为核心范畴，追求悟道、得道的境界，又对天文、地理、乐律、医学、生物等方面的科学思想进行了梳理，对"道"的观点进行了总结与继承，强调"道"的美学底蕴是最高的精神实体。这个不可见不可闻的"道"并非与具体事物隔绝，它对汉代人与自然、社会、政治的关系以及其科学美学思想都产生过重要影响。

"道"也是《淮南子》最根本的范畴，《淮南子》论道时，特别强调道的至大，认为道既超越万物，但又能化生万物，普遍存在于各种对象之中。《原道训》是《淮南子》的第一篇，它开篇即论述了道无处不在、无所不包的本体性质：

> 夫道者，覆天载地，廓四方，柝八极；高不可际，深不可测；包裹天地，禀授无形；原流泉浡，冲而徐盈；混混滑滑，浊而徐清。故植之而塞于天地，横之而弥于四海，施之无穷而无所朝夕；舒之幎于六合，卷之不盈于一握。约而能张，幽而能明；弱而能强，柔而能刚；横四维而含阴阳，纮宇宙而章三光；甚淖而滒，甚纤而微；山以之高，渊以之深；兽以之走，鸟以之飞；日月以之明，星历以之行；麟以之游，凤以之翔。泰古二皇，得道之柄，立于中央。神与化游，以抚四方。是故能天运地滞，转轮而无废，水流而不止，与万物终始。①

传说中泰古二皇正是因为掌握了道，才能于天地之间立足，治理天下。这向人们说明了"道"至大至长，覆盖天承载地，延生至四面

---

① 《原道训》，第1页。

八方，集万千功能属性于一身，并能转化自如，无形中孕育了万物。表明"道"是天地万物产生的根本，它横通四维含蕴阴阳，大山凭借它才能高耸，深渊凭借它才能深邃，飞禽走兽倚仗它才能奔走飞翔，日月星辰因为它才能运行并散发光芒，凤凰依靠它才能飞翔。天是"道"的从属，天道就是"道"在自然中的体现。在《淮南子》看来，天地的广博是有限度的，天地的长久也是有定数的，空间与时间都有尽头，只有"道"是包含古今、囊括宇宙、至大至长的。这与老子在《道德经》中的著名论述——"道生一，一生二，二生三，三生万物"一脉相承。《庄子》内篇《大宗师》中也有过类似的思想："夫道，有情有信，无为无形；可传而不可受，可得而不可见；自本自根，未有天地，自古以固存；神鬼神帝，生天生地。""道"主宰世间万物，同时又超越万物存在，是万物之始终。不同之处在于，老子认为"道生一"，一产生于道之中；而《天文训》认为"道始于一"，"道者，一立而万物生"，一是道产生万物之前的状态，因此有"道始于一"的说法。

三、道的至大无形

"道"于万物之间体现着万物的变化，天地万物都有其定数与时间，只有"道"是"包裹天地，禀授无形"的蕴含古今宇宙的无限，它无形无限，至大覆盖天地。道家认为"道"的哲学底蕴是宇宙最高的精神实体或本原，《淮南子》发挥了先秦道家的理论，同样认为"道"不可见、不可闻，但却强调这样一个抽象的"道"虽无形却能生有形的万物。道能超越万物，又能化生万物，并普遍存在于各种具体的事物之中。这与老子《道德经》中对于道无所不在的"至大"性不谋而合："有物混成，先天地生。寂兮寥兮，独立而不改，周行而不殆，可以为天下母。吾不知其名，强字之曰道，强为之名曰大。大曰逝，逝曰远，远曰反。故道大，天大，地大，人亦大。域中有四大，而人居其一焉。人法地，地法天，天法道，道法自然。"老子认为这个于天地形成之前就浑然天成、听不见声音看不到形体、长存不息、永不衰竭的事物就是万物的根本——"道"，同时也可叫作"大"。老子此处所说的"道大"，与《淮南子》中强调的道的"至大"相同。这样的思想见解，在《淮南子》中颇为普遍。

在《本经训》中刘安等人又说：

> 天地之大，可以矩表识也；星月之行，可以历推得也；雷震之声，可以鼓钟写也；风雨之变，可以音律知也。是故大可睹者，可得而量也；明可见者，可得而蔽也；声可闻者，可得而调也；色可察者，可得而别也。夫至大，天地弗能含也；至微，神明弗能领也。[1]

天地的大，可以用尺表测量，日月星辰的运行能根据历法推算，打雷的声音，可用钟鼓模仿，风雨的变化，能用音律感知。世间万物只要能看得到听得到，总是能够测量的。而不能分辨的只有连大到无限的天地都无法包容的"道"——道不可测，不可辨，不可量，它是至大的。《缪称训》记载：

---

[1] 《本经训》，第248页。

道至高无上，至深无下，平乎准，直乎绳，圆乎规，方乎矩，包裹宇宙而无表里，洞同覆载而无所碍。是故体道者，不衰不乐，不喜不怒，其坐无虑，其寝无梦，物来而名，事来而应。①

此处在阐明道高大没有顶点的同时，还认为能领悟"道"的人应是不哀不乐、不喜不怒的人。紧接着进一步阐释："道者，物之所导也；德者，性之所扶也；仁者，积恩之见证也；义者，比于人心而合于众适者也。故道灭而德用，德衰而仁义生。故上世体道而不德，中世守德而弗坏也，末世绳绳乎唯恐失仁义。君子非仁义无以生，失仁义，则失其所以生；小人非嗜欲无以活，失嗜欲，则失其所以活。故君子惧失仁义，小人惧失利。观其所惧，知各殊矣。易曰：'即鹿无虞，惟入于林中，君子几不如舍，往吝。'其施厚者其报美，其怨大者其祸深。薄施而厚望，畜怨而无患者，古今未之有也。是故圣人察其所以往，则知其所以来者。"② 道是万物的先导，圣人之治依靠道，能悟道、得道、宣道的人，就是能与道合一的圣人。圣人能凭借道解除天下纷争，以仁义治国。以此可以看出，《淮南子》对老庄、黄老道家思想的继承，既有逍遥自在遨游于天的审美境界，又有帝王之道、科学治理的政治化意味。

四、道乃万物之律

《诠言训》说："洞同天地，浑沌为朴，未造而成物，谓之太一。

---

① 《缪称训》，第 329 页。
② 《原道训》，第 25 页。

同出于一，所为各异，有鸟有鱼有兽，谓之分物。方以类别，物以群分，性命不同，皆形于有。隔而不通，分而为万物，莫能及宗，故动而谓之生，死而谓之穷，皆为物矣，非不物而物物者也，物物者亡乎万物之中。"此处的"太一"，指的就是"道"。

　　道分而为万物，化为各种具体的"物物者"。因此，"道"虽不是具体的物象，但却是一种物质性的存在，世间万物皆为"道"之显现。"道"为无形，是构成万物的生命基础，在这种意义上，《淮南子》认为"道"乃万物运动变化的规律，这是《原道训》开篇阐明的另一个观点。万物依靠道的支配进行周而复始的有规律的运动与变化，这就使其所阐释的科学美学观念建立在了现实的基础之上。"大道坦坦，去身不远，求之近者，往而复返。""道"循环往复，不偏不倚："天地之道，极则反，盈则损。五色虽朗，有时而渝，茂木丰草，有时而落，物有隆杀，不得自若。"[①] 事物发展到极点就会走向反面，事物盈满了就会有亏损。这是事物兴衰运行的规律。这样的规律是客观存在的，因此，"故圣人事穷而更为，法弊而改制，非乐变古易常也，将以救败扶衰，黜淫济非，以调天地之气，顺万物之宜也"。圣人在事情行不通的时候就要进行改革，打破常规，纠正错误。这并不是说圣人喜欢改变古制，而是只有这样才能使万物在正确的环境下生存和发展。对于这样的客观规律，任何人都应像圣人一样，发挥主观能动性，去适应、接受，进而在认识规律的同时利用规律、效法天道。

　　《淮南子》对道生万物的过程做了详细的阐释，将对生命意识的探讨更深入到了道本体之下，道不仅仅是本体，也成为最终的根源。

---

　　① 《泰族训》，第 283 页。

第二节　形、气、神——《淮南子》审美意识之本

《淮南子》不是一部美学著作，但它在中国美学史上的地位却不容忽视。其在美学思想上的另一个重要贡献，是对"道"产生万物过程的解释，做了比老庄更为具体的说明。其从"道"出发，阐释了道从"无"到"气"的转化，认为"气"是"生之充也"，无气则形不能生，神无所动，提出了气、形、神的问题。用这三者的关系来诠释生命的本体结构，将其作为人生命的三大基本要素。

一、道、气的显现

在《淮南子》的宇宙论中，"气"是一个很重要的因素，文中用"气"论宇宙的演变与万物的属性。前文提到"道"的至大无形，万物之本。"道"作为万物本源，是如何产生万物的？最早将"道"作为宇宙创生之源的人是老子，"道"无色无味无象玄虚。"道生一"，从"一"出发，产生万物。《诠言训》说：

> 洞同天地，浑沌为朴，未造而成物，谓之太一。同出于一，所为各异，有鸟有鱼有兽，谓之分物。方以类别，物以群分，性命不同，皆形于有。隔而不通，分而为万物，莫能及宗，故动而谓之生，死而谓之穷，皆为物矣，非不物而物物者也，物物者亡

乎万物之中。①

这里的"一",即"道"。庄子《人间世》有云:"若一志,无听之以耳而听之以心,无听之以心而听之以气!听止于耳,心止于符。气也者,虚而待物者也。"② 这是庄子用来说明"心斋"的文字,即用虚的"气"去感受"道",因为"道"就集中于"虚"之中。此处的气不是来自生理呼吸,而是与道一样,有着"至大无外"的特点,它所承载的意思超过了表面物质承载的层面,弥漫于天地间。黄老思想从气的角度出发,说明了宇宙的演化过程。上博简中《恒先》对于宇宙生成论做了主要论述:"恒先无有,朴、清、虚。朴,大朴;清,太清;虚,太虚。自厌不自牣,'域'作。有'域'焉有'气',有'气'焉有'有',有'有'焉有'始',有'始'焉有'往者'。未有天地,未有作行、出生,虚清为一,若寂水,梦梦清同,而未或明、未或滋生。气是自生,恒莫生气。气是自生自作。恒气之生,不独有与也,'域'恒焉,生'域'者同焉。混混不宁,求其所生。异生异,归生归,违生非,非生违,依生依,求欲自复,复生之。'生'行,浊气生地,清气生天。气信神哉,云云相生,信盈天地。"气是神秘莫测的存在。气是自生,非道所生;气是自作,非道所为。元气产生实在,浊气生地,清气生天。阴阳二气氤氲相生,于是在气的往复运动中创造了一切,万物便充斥于天地。基于老庄、管子、黄老道家等的发展,最初虚无缥缈的"道"逐渐转化为"气"或"元气"。

---

① 《诠言训》,第 517 页。
② 郭庆藩:《庄子集释》第一册,中华书局 1985 年版,第 147 页。

在这些思想的基础上,《淮南子》逐渐将本原的"道"转化为物质状态的"气",《天文训》中便有"天地未形,冯冯翼翼,洞洞灟灟,故曰太昭。道始于虚霩,虚霩生宇宙,宇宙生气。气有涯垠,清阳者薄靡而为天,重浊者凝滞而为地。清妙之合专易,重浊之凝竭难,故天先成而地后定。天地之袭精为阴阳,阴阳之专精为四时,四时之散精为万物"① 的思想见解。这里描述的演变过程是:虚霩→宇宙→气→阴阳→天地→四时→万物。此过程中虚霩是道最原始的状态,虚霩生成了宇宙,宇宙产生了元气。于是由"气"生成了天地、阴阳、四季与万物。说明周而复始的运动规律隐藏在最初混沌无形的气当中。气从道而来,与道一样,至大无形,是万物产生的直接的物质基础。不同之处在于,气成为万物产生的物质载体,而道则始终作为规律存在于万物运动之中。老庄那里虚无的"道",在汉代《淮南子》中,具有了气的物质实体。在《淮南子》看来,无形无象的"道"是最高的审美境界。它不可具体感知,但对审美理想的追求可以通过"道"的领悟,达到对整体的直观的感知。以"道"为核心,追求整体性,是《淮南子》从儒道思想中提炼并建构审美思维的重要核心。

二、形、气、神的关系

气的转化体现了《淮南子》的宇宙进化论,《天文训》《精神训》《俶真训》中均有记载,同时这也是早期天文学思想的客观呈现。中国早期的天文思想包括了对宇宙本原的探讨、宇宙演化学说、天人感应、天象历法等,阐述了科学的天文学思想与哲学思想,其中天人合

---

① 《天文训》,第 73 页。

一、宇宙本原与演化等科学理论均能在《淮南子》一书中得到论证：

> 夫形者生之舍也，气者生之充也，神者生之制也。一失位则三者伤矣。是故圣人使人各处其位、守其职而不得相干也。故夫形者非其所安也而处之则废，气不当其所充而用之则泄，神非其所宜而行之则昧，此三者，不可不慎守也……今人之所以眭然能视，替然能听，形体能抗，而百节可屈伸，察能分白黑、视丑美，而知能别同异、明是非者，何也？气为之充而神为之使也……故以神为主者，形从而利；以形为制者，神从而害……故圣人将养其神，和弱其气，平夷其形，而与道沈浮俛仰，恬然而纵之，迫则用之。其纵之也若委衣，其用之也若发机。如是则万物之化无不遇，而百事之变无不应。①

《原道训》的这几句话，由气出发，探讨了神、形、气之间的关系。气是根本，乃充实于生命体内、使生命得以存在的物质条件；形是居舍，是一种有形的构造，是生命的基础；神是主宰，是生命的内在本质。三者相互联系，各司其职，三者的有机协调是生命得以存在的基础，使生命形成了一个和谐的整体。三者缺一不可，一方受到损害或者影响都不行。同时，"以神为主者，形从而利，以形为制者，神从而害。"以神为主则益，以形为主则损，这说明三者的关系不是并列的：气作为根本，无气则形不能生，神无所动；神为主，形为从。可见作为生命力充盈并完整存在的个体，其结构必然是形、气、神三者

---

① 《原道训》，第34—37页。

保持稳定和谐的关系。

　　《淮南子》在后来的篇章中进一步谈到了形神的关系，其中一些言论似乎也启示了后来在中国古典绘画美学中占据重要地位的形神之论。如《说林训》中提到的"佳人不同体，美人不同面，而皆说于目""画者谨毛而失貌，射者仪小而遗大"以及《说山训》中的"画西施之面，美而不可说；规孟贲之目，大而不可畏；君形者亡焉"。画者不能只注意细节描绘。画西施的面容，虽美丽但不动人，画孟贲的眼睛，虽大却无神，都是仅有形似而无神韵的缘故。这些言论表明画作不能徒有其形而无其神，皆言神之重要。其中"君形者亡"中的"君形"，不仅包括人的气质、精神，同时还包括与之相根源的气。这与魏晋时期曹丕的"体气高妙"，《乐记》中的"合生气之和"以及谢赫、顾恺之画论中的"气韵生动""以形传神"有着源流关系。自然界的一切事物，都"根天地之气"，在文学艺术精神中，形、神、气是赋予作品鲜活生命的主体：形为皮肉，神为筋骨，气为生命。

　　更重要的是，《淮南子》将这三者与"道"相沟通，将人、事、物融入宇宙的玄境中，于袅袅余韵中追求道的境界，为我们展示了个体生命本体结构中各要素的复杂关系，使人们清楚地认识到生命是由精神本质与物化形体融合形成的和谐整体。形、气、神三要素的论述正是对先秦老庄原始道家生命结构观念的延续与继承，有着重要的理论价值，并投射出《淮南子》中蕴含的生命美学观。

三、气论与宇宙演化观念

　　古代天文学在原始社会萌芽，古代也留下了许多与天地结构形成有关的神话故事，比如盘古开天辟地、女娲补天、夸父追日等。在早期氏族首领尧的时代，就已经有了专职的天文官员，可见我国在天文学上起步较早。天象的观察、天文仪器的创制都发展较快。汉朝是我国天文科学体系发展形成的一个时期，《淮南子》对天文思想的记载，从一个侧面反映了当时的天文学发展水平以及人们所认识到的自然世界的面貌。睁眼认识这个世界是人类把握世界的第一步，也是人们在这个世界赖以生存和发展的唯一途径。古代中国科学思想与哲学思想都以认识论为基础，《要略》记载："《天文》者，所以和阴阳之气，理日月之光，节开塞之时，列星辰之行，知逆顺之变，避忌讳之殃，顺时运之应，法五神之常，使人有以仰天承顺，而不乱其常者也。"①卷三《天文训》的内容包括自然界的变化规律，也包括辨别万物变化的规律，顺应天时变化与日月运行的规律。其中，对宇宙自然的认识，对哲学美学思想的探讨以及《淮南子》中古代科学技术的发展有着重要的价值。

《淮南子》中的宇宙演化观念与认识论思想，在继承先秦诸子百家气论思想的基础上，脱离了"道"的玄虚、有无、抽象的色彩，具有气化的特征。因此《天文训》所阐释的宇宙结构理论，是建立在气论的基础之上的。如前文所说，宇宙被气所包裹，气的不断运行使得宇宙的边界不断往外扩展延伸，以至于无限。宇宙的无限与气的无限密切相关。《淮南子》中的天文学思想在汉朝时形成，并不是偶然、简单的结果，也并不是统治阶级对天文学的单纯的科学追求的结果，而是有着政治色彩与美学缘由的。作为封建时代的统治者，关注的首要问题是如何维持社会秩序，调和阶级矛盾，推行政治思想，强化统治基础：

---

① 《要略》，第 825 页。

条风至，则出轻系，去稽留；明庶风至，则正封疆，修田畴；清明风至，则出币帛，使诸侯；景风至，则爵有位，赏有功；凉风至，则报地德，祀四郊；阊阖风至，则收县垂，琴瑟不张；不周风至，则修宫室，缮边城；广莫风至，则闭关梁，决刑罚。①

赦免犯人、整理田地、封爵嘉奖、祭祀神灵等活动都被纳入了这个宇宙观的框架内：

甲子受制则行柔惠，挺群禁，开阖扇，通障塞，毋伐木。丙子受制，则举贤良，赏有功，立封侯，出货财。戊子受制，则养老鳏寡，行稃鬻，施恩泽。庚子受制，则缮墙垣，修城郭，审群禁，饰兵甲，儆百官，诛不法。壬子受制，则闭门闾，大搜客，断刑罚，杀当罪，息关梁，禁外徙。②

可见，自然是社会活动的基础。而天人感应也就成为人们管理国家、社会、生活的依据。《要略》已经阐明了天文学的目的：用寻找到的天体运行、阴阳更替、四时变化等方面的科学规律为统治阶级服务。政治内涵与天人感应思想在某种程度上促使统治者加强对天文学的研究，客观上推动了天文学的发展。

四、宇宙观念的实用化

"天道曰圆，地道曰方；方者主幽，圆者主明。明者吐气者也，是

---

① 《天文训》，第81页。
② 《天文训》，第92页。

故火曰外景；幽者含气者也，是故水曰内景。吐气者施，含气者化，是故阳施阴化。天之偏气，怒者为风；地之含气，和者为雨。阴阳相薄，感而为雷，激而为霆，乱而为雾。阳气胜则散而为雨露，阴气胜则凝而为霜雪。"[1] 这段记载表明，当时思想界继承了传统的"天圆地方"观念，并对之做出了进一步阐释。天主宰光明，释放出阳气，因而太阳的光芒就照射在外。地主宰幽暗，包含着阴气，因而大地将光泽隐藏于内。阴阳二气交汇形成风、雨、雷、霆、雾、露、霜、雪。"天运地滞，轮转而无废。"[2] 天动地静，天圆以动，地平而静。

中国自古就是一个农业大国，刀耕火种的自然生产方式由来已久。由于对农业的重视，中国古代的天文历法也就发展到了较高的水平。《天文训》中就保留了干支纪年与太阴纪年法：

> 太阴元始，建于甲寅，一终而建甲戌，二终而建甲午，三终而复得甲寅之元。岁徙一辰，立春之后，得其辰而迁其所顺。前三后五，百事可举。太阴所建，蛰虫首定而处，鹊巢乡而为户。太阴在寅，朱鸟在卯，句陈在子，玄武在戌，白虎在酉，苍龙在辰。寅为建，卯为除，辰为满，巳为平，主生；午为定，未为执，主陷；申为破，主衡；酉为危，主杓；戌为成，主少德；亥为收，主大德；子为开，主太岁；丑为闭，主太阴。

太阴是四季四时的主宰，它的变化与太阳的周期运动有联系，直

---

[1] 《天文训》，第 74 页。
[2] 《原道训》，第 2 页。

接影响农作物的盛衰。

《天文训》建立了以日月星辰等天体运转为规律的天文历法，人们可以据之安排自己的生产生活，避开忌讳与祸殃。以科学指导生活、推动自然认识的篇章，在《淮南子》中还有《地形训》《时则训》。人类在天地之间的活动帮助人们认识自然，又因着人特有的主观能动性，逐步形成了系统的宇宙演化论，相继出现了天文学、地理学、数学等学科。汉朝时科学技术的不断发展也推动了哲学、美学思想的实用化与政治化，奠定了中国古代科学美学思想体系的基础。

第三节　天人关系——从"道"走向"物"

《淮南子》的宇宙演化论思想将"虚霩"道作为根本，认为气的运动产生宇宙并贯穿宇宙的演化过程：气产生阴阳，阴阳产生天地，天地产生万物，万物又复归于气。这样，以气为质料，以道为规律，构建出早期中国的宇宙演化论。天地之间，人是最独特的存在，也正是有了人的精神活动与物质生产，才产生了灿烂的文明。人与自然、天道的关系一直是中国古代哲人们广泛关注的问题。在我国古代，人与宇宙自然的关系，主要是以天人关系的形式体现，这样的关系，渗透进了古代政治生活、社会生活的方方面面。作为西汉初期的一本集大成的著作，《淮南子》中的各种记载也直观地体现了天人关系。应该说，天人关系在认识论、方法论、科学思想上的影响贯穿了《淮南子》科学美学思想的各个方面。因此，研究天人关系也就成了研究

《淮南子》科学美学思想的核心内容。

自然的生成过程关系着人在自然之中的定位,《精神训》对自然产生的动态演化过程有着详细的描述:"古未有天地之时,惟像无形,窈窈冥冥,芒芠漠闵,澒蒙鸿洞,莫知其门。有二神混生,经天营地;孔乎莫知其所终极,滔乎莫知其所止息;于是乃别为阴阳,离为八极;刚柔相成,万物乃形;烦气为虫,精气为人。"① 第一阶段是"惟像无形",只有模糊不清的状态而没有具体的形貌,这时还处于幽暗的状态;第二阶段是"二神混生",阴阳二神产生了,二者一起创造天地;第三阶段是"离为八极",这时分割出了天地阴阳,散离为四方八极;第四阶段是"刚柔相成,万物乃形",万物在阴阳二气的作用中产生;第五阶段是"烦气为虫,精气为人",杂乱的气产生了禽兽昆虫,纯精的气则产生了人类。"夫精神者,所受于天也,而形体者,所禀于地也。"人的精神从上天获得,形体则由大地赠予。在这整个过程中,"道"的存在使得万物虽在形态上千差万别,道生万物的过程也是道与气不断分化的过程:"道者,一立而万物生矣。"② 人与万物在阴阳二气的激荡之下达到了平衡,遵循了共同的规律和原则,有着共同的本质,天地万物也统一在一个有机的整体中。人是万物之中不可或缺的一员,源于天地的化育。因而,人自从产生就与自然有着紧密联系,无法超脱于自然之外。

一、天人同构

人与万物都是宇宙演化过程中的产物,动物袭阴阳烦气,人袭阴

---

① 《精神训》,第211页。
② 《原道训》,第22页。

阳精气。"是故精神，天之有也，而骨骸者，地之有也，精神入其门而骨骸反其根，我尚何存？是故圣人法天顺情，不拘于俗，不诱于人；以天为父，以地为母；阴阳为纲，四时为纪；天静以清，地定以宁；万物失之者死，法之者生。"① 人精神归属上天，形骸归属大地。这与前文所说的《淮南子》认为天地是由阴阳清浊之气形成契合。人由阴阳之气形成，因此人的精神与形骸也由清浊组成。人死后，精神回归上天，形骸重返土地，这是圣人遵循的天地的运行规则与人的行为准则。天洁净而清澈，地安宁而平定，万物的生死都依附于此。万物由生到死的过程也就是气聚合、分化、合和、再分化的过程。人禀受了天地之精气，是否就意味着可以任情恣性了呢？《淮南子》对此也做出了解答：

　　夫萍树根于水，木树根于土，鸟排虚而飞，兽蹠实而走，蛟龙水居，虎豹山处，天地之性也。两木相摩而然，金火相守而流，员者常转，窾者主浮，自然之势也。是故春风至则甘雨降，生育万物，羽者妪伏，毛者孕育，草木荣华，鸟兽卵胎，莫见其为者，而功既成矣。秋风下霜，倒生挫伤，鹰雕搏鸷，昆虫蛰藏，草木注根，鱼鳖凑渊，莫见其为者，灭而无形。木处榛巢，水居窟穴，禽兽有芃，人民有室，陆处宜牛马，身行宜多水，匈奴出秽裘，于越生葛绤，各生所急，以备燥湿，各因所处，以御寒暑，并得其宜，物便其所。由此观之，万物固以自然，圣人又何事焉！②

---

① 《精神训》，第211页。
② 《原道训》，第10页。

似乎人并没有从万物之中得到超脱，人与万物一样产生于自然，有着同样的本原与归属，自然万物都有其遵循的本性与自然之势，各得其所，各适其宜。万物都按照本性在生存发展，保持着一种平衡，人何必去干预呢？人与自然的关系是自然观的首要问题，那么人应该怎样面对这个自然？

《原道训》说："是故圣人内修其本，而不外饰其末；保其精神，偃其智故；漠然无为而无不为也，澹然无治也而无不治也。所谓无为者，不先物为也；所谓无不为者，因物之所为。所谓无治者，不易自然也；所谓无不治者，因物之相然也。"[①]《淮南子》此处所谓的自然无为，指的是不超越事物的本性。没有什么事是办不成的——"无不为者"，但必须顺应事物的本性。圣人正是因为能尊重和掌握这些根本，静默无为地依照事物的自然本性办事，才能做到自然无为。这一观点与老子思想的"道法自然"是一致的。从这点来看，《淮南子》还是沿袭了老子哲学中的自然观，从本体论的角度，论述了人与自然的同根同源与密不可分。不同的是，《淮南子》将虚无缥缈的道拉回了人生层面与政治层面，更加脚踏实地地用科学美学思想解决天人关系。

二、天人感应

《淮南子》中的天人关系还包含一个重要的议题："天人感应"。天人感应产生于中国古代哲学思想中天与人关系的理论，在西周时就有相关记载，当时的人认为人是天生的，人的一切祸福都受到上天的

---

① 《原道训》，第15页。

主宰。因此，天人关系最初表现的是天神对人的影响与控制。到了春秋战国时期，随着人意识的发展，神人感应逐渐向着自然化的天人感应过渡。思想家与哲人们已经能够将当时的自然现象——天气、时令、气候、星辰的变化与百姓的生产生活、劳动作息联系在一起，形成了天人相互交感的科学美学思想。天人的关系主要包括两方面的互动：一方面，人可以通过某些特殊的手段与上天沟通，比如祭祀、乐舞等，通过虔诚的祈祷感动上天，祈天赐福，酬神娱神；另一方面，上天主宰着人的一切活动，如果人不顺应天意，违背时令，上天就会呈现异象或直接降灾祸于人间。《淮南子》一书中的"天"，包括一切为人们所见的天体现象，是除开人之外的宇宙自然万物的统称。此处的天人关系，即是指人与自然存在之间发生的精神与物质领域的交流活动。此两方面的交流活动，《淮南子》中均有记载与描述。

（一）精神领域的天人感应

一个人只要用心至极，就可以酝酿出一种神秘的力量上通九天。《览冥训》开篇就提到这样一件事："昔者师旷奏白雪之音，而神物为之下降，风雨暴至，平公癃病，晋国赤地。庶女叫天，雷电下击，景公台陨，支体伤折，海水大出。夫瞽师、庶女，位贱尚萲，权轻飞羽，然而专精厉意，委务积神，上通九天，激励至精。由此观之，上天之诛也，虽在旷虚幽闲，辽远隐匿，重袭石室，界障险阴，其无所逃之亦明矣。"师旷被迫演奏《白雪》，晋平公一病不起，晋国赤地三年。寡妇含冤，电闪雷鸣，雷电击中高阁，齐景公因此被砸伤。这两件事情说明什么呢？只要人意志坚定，全神贯注，精力集中，精神合一，那么不管身份贵贱，都能与天相通，以赤诚感动上天神灵，以此惩罚违逆天意之人。"人袭阴阳精气"，这是人能够与天地万物相通的自然基础，人的精神来自于天，死后又复归于天，逐神于外，固精于内，因而能够天人感通。"精神形于内而外谕哀于人心，此不传之道。使俗人不得其君形者而效其容，必为人笑。故蒲且子之连鸟于百仞之上，而詹何之鹜鱼于大渊之中，此皆得清净之道、太浩之和也。"① "天之与人有以相通也。故国危亡而天文变，世惑乱而虹蜺见，万物有以相连，精祲有以相荡也。"② 人能与天相通，依靠的是"精气"的作用，人体内的精气与自然的精气相荡，使得自己的精神进入到纯净虚无的境界，由此产生令人感化的至精力量。这种质朴虔心的真意是感动上天的前提。

（二）生产领域的天人感应

《淮南子》根据四季的变化逐月记录农事、天气、天象等及相应的政令，并记载了违逆时序所引发的一些天灾人祸与天气异象。这些科学美学思想，大多体现在《时则训》当中。"孟春行夏令，则风雨不时，草木旱落，国乃有恐；行秋令，则其民大疫，飘风暴雨总至，黎莠蓬蒿并兴；行冬令，则水潦为败，雨霜大雹，首稼不入。"③ 孟春时节不能实行夏季的政令，否则草木干枯，风雨不调；也不能实施秋季的政令，否则百姓会遭受瘟疫；如果实行冬季的政令，也许会有洪水冰雹。"春行夏令，泄；行秋令，水；行冬令，肃。夏行春令，风；行秋令，芜；行冬令，格。秋行夏令，华；行春令，荣；行冬令，耗。冬行春令，泄；行夏令，旱；行秋令，雾。"④ 春夏秋冬四季都要按照

① 《览冥训》，第 191 页。
② 《泰族训》，第 771 页。
③ 《时则训》，第 151 页。
④ 《时则训》，第 184 页。

顺序与时则。遵循四季运行的规律，是国家风调雨顺、人民安居乐业、经济发展、政治稳定的前提。与此同时，《时则训》还记载了"六合"："六合：孟春与孟秋为合，仲春与仲秋为合，季春与季秋为合，孟夏与孟冬为合，仲夏与仲冬为合，季夏与季冬为合。孟春始嬴，孟秋始缩。仲春始出，仲秋始内。季春大出，季秋大内。孟夏始缓，孟冬始急。仲夏至修，仲冬至短。季夏德毕，季冬刑毕。"① 一年十二个月，月份之间两两对应，互相制约互相影响。孟春与孟秋合，仲春与仲秋合，季春与季秋合，孟夏与孟冬合。如果其中一个月政令不当，那与之相合的另外一个月就会出现异常的天气。任何违背天道规律的行为都会受到上天的惩罚："由此观之，上天之诛也，虽在圹虚幽闲，辽远隐匿，重袭石室，界障险阴，其无所逃之亦明矣。"由此可见，《淮南子》的天人感应思想，也是基于对阴阳五行等的运行规律遵循基础之上的自然观念，这与长久以来的儒道思想融合。天人感应的内涵的获得能够帮助统治者更好地施政，人民更好地生产生活，同时也是早期协调人与自然、社会关系的美学思想的组成部分。

三、天人合一

"天人合一"是中国古代哲人对天人关系这种精神境界的至高追求。儒家与道家都追求"天人合一"，但是途径不同。道家的庄子最早阐述了"天人合一"的观念，与"天人之分"相对立。《齐物论》"天地与我并生，万物与我为一"的境界需要齐万物、同变化，通过心斋、坐忘达到超越的自然境界。而儒家孟子提出尽心、知性、知天

---

① 《时则训》，第 183 页。

的命题，认为人要与天合一，就要对自我道德修养精心提升，进而达到这一境界。《淮南子》中的天人合一思想，则继承了先秦儒道思想，并做了进一步的阐发。人要达到对天的超越，就要先突破万物形骸的约束与限制：

> 是故大丈夫恬然无思，澹然无虑；以天为盖，以地为舆，四时为马，阴阳为御；乘云陵霄，与造化者俱。纵志舒节，以驰大区。可以步而步，可以骤而骤；令雨师洒道，使风伯扫尘，电以为鞭策，雷以为车轮；上游于霄雿之野，下出于无垠之门。刘览偏照，复守以全。经营四隅，还反于枢。故以天为盖则无不覆也，以地为舆则无不载也，四时为马则无不使也，阴阳为御则无不备也。是故疾而不摇，远而不劳，四支不动，聪明不损，而知八纮九野之形埒者，何也？执道要之柄，而游于无穷之地。①

无思无虑，恬静坦然，保持纯真，观览高渺，以此达到无为而为的目的，使得人与天彼此相通。

庄子《齐物论》中以"奚旁日月，挟宇宙，为其吻合，置其滑涽，以隶相尊？众人役役，圣人愚钝，参万岁而一成纯。万物尽然，而以是相蕴"来倡导无为。《淮南子》秉承了这一余韵，对返归人的自然之性进行了一番思考：

> 夫鱼相忘于江湖，人相忘于道术。古之真人，立于天地之本，

---

① 《原道训》，第5页。

中至优游，抱德炀和，而万物杂累焉，孰肯解构人间之事，以物烦其性命乎？

若夫神无所掩，心无所载，通洞条达，恬漠无事，无所凝滞，虚寂以待，势利不能诱也，辩者不能说也，声色不能淫也，美者不能滥也，智者不能动也，勇者不能恐也，此真人之道也。若然者，陶冶万物，与造化者为人，天地之间，宇宙之内，莫能夭遏。①

《淮南子》将生死看作自然循环的过程与个体生存的自然现象。对于宇宙而言，并没有生死的区别，只有生死的合一。从以上对《淮南子》的分析可以看出，"人性安静而嗜欲乱之"：人生在世，会被功名、物欲、生死等世俗之物所拖累，渐渐远离人"清净恬愉"的本性，精神处于不自由的状态。清静是天道对人性的规定，人只有离形去知，无事无为，回归万物，舍弃名利等身外之事物，以自然之道明人道，才能从尘世的束缚中解脱出来，才能有最终实现天人合一的可能。

第四节　无为而治——人类主体性的凸显

《淮南子》一书共二十一篇，每一篇都有一个相对独立的主题，但从全书的中心思想来看，"道"贯穿全篇，是全书的核心范畴，也

---

① 《俶真训》，第45、65页。

是最高的哲学范畴。道不仅仅是宇宙变化的源头，也是人性之根本，是社会行为的准则。道关涉社会、人生、自然、宇宙等各个方面，是关于世界的统一性的概念。

一、"道理通而人伪灭"

《淮南子》从人性、自然、历史三个方面展现"道"的合理性与必然性。万物禀道而生，道体现在万物上为"德"，观照在人类中则为"性"。"率性而行谓之道，得其天性谓之德。""人生而静，天之性也。"治人的根本就在于顺应自然，与清净恬愉相修养。同时，《淮南子》中列举了清净的本性丧失后亡国灭身的史实，并对其原因进行了深入分析，以此呼吁人们从欲望的困扰中超脱而出："原天命，治心术，理好憎，适情性，则治道通矣。原天命则不惑祸福，治心术，则不妄喜怒；理好憎则不贪无用，适情性则欲不过节。不惑祸福则动静循理，不妄喜怒则赏罚不阿，不贪无用则不似欲用害性，欲不过节则养性知足。凡此四者，弗求于外，弗假于人，反己而得矣。"能原心反性，修身养性，达到对自我的清醒认识，把握入道的根本，通过治身进而治国。从自然的角度论证"天"是仅次于"道"的另一个重要的哲学范畴，是"道"在自然界中最直观的体现。道作为万物的根本，在自然中则是"天致其高，地致其厚，月照其夜，日照其昼，阴阳化，列星朗，非其道而物自然。故阴阳四时，非生万物也；雨露时降，非养草木也。神明接，阴阳和，而万物生矣"①。万物的产生具有客观必然性，这种必然性决定了人们应该尊重自然的法度，法天行事，去顺

---

① 《泰族训》，第773页。

应它而不是去改变它。因此《览冥训》中说道："天道者，无私就也，无私去也；能者有余，拙者不足；顺之者利，逆之者凶。"[①] 天道无私，顺应它就会顺利，违逆它就凶险。于是将天道之理引申为人道之理。也论证了其思想中的天人感应的关系。最后，《淮南子》还从历史的角度对"道"做了经验的总结。书中提到了众多的历史史实与经验教训，通过对这些事件的总结，揭示了全书的核心：大"道"才是趋利避祸的根本。

二、"体道而无为"的社会观

《原道训》作为《淮南子》的第一篇，是整本书的纲领。这一篇章中提出了全书的最高的哲学范畴的概念——"道"，并仔细地对道的属性及特征进行了描述，也对道及得道之人进行了描述，进而引出得道之人以"无为"为要的结论，并从形、神、气与生命结构的联系入手，对无为的内涵做了根本的界定，也说明了无为的必然性。

《俶真训》追溯了不同时代地域的人对"道"的态度，从人类发生大战的历史线索入手，将真人与其他几种人相对比，简述了仁义崩塌、道德沦丧的全过程："是故至道无为，一龙一蛇；盈缩卷舒，与时变化。外从其风，内守其性；耳目不耀，思虑不营；其所居神者，台简以游太清，引楯万物，群美萌生。是故事其神者神去之，休其神者神居之。道出一原，通九门散六衢；设于无垓坫之宇，寂漠以虚无。非有为于物也，物以有为于己也。是故举事而顺于道者，非道之所为

也，道之所施也。"① 进而得出治理的根本在于"至道无为"，顺应自然、自然无为乃最高之道。而无为的实际做法就是"外从其风，内守其性；耳目不耀，思虑不营"②。"故古之治天下也，必达乎性命之情。"在主观上让"性命之情"有所安，客观上通畅恬静、淡漠无事，虚静地对待外物，则能达到无为而无所不为的"至德之世"。

《天文训》《地形训》《时则训》三篇章围绕四时、天地、阴阳四象展开论述，从当时社会历史大背景下的科学美学角度对古代地理、天文、物理等学科进行总结，体现出师法自然的精神。

《览冥训》通过对自然界与人类社会的关系，并联系固有的运动变化规律，论证了治国安邦的最佳途径就是像天一样无事、无为——用"至精"之气与天沟通，使个人的精神返回"天道"。

《精神训》开篇即提出"法天顺情"，并将之作为人必须要恪守的原则。"宁""静"作为生命本质的特征提出，从自然发生论的角度阐释了生命的构成要素与来源。人的生命本质的精神来自于天，不与物散，怎样才能使得精神保持清净安宁呢？"圣人因时以安其位，当世而乐其业。"这就要求人要通过养形来达到养神，克服自身的欲望与不好的情感，自觉地实践仁义的原则，不自我勉强，不把己之所欲施加于人，通过"原心返本"达到对大道的体悟。

《本经训》通过亡国君主的暴政与五帝三王的仁义之治之间的鲜明对比，提出"道治"是维持天下长治久安的根本法宝，而仁义礼乐只能治标。只有君主像太古圣人一样修心正身，才能实现无为而治，

---

① 《俶真训》，第 49 页。
② 《俶真训》，第 64 页。

此乃治本之法。"道"是上策，其次是礼乐仁义。由此看来，"道"与仁义作为社会治理方式，存在层次高低之分。

《主术训》全篇围绕"帝王之道"的王事详细论述了无为而治的实际内容。在《淮南子》看来，符合"道"的社会应当是原始而淳朴的，人与人之间无高低贵贱之分。但是作者看到了这样的时代已经一去不复返了，于是只能立足于当下的社会现实讨论国家治理的问题。"人莫得自恣则道胜，道胜而理达矣，故反于无为。无为者，非谓其凝滞而不动也，以其言莫从己出也。夫寸生于秒，秒生于日，日生于形，形生于景，此度之本也，乐生于音，音生于律，律生于风，此声之宗也。法生于义，义生于众适，众适合于人心，此治之要也。"① "是故君人者，无为而有守也，有力而无好也。"② 所以，统御人民的君王应该恪守清静无为之道，守着根本，施行德政，清心寡欲，公正仁德，成为万民的表率。在政事上要善用人才，以礼乐之制辅佐无为之术，借法之公制约百官，让其各司其职、尽心尽力，达到君无为而臣有为的目的。

《缪称训》探讨的是"精诚"在君子的自我修养中的重要作用：真情诚心便能达到"不降席而天下治"的效果。

《齐俗训》谈到了不同的礼俗。作者认为礼俗要循例制礼，要因地因时制定礼法，不以特定的礼俗标准去判断其他礼俗的贵贱是非，也不去主动制造与现实需求相违背的礼俗形式而压抑人的本性。任何礼俗的产生，都是具有社会价值的，也为一定的内容服务。对各种礼

---

① 《主术训》，第 301 页。
② 《主术训》，第 307 页。

俗要秉持尊重的态度，以"道"为标准，倡导质朴淳厚的礼俗的自然形成。

《道应训》中讲述了五十多则小故事，作者通过这些历史事实，对"道治"的重要进行了验证。

《氾论训》说："今世之为武者则非文也，为文者则非武也。文武更相非，而不知时世之用也。此见隅曲之一指，而不知八极之广大也。故东面而望，不见西墙；南面而视，不睹北方。唯无所向者，则无所不通。国之所以存者，道德也；家之所以亡者，理塞也。"圣人之所以可以"号令行于天下而莫之能非矣"，"能阴能阳，能弱能强，随时而动静，因资而立功，物动而知其反，事萌而察其变，化则为之象，运则为之应"，就是因为"唯无所向者，则无所不通"①，遇事时可以乘势应变，不拘泥于一偏，因时因情注重法度的移易。

《诠言训》从道出发，引出圣人治国同于治身，根本在于无为而治，是一篇关于无为思想的诠言。文中提到"一"与"道"的辩证关系："一"就是"道"。君王想要治国，首先要修身，要身无累物，无欲无常，这是成就"外王"功绩的先决条件。"无为者，道之体也；执后者，道之容也。无为制有为，术也；执后之制先，数也。放于术则强，审于数则宁。"② 无为是道的本体，对于君主而言，要执无为治有为之术，行易简之政。从第八章《本经训》到这一章，都紧紧地围绕着"无为"来讨论伦理与政治。

《兵略训》是之前篇章中提到的"道"这一治政要领在军事用兵

---

① 《氾论训》，第 301、482、489、492 页。
② 《诠言训》，第 543 页。

上的具体运用。"兵之胜败，本在于政。政胜其民，下附其上，则兵强矣；民胜其政，下畔其上，则兵弱矣。故德义足以怀天下之民，事业足以当天下之急，选举足以得贤士之心，谋虑足以知强弱之势，此必胜之本也。"战争胜负的根本在于政治，德政道义、选贤举能才是取得胜利的根本。"神莫贵于天，势莫便于地，动莫急于时，用莫利于人。凡此四者，兵之干植也，然必待道而后行，可一用也。"最可贵的精神还是"合乎天道"，依赖"道"才能使地、时、人这些因素得以发挥作用。"兵之所隐议者天道也，所图画者地形也，所明言者人事也，所以决胜者钤势也。故上将之用兵也，上得天道，下得地利，中得人心，乃行之以机，发之以势，是以无破军败兵。"从用兵的境界来看，审度谋略的天道乃是最高。从用兵的策略来看，要以道为法，随机应变，以有形制无形。

《说山训》《说林训》以山、林为喻，以小见大，以近喻远。《说山训》有云："仁义之不能大于道德也，仁义在道德之包。"① "道"包容了仁义的内容，因此在以仁义礼教教化与治理的环境中，从下到上都应当遵守伦理秩序，而不能放任自己。

《人间训》讲述了四十多则关于祸福、得失、利害相辅相成的故事。"凡有道者，应卒而不乏，遭难而能免，故天下贵之。"趋利避害的根本在于"得道"。"智者离路而得道，愚者守道而失路。"② 作者从大量历史事实得出，对待福祸存亡的根本态度就是秉持"道"的道路。

《修务训》有云："听其自流，待其自生，则鲧、禹之功不立，而

---

① 《说山训》，第 613 页。
② 《人间训》，第 713 页。

后稷之智不用。若吾所谓'无为'者。私志不得入公道，嗜欲不得枉正术，循理而举事，因资而立，权自然之势，百曲故不得容者，事成而身弗伐，功立而名弗有，非谓其感而不应，攻而不动者。"① 从这段话可以得知，作者在《淮南子》中赞同的"无为"思想，是指个人意志不能破坏普遍真理，个人欲望不能干扰正确的规律。正面肯定了"无为"的积极内涵。所以，既要顺应自然，尊重大道，又要肯定人的主观能动性。"无为"，不是要对世事无动于衷、毫无反应，而是要通过学习与修养作用于现实。

《泰族训》是对全书的总结，其中提到"参五"的治国方略。"何谓参五？仰取象于天，俯取度于地，中取法于人，乃立明堂之朝，行明堂之令，以调阴阳之气，以和四时之节，以辟疾病之灾。俯视地理，以制度量，察陵陆水泽肥墩高下之宜，立事生财，以除饥寒之患。中考乎人德，以制礼乐，行仁义之道，以治人伦而除暴乱之祸。乃澄列金木水火土之性，故立父子之亲而成家；别清浊五音六律相生之数，以立君臣之义而成国；察四时季孟之序，以立长幼之礼而成官；此之谓参。制君臣之义，父子之亲，夫妇之辨，长幼之序，朋友之际，此之谓五。"② 指出了既要从实际出发实现治道这件大事，又要因势利导，顺应万物的变化，以精诚德治达到自然无为之道。作者以阴阳五行的变化规律为原则，推衍出人伦次第与贵贱等级，从而建构出一个儒道两家共同理想中的和谐安宁的社会环境。

《淮南子》一书最后一篇是《要略》，这一篇章是我们在整体上把

---

① 《修务训》，第740页。
② 《泰族训》，第780页。

握与了解《淮南子》的关键。《要略》开篇写道："夫作为书论者，所以纪纲道德，经纬人事，上考之天，下揆之地，中通诸理。"从这句话可以看出，著《淮南子》的目的是研究万事万物，考察天道的变化，进而规划人事，整治道德。不论是弘扬道德还是通晓诸理，最终的落脚点都在人事上。同时，《淮南子》谈人事并不是从微观上就事论事，而是由微观的人事扩展到宏观的自然，从"道"的角度审视人事。于是紧接着说道："故言道而不言事，则无以与世浮沉，言事而不言道，则无以与化游息。"① 只谈论道不谈论人事，就没有办法与社会共处；只谈论事而不谈论道，则无法与自然行止。总而言之，《淮南子》的无为观不像老庄那样需要完全抽离社会，靠内在修养达成，也不同于儒家的积极入世，而是用自己的生存方式去"合于道"，进而"趋利避害"。这样的"无为而治"认识，对天地规律以及改造自然和社会都十分有利。

第五节　审美价值的彰显与建构

一、审美人生的建构

由自然界的具体事物出发，《淮南子》又进一步将道扩展到了人生领域。在儒道思想与天人合一的审美思想的影响下，《淮南子》提出了一种完善人格理想追求，以适应中国传统知识分子的审美人生观。

---

① 《要略》，第 823 页。

这种人生理想继承了道家圣人观，认为人的本质与道相统一，以自然作为人格理想的审美特征，以仁的全面发展与自由为核心。这里的"道"不再是形而上的理念，而成为社会人情色彩的一部分，成为人们安身立命、关注自由与生命的原则。

《淮南子》中将人的精神活动从日常社会活动中抽象出来，并加以美学思考与哲学沉思，用诗意的方式来"道"说感性的人生观，这种富有深意的挖掘与探索，蕴含了丰富的科学美学思想。"圣人不为可非之行，不憎人之非己也；修足誉之德，不求人之誉己也。不能使祸不至，信己之不迎也；不能使福必来，信己之不攘也。祸之至也，非其求所生，故穷而不忧；福之至也，非其求所成，故通而弗矜。知祸福之制不在于己也，故闲居而乐，无为而治。圣人守其所以有，不求其所未得。""圣人无思虑，无设储，来者弗迎，去者弗将，人虽东西南北，独立中央。故处众枉之中不失其直，天下皆流，独不离其坛域。故不为善，不避丑，遵天之道；不为始，不专己，循天之理。不豫谋，不弃时。与天为期；不求得，不辞福，从天之则。"① 圣人一切顺其自然，不做让人非议的事，修养值得赞誉的品德，陷入困境也不忧虑，即使顺利也不自傲，遵循着天道与自然之理，自然合和，顺从自然的法则，以"道"作为最高的精神追求，以旷达之心面对生死灾祸。《淮南子》这里的描述，顺乎天性，自然而为，保持着对于生命的最本真的追求。这种达观精神与道家思想相比，有相通之处，而没有其厌世与避世的色彩。

除此之外，《淮南子》的审美人生观在保持个体独立生命自由的同

———————
① 《诠言训》，第525页。

时，又有一种向上苛求建功立业，发挥个体主观创造性，积极进取的儒家内容。《修务训》中说道"或曰：'无为者，寂然无声，漠然不动，引之不来，推之不往；如此者，乃得道之像。'吾以为不然。尝试问之矣：若夫神农、尧、舜、禹、汤，可谓圣人乎？有论者必不能废。以五圣观之，则莫得无为，明矣。"从段论述可以看出，《淮南子》认为：像五圣那样的圣人，自然无为，但也并不是"漠然不动"；圣人之所以能够建功立业，成就颇高，原因在于他们都有一种特别的精神追求：

> 神农乃始教民播种五谷，相土地宜，燥湿肥垲高下，尝百草之滋味，水泉之甘苦，令民知所辟就。当此之时，一日而遇七十毒。尧立孝慈仁爱，使民如子弟。西教沃民，东至黑齿。北抚幽都，南道交趾。放谨兜于崇山，窜三苗于三危，流共工于幽州，殛鲧于羽山。舜作室，筑墙茨屋，辟地树谷，令民皆知去岩穴，各有家室。南征三苗，道死苍梧。禹沐浴淫雨，栉扶风，决江疏河，凿龙门，辟伊阙，修彭蠡之防，乘四载，随山刊木，平治水土，定千八百国。汤夙兴夜寐以致聪明，轻赋薄敛以宽民氓，布德施惠以振困穷，吊死问疾以养孤孀，百姓亲附，政令流行，乃整兵鸣条，困夏南巢，谯以其过，放之历山。……不耻身之贱，而愧道之不行；不忧命之短，而忧百姓之穷。是故禹之为水，以身解于阳盱之河。汤旱，以身祷于桑山之林。①

《淮南子》笔下的圣人为人民的忧虑疾苦劳心劳力，显示出了一

---

① 《修务训》，第 735 页。

种决然不息的进取精神。如果这样还要说他们无为，岂不是很荒谬吗？这种理想的审美人生观，体现了特定历史阶段对完美人生境界的一种企盼。东汉扬雄曾拿司马迁的思想与《淮南子》中的人生观念相对比："淮南说之用，不如太史公之用。太史公圣人将有取焉，淮南鲜取焉也。"扬雄认为《淮南子》中对于圆满的审美人生观的追求，会因为社会氛围的复杂无法实现，最终沦为一种一厢情愿的空想。但是《淮南子》审美人生观中所蕴含的审美性格与人格精神，作为一类重要的人生理想，随着历史的推移，对后世产生了深远的影响。《淮南子》倡导的"入世"精神为中国传统知识分子提供了一种上到精神层面、下到现实需求的自我发展模式，这种和谐的审美思维在后世文人身上得到了体现。应该说，《淮南子》为后世提供了富于传统审美文化特色的丰富内涵。

二、审美形态的彰显

《淮南子》中关于"道"的论述兼容并蓄、宽广博大，显示出汉代人思想观念中的浑大气魄，彰显了时代思潮中的审美精神风范。先秦儒道两家都曾倡导审美人格与人生观念。《知北游》有云："天地有大美而不言。"孟子说："我善养吾浩然之气……其为气也，至大至刚，以直养而无害，则塞于天地之间。"如果说道家重在言说道的自然无为，那《淮南子》则明显地延续了儒道两家的思想，使自然无为的天道与厚德载物的人道相亲相善，继续追崇这种统一的审美人生观，并且在不少篇章当中，都提到了审美形态上的"美"。

《地形训》历数了大地之美：

东方之美者，有医无闾之珣玗琪焉。东南方之美者，有会稽之竹箭焉。南方之美者，有梁山之犀象焉。西南方之美者，有华山之金石焉。西方之美者，有霍山之珠玉焉。西北方之美者，有昆仑之球琳、琅玕焉。北方之美者，有幽都之筋角焉。东北方之美者，有斤山之文皮焉。中央之美者，有岱岳以生五谷桑麻，鱼盐出焉。①

大地的产物丰富多彩，美首先就体现在这外在的现实的物质世界。同时，美更是内在审美追求观照下的大智慧的精神实践活动。"夫随一隅之迹，不知因天地之以游，惑莫大焉。虽时有所合，然而不足贵。"②"是故审豪厘之计者，必遗天下之大数。"③ 审美如果只关注琐碎之物，就必然无法容纳天地的大美。审美的人生也是这样，要跳出狭窄的边框，"见隅曲之一指，而不知八极广大也。故东面而望，不见西墙；南面而视，不睹北方；唯无所向者，则无所不通"。④ 最后，这样的审美形态体现为汉代人独具的一种壮美。"阖四海之内，东西二万八千里，南北二万六千里；水道八千里，通谷其名川六百；陆径三千里。禹乃使太章步自东极，至于西极，二亿三万三千五百里七十五步；使竖亥步自北极，至于南极，二亿三万三千五百里七十五步。凡鸿水渊薮，自三百仞以上，二亿三万三千五百五十里，有九渊。"这里描绘了四海之内、四方之间的美丽图景，这样的画面既使人无限向往，又体现出一种不同于一隅之地的壮丽雄浑。

---

① 《地形训》，第 127 页。
② 《说林训》，第 637 页。
③ 《主术训》，第 297 页。
④ 《氾论训》，第 482 页。

三、审美理想的诉求

《淮南子》认为美既是"道"的一种表现，同时又必须顺应本原的规律，体现在社会生活中就是，美必须要客观，同时还要符合"道"的要求。"兰生幽谷不为莫服而不芳。"[1] "靥辅在颊则好，在颡则丑，绣以为裳则宜，以为冠则讥。"[2] "美之所在虽污染，世不能贱，恶之所在，虽高隆，世不能贵。"[3] 从以上的论述可以看出，《淮南子》认为美在客观，美在自然，美的特质不能以人的主观意愿去改变。由此可见作者对理想审美观的推崇。

在《淮南子》看来，人生的意义与价值在于求得自我生命的任情适性，发现自我，认识自我，实现自我，摆脱外界的羁绊与束缚，达到内在精神的自由驰骋，独立人格的完美彰显。它所追求的不是一个目的，而是一种境界，一种审美理想的境界，一种固守人本真情意的人生境界，一种与大道合和的圣人境界。

《淮南子》中体现出的审美人生观，充满了对生命的赞美之情，并将生命精神同宇宙意识结合起来，既是对先秦诸子百家审美思想中美的品性的继承，又是时代背景下审美心理定式的实现。这种审美理想植根于中华民族独特的历史环境与生活习俗中，具有文化气质与价值目标，从中可以窥见当时文人的道德品格与审美追求，建构出一种总览万物、自由奔放、无限阔达的审美思维模式，这种模式，激发出汉代人充满智慧、精神、意识与胸怀的审美心态。

---

① 《说山训》，第604页。
② 《说林训》，第659页。
③ 《说山训》，第627页。

　　《原道训》中提到"大浑为一"的审美理想，这是《淮南子》的哲学世界观的直接体现。"所谓一者，无匹合于天下者也。卓然独立，块然独处；上通九天，下贯九野；员不中规，方不中矩；大浑而为一叶，累而无根；怀囊天地，为道关门；穆忞隐闵，纯德独存；布施而不既，用之而不勤。是故视之不见其形，听之不闻其声，循之不得其身；无形而有形生焉，无声而五音鸣焉，无味而五味形焉，无色而五色成焉。是故有生于无，实出于虚；天下为之圈，则名实同居。音之数不过五，而五音之变不可胜听也。味之和不过五，而五味之化不可胜尝也。色之数不过五，而五色之变不可胜观也，故音者，宫立而五音形矣。味者，甘立而五味亭矣；色者，白立而五色成矣；道者，一立而万物生矣。"① 这里对"一"的直接描绘实则体现了《淮南子》一书对最高审美境界的畅想。"一"昂然独处，卓然独立，通九天贯九野，是一种囊括宇宙、贯通天地的审美境界，这种审美境界向人们直接展现了《淮南子》包罗万千、和谐统一的科学美学思维。"大浑而为一叶"，"大浑"即一个整体，浩大浑然，包裹天地，为道之关键。书中以一种开阔的审美视野兼容百家之言，创建了自己的一整套体系。这样的审美思维模式，既体现了《淮南子》审美思维的成熟，同时又植根于当时整个社会文化大背景、生存环境与历史传统，阐释了作者独特的审美性格与审美追求。这样的审美思维模式，对时代文化样态的形成具有范导作用。

　　《淮南子》善于融汇吸收不同的审美思想，在审视当时的社会、生活时，运用了一种囊括天下的激情与极强的开放性眼光，建立了一

个和谐统一、融合儒道思想的庞大知识体系。《淮南子》的美学思想首先是以我国古典美学发展过程中最重要的两条主线——儒道思想为基础的。这两者有着显著的区别：儒家兼济天下、积极入世，道家独善其身、消极隐世。同时又有相通之处：两者追求的最高境界都是天人合一的人生境界，都是艺术论与人生论、价值论与本体论的统一，都想寻找到一个和谐统一的社会制度。《淮南子》一书就从儒道美学观念的共通之处入手，用一种"和"的思维对其进行延续与超越。

《淮南子》将"道"的范围扩展到人生与社会领域。这里的"道"不再是孤零零地处于玄冥之境，不再虚无缥缈、玄奥寂灭，而是被附上了厚厚的人情色彩，赋予了世俗人生的具体内涵。这与只追求终极意义、重视形而上、关注精神自由与生命永恒的老庄思想，有了本质的区别。《淮南子》中的"道"与儒家的主张不再背道而驰，它也关注实际政治，也重视现实生活与社会事情，既是形而上的理念，又是形而下的依据。从作者的"道"论主张可以看出，这是对先秦诸子百家之道的一次融合——应当说儒道两家的思想在这里汇成了统一的有机整体，创造除了一个贯穿世事人生、兼容一切的"道"理。它向人们展示的是汉代人对于整个现实生命、宇宙自然的深刻思考，展现出了一种博大的胸怀与兼容并蓄的综合之意。

第六章　盆景的技术与艺术

　　盆景是中国特有的技术形式，也是独特的艺术形式。现有考古发现和文献记载显示，盆景大约起源于东汉时期，形成于唐代，宋代形成了树木盆景和山水盆景的分类，明清两代达到鼎盛期，后来其创作技法和理论流入东亚国家尤其是日本之后，蜚声世界。在英文中，盆景和盆栽同为"Bonsai"，这是由于日语中二者就没有明确的区分。而就盆景在中国的长期历史发展进程来看，盆景逐渐与一般意义上的盆栽工艺相分离，与园林、绘画艺术的审美方式、审美方法的区别亦日趋泾渭分明，最终成为一个独立的艺术种类，并形成了"一景、二盆、三几架"的基本形制构成。盆景以其"一峰则太华千寻，一勺则江湖万里"① 的艺术魅力，获得了"无声的诗、立体的画"的美誉。

应当说，如果就中国人接受审美文化信息的三种基本方式而言，盆景无疑是一个绝佳的观照对象：它充分体现了中国人对于艺术的自然情结，吸取了造园技艺和绘画理论的精妙，以盆玩之地集中呈现出自然造化的风貌。盆景艺术巧妙地融合诗情与画意，在居家装饰摆设中，将自然引入日常生活，丰富了日常生活的品位和趣味，陶冶了人的性情，渗透了中国传统思想对"生"的推崇。可以说，盆景以技术手段将"经验性"从自然引入生活当中，于生活中感知自然，于自然中把握生活，将抽象的"生命""生存""生活"等概念以实在的、可触及的、可把握的形式生动地呈现出来，为人们提供了体验中国艺术精神的又一重要经验形式，赋予生活艺术的品质。

---

① 语出明代文震亨《长物志·水石》，原话为："石令人古，水令人远。园林水石，最不可无。要须回环峭拔，安插得宜。一峰则太华千寻，一勺则江湖万里。"（陈植校注：《长物志校》，江苏科学技术出版社1984年版，第102页。）

第一节　作为技术与艺术的盆景

一般来说，盆景是脱胎于盆栽的。当下盆景界普遍的看法是，盆景与盆栽是具有鲜明差别的，不可一概而论：盆栽更偏向于工艺、园艺的范畴，并不适合脱离于园艺而称为独立的艺术形式；而盆景则不然，发展成熟的盆景是以艺术的姿态出现的，它不仅是家居、办公场所、园林中的一种点缀，相较于一般意义上的盆栽而言，盆景本身就构成一种当下圆满的独立艺术世界，其中蕴含了盆栽所缺的人文内涵。而这一切都是在长期的历史演变过程中逐渐形成和凝结的。

一、作为技术的盆景

在资料收集过程中笔者发现，每当问及"盆景是什么"的时候，回答总是不甚了了，例如："所谓盆景，顾名思义就是盆中之景。"①笔者认为，这种回答虽然在一定程度上强调了盆景艺术亲身体验、乐而忘言的属性，但是仍不免流于简单化。倘若盆景就仅仅是盆中之景的话，那么一般家居中的盆栽花卉和盆栽植物似乎也应划入盆景的行列。但是，并不是所有植物放在盆中栽培都可以称为"盆景"，盆景之"景"含有更为深远的意蕴。另外，"盆景"一词虽然点出盆景的两大构成要素，但是盆景并不是简单的盆和景的组合、堆砌。就其形

————————

① 李树华：《中国盆景文化史》，中国林业出版社 2005 年版，第 2 页。

式构成而言，盆景除了盆面内的景观和作为承载器物的盆盎之外，几架、摆件、题名也都是其构成要素，在盆景艺术审美意蕴的生发过程中，各担负有重要的功能，并且各个构成要素之间还有着有机的密切联系。

通过对已有的盆景定义的比较和融合，笔者认为：盆景主要运用"咫尺千里""缩龙成寸"等以小见大的手法，以植物、山石为主要素材进行艺术加工，通过立意、造型、布局和养护等艺术和科学手段，在盆面内构成立体景观，在盆盎、几架、摆件和题名的共同作用下形成的独立、完整、直观的艺术世界，以其优雅的造型和深远的意境呈现自然造化和人文气韵的完美交融。

二、作为艺术的盆景

当我们问出"盆景是什么"这个问题的时候，所针对的是那个现成的存在者。那么，如果我们将盆景视作一种"存在"，又该怎样去把握盆景这种艺术形式？这就需要解答另一个问题：盆景何以作为艺术？

"盆景何以作为艺术"所关切的，实际上是盆景作为一种独立的艺术形式的合法性问题。确立盆景作为一种独立的艺术形式的合法性地位，使之得与园林、绘画、音乐等艺术形式相提并论，将盆景这一现在还处在边缘地位的艺术奇葩纳入艺术研究的核心视域中来，将对盆景艺术的研究起到莫大的推动作用。

盆景艺术在形成过程中与盆栽、园林、绘画有着先天的密切的血缘关系。首先，从浙江省余姚市河姆渡新石器时代遗址出土的一片五叶纹陶片和河北望都东汉墓中绘有置于方形几架之上栽有六枝红花的陶制卷沿圆盆壁画可以看出，盆景的最初形式正是盆栽。从古人对盆景的各种命名方式来看，盆栽与盆景亦是没有完全区分开的。其次，原始先民在自然崇拜中逐渐发现和熟悉各种石头和植物的形状、色彩、纹理、质地等性状，加之秦汉时期，受神仙思想的影响，皇帝开始在宫苑之内修筑仙山园林，并最终在历史发展中形成了"一池三山"的相对固定的筑园模式，推动了欣赏奇石、栽植佳木风习的盛行，"盆山""砚山""博山炉"等工艺品相继出现。这些都为后来盆景的兴起奠定了思想和技术基础。最后，盆景与绘画的关系更是非同一般，许多盆景的创作规则和审美要求沿袭和借鉴了中国画论中的诸多思想。朱良志先生认为："在中国艺术种类中，盆景是一种与绘画最接近的艺术。没有中国绘画的传统，几乎不可能出现盆景艺术，盆景是中国画的延伸形式，它是立体的画。""盆景与中国画的亲缘关系主要体现在山水画上"，而中国盆景的源远流长、蜚声世界，"水墨山水画具有肇创之功"。①

　　但也正是这种血缘上的亲近造成了一种艺术界限上的困难：盆景如何区别于其他与之相关的艺术形式而保证其独立的艺术地位？盆景如何保持其意蕴生发和意象生成的独特性？笔者认为，尽管盆景与盆栽和园林、绘画保有血缘上的亲密联系，但是值得注意的是，在相似性的基础上还存在着较为显明的差异性，正是这种差异性使得盆景得以成为一种独立的艺术形式，使盆景成为盆景。

　　对绘画、音乐、园林等具体艺术形式的研究，首先离不开从其物

---

　　① 参见朱良志：《天趣——中国盆景艺术的审美理想》，《学海》2009 年第 4 期，第 24 页。

质性构成要素，即从形式要素上分析。而使得盆景独立于其他艺术形式的差异性，首先也表现在盆景艺术的物质形式构成上面。中国盆景向来有"一景、二盆、三几架"的说法，而盆景在发展过程中，其构成要素逐渐由景物、盆盎、几架扩展到包括摆件和题名在内的五大要素形式。盆景的这五大构成要素在性质上区别于构成音乐的节奏、音律以及构成绘画的纸张、笔墨，在数量上也区别于园林的纷繁复杂，从而在形式上确立起了盆景的独特性；而其在盆景艺术审美意蕴生发中的作用更保证了审美功能上的独特性。

　　首先，盆景之"景"并非单纯的景物，而是集合了意象和意境在内的审美复合体，这种复合性主要是通过象征和隐喻的手法达成。而盆栽之景则不具备盆景一般的审美复合性，而往往停留在较为单纯的审美层次上。其次，园林艺术虽然也依靠综合运用建筑、山石、植物等来营造意象和意境，但是园林艺术中允许"景点"的存在，甚至可以说整个园林的审美意蕴的生发正依赖于采取虚实相生、分景、借景、隔景等手法来对"景点"进行的组合，① 这与园林"可行、可望、可居、可游"的审美功能追求是分不开的。与园林的动态观照不同，盆景主要依靠的是静观。盆景体量小，所以在审美功能上必然会产生"纯化"，即由原来的身游纯化为神游，而随着"纯化"发生的就是盆景对"景点化"的拒绝。最后，虽然绘画与盆景保有最亲密的联系，都突出"神游"的特点，但是也可以说与盆栽和园林相比，绘画和盆景之间的差异也是最大的。绘画主要依靠的是线条和笔墨，其空间表现具有二维性，其艺术意蕴的生发主要在于笔墨、线条间的气韵流动

---

　　① 参见宗白华：《美学散步》，上海人民出版社 1981 年版，第 56—57 页。

和虚实相生；而盆景依据的是景物、盆盎、几架、摆件、题名的统一作用，在空间表现上盆景具有"近看成岭侧成峰"的三维性，即所谓的"立体的画"。在盆景审美意蕴的生发过程中，一方面依赖于盆面中的景观，一方面也依赖于盆盎、几架甚至于摆件、题名所带来的空间结构层次和人文气息；更何况盆景之"景"往往以真实的植物活体所构成和营造，在植物形象的不稳定性和可逆性影响下来表现形式美感，更显现出盆景作为"活的艺术"所独具的审美意蕴。

<h3 style="text-align:center">三、盆景的源与流</h3>

要想把握作为"活的艺术"的盆景的活的肌理，单纯依靠语言从静态的概念、思辨分析的角度出发是无力而空洞的，而应将其视作一种生成性的存在，从其发展流变中体验其生命，发现它是如何从其他艺术形式中脱胎而出而成为它自己的。

（一）盆景技术的演变

关于盆景的确切起源，各种学说之间还存在一些争议，已获得普遍认同的看法是，盆景大约起源于东汉时期（公元25—220 年）。其考古依据是河北望都东汉墓中绘有置于方形几架之上栽有六枝红花的陶制卷沿圆盆壁画和河北安平东汉墓中绘有侍者手端三足圆盆的盆山壁画，相关文献则见于《晋书·佛图澄传》中"澄即取钵盛水，烧香咒之，须臾钵中生青莲花，光色曜日"① 的记载。而在东汉之前，盆景产生的诸多因素则已经开始酝酿，盆景与盆栽、园林的区分也正是从那时开始逐渐分明。

---

① 房玄龄：《晋书》，中华书局1974 年版，第2485 页。

从新石器时代到夏商周时期，我国的陶器制作逐渐走向成熟，种类不断丰富，陶器成为古人生活中重要的器具。秦汉之前的盆钵主要属于生活用具，目前尚无证据表明有用于盆栽、盆景的盆钵；出土于宜兴东山的汉代带孔小陶盆则是现存最早的栽植用盆钵实物，而上文提及的两座河北东汉墓的壁画，则表明至少在东汉时期，已经出现专门用于栽植甚至用于装饰性用途的盆钵。从实用走向装饰，盆钵在使用功能和使用方式上发生的变化，为盆景的产生提供了重要的条件：盆钵和盆盎原有的单纯的物理性承载功能开始衍生出审美化的装饰功能，这一衍生的重要性不仅仅表现在古人对盆体的装饰行为上（实际上从考古发现中不难看出，对盆体的装饰早在秦汉之前的新石器时代就已开始），更表现在盆盎开始成为某个复合的、更为核心的审美对象的重要组成。

我国古代先民在经历原始崇拜和农耕实践的过程中，逐渐开始对花木、山石等发生审美兴趣，并赋予其一定的象征意义和神秘性，例如，扶桑、桃木、连理木、嘉禾等因被赋予祥瑞喜庆的象征意义而受到人们的喜爱。夏商周时期出现了圃与囿的分化，标志着栽培对象种类的扩大和栽培技术的发展。伴随着栽培技艺的发展，山石鉴赏风习也日趋盛行。秦皇汉武筑园的行为固然离不开神山信仰、神仙思想的影响，但却开启了古代先人仿造自然景观、微缩自然景观的序幕。秦汉时期的宫苑，并不像明清时期的园林一般在审美功能上臻于成熟，显示出人居和自然的完美统一，而是更多地表现为在神仙思想驱动下的对传说中"悬圃""蓬莱""瀛台""瑶池"等仙境的仿造。对仙山、神树的追求在一定程度上使花木、山石成为园林发展过程中最为重要的两种物质材料。

汉代时期人们在建造宫苑和园林的过程中，不断尝试将自然景观缩制，缩地术于是产生，其代表人物就是东汉壶公、费长房和淮南王的方士。《太平广记·壶公》和《西京杂记》载：

> 房有神术，能缩地脉，千里存在，目前宛然，放之复舒如旧也。①
>
> 淮南王好方士，方士皆以术见，遂有画地成江河，撮土为山岩。②

关于壶公等人物的传说虽然带有仙话色彩，但是从考古发现来看，当时的人们的确已经开始将自然景物缩小之后做成微缩景观用于欣赏。另外，自春秋战国时代开始，嫁接技术也已经出现并投入实际运用，《列子·汤问》中"南橘北枳"的记载就是例证；汉代《四民月令》中已有压条、修剪、移植方法和温室栽培的记载。缩地术和先进栽植技术的出现为盆景从盆栽中分化出来提供了技术性基础。从技术发展的角度来看，至少在汉代，栽植活动已经开始脱离单纯的实用追求和迷信追求的窠臼，出现了以审美为目的的栽植活动。作为景观，这些栽植活动呈现出不断微缩化的趋势，在保持景观审美性不受破坏的前提下栽植面积从宫苑缩小到圃，圃再进一步往盆钵方向发展。而伴随着景观大小的变化，审美功能也不断纯化，及至盆景正式出现，其审美功能已经与书画相一致：追求"神游"。

---

① 李昉等编：《太平广记》，中华书局1986年版，第82页。
② 刘歆：《西京杂记》，上海古籍出版社编：《汉魏六朝笔记小说大观》，上海古籍出版社1999年版，第94页。

在盆景诞生的初期，在形式上盆景并没有与盆栽形成明显的区分，但也正是从汉代起，随着各项技术的出现、发展和不断走向成熟，盆景走向独立的条件逐步具备，盆景与盆栽的分化成为必然。唐代章怀太子墓甬道东壁上侍女手托盆景的壁画和唐代阎立本《职贡图》番邦进贡者手托盆石的图案，表明盆景在唐代已经完全发展成形，而且逐渐走出皇家垄断的圈禁，开始为文人和士大夫阶层所喜爱。唐代冯贽《云仙杂记·卷三》中有"王维以黄磁斗贮兰蕙，养以绮石，累年弥盛"① 的记载，而杜甫、韩愈、白居易等诗人则多次以诗词来赞美盆景的景致。据文献记载，宋代苏轼《格物粗谈·培养》首次正式使用"盆景"一词以与一般盆栽进行区别。宋代时在原有盆景或石或树的单纯景观基础上实现山石与植物组景，并正式出现树木盆景和山石盆景的明确区分，其中山石盆景用石形成近山形石、远山形石、形象石、纹样石四大类，用石种类不胜枚举。发展至明清，植物盆景所用树种达 70 种以上，树木盆景成为中国盆景中最主要部分。

（二）盆景艺术精神的灌注

在历史的进程中，盆景在形式上不断丰富，在技术上日益走向成熟。但是，这些也只是在形式上的发展，真正为盆景灌注了鲜活的精神并使之脱离一般的园艺栽植而走向艺术的，是魏晋玄学唤起的对自然的自觉追寻。

魏晋玄学的兴起源于对汉末腐败的政治、守旧的观念的冲击和反抗——通过对老、庄、易等传统思想的重新整理和挖掘来抨击汉末日

---

① 冯贽：《云仙杂记》，《文津阁四库全书（第三三四册）·子部》，商务印书馆 2005 年版，第 531 页。

趋烦琐的儒学礼教，提倡人真实性情的自由表达，突出个人的存在价值。因此，魏晋玄学在中国思想史上最为突出的特点就是人的自觉意识。这种"自觉"不仅反映在文学和哲学成就上，也自然而然地影响到绘画艺术和园林艺术——当然也包括盆景在内。社会的混乱及其带给人的痛苦使得人们厌恶和逃避现实，渴望返璞归真，回归自然。在这种历史背景下，老庄思想和刚刚传入中国的倡导"空观"的佛教思想，为这一时期的人们提供了思想的栖居地和抨击陈腐儒学的武器。而在老庄思想和佛教思想的双重影响下，淡远旷达的玄学得以产生并对整个艺术文化领域产生影响，尤其反映在对山水自然的自觉上。

魏晋玄学的发展创造出独特的自然山水审美观，造就了包括山水文学、山水画和山水园林、园艺等在内的艺术形式。在魏晋士人眼中，自然山水是独立的审美对象，是悟理的手段，同时更是精神寄托的最理想的归宿。孔子云："仁者乐山，智者乐水。"以山水自然作为道德精神的某种比拟和象征的"比德"传统即始肇于此。与儒家"比德说"不同，道家从有创生万物之德的"道"本体的角度出发，主张人和自然的统一，以人在自然中所获得的精神慰藉与解脱为终极关怀去观照自然山水。玄学继承了道家在处理人与自然关系上的平等态度，也就自然而然地把人对自然的审美感受看成自然所唤起的自由感，因而呈现出一种更为自觉的姿态。在对待自然的态度上，魏晋士人的志趣也与修筑宫苑的秦皇汉武截然不同。可以说，人们对于自然的审美意识在此时摆脱了儒家"比德说"和迷信驱动下的伦理附会色彩和精神功利性，开始了自觉的审美追求——真正觉醒了。后世传统美学思想的核心由此逐渐形成。

自然山水在魏晋士人眼中是"道"的外在表现。"道"本身是对具有创生万物、"可为天下母"之广大德行的本体位格的一种勉强称呼，而这种本体位格也是"寂兮寥兮"、无所言语的。因而对于"道"的观照必须依附于自然外物，通过领悟自然山水——作为手段和工具，随即在更深的层面上通过"澄怀观道"来获得精神的愉悦和心灵的宁静。正是因为自然山水是天道的外在表现，所以魏晋士人把其看作污浊不堪的社会现实之外的纯净之地，因而在一定程度上，天地自然这种存在也就具有了"道"的位格。

因为自然山水和玄理在"道"的位格上趋于一致，故而魏晋士人不约而同地将对于自然山水的审美观照作为领略玄趣的重要法门，以求得与"道"冥合的精神境界。这对作为人们精神活动产品的艺术必然产生深远的影响。魏晋时期出现了大量的山水玄言诗和山水画，人们视其为体道、悟道的重要手段。宗炳提出"澄怀观道"的美学命题，明确指出山水画之所以能够用以"观道"乃是因为"山水以形媚道"，并最终以"怡心""畅神"作为"观道"的目的。魏晋玄学的盛行一方面促使人们主动向自然贴近，另一方面，山水自然"是其所是"的本真存在状态也启发人们追求个性自由。这使得魏晋玄学光照下的山水绘画将意境的创造和气韵的表现作为最高的创作理想，"于天地之外，别构一种灵奇"（清方士庶《天慵庵随笔》）成为玄学影响下艺术家对于个性自由的普遍追求在艺术作品中得以充分释放的显现。

魏晋玄学在自然观上的觉醒不仅仅体现在山水画及画论的集中爆发上，同时也反映在了盆景艺术上。盆景作为中国特有的艺术形式，在魏晋时代也不可避免地与玄学发生联系。那种"于天地之外，别构一种灵奇"的追求同样影响了盆景的创作。盆景在魏晋之前尚处在初级阶段，形式简单而粗略，也无系统的理论指导。这一阶段的盆景在形式上与盆栽、盆石没有形成截然明确的区分，但是，这一状况在魏晋时期发生了改变。魏晋玄学对人的自觉意识的唤醒，掀起了这一时期在艺术和审美相关问题上探索和总结的高潮，原始的盆中栽植活动上升为盆景艺术品的创作活动。盆景，尤其是山水盆景，正是从一个侧面反映了魏晋时期审美活动在创作上的"自觉"。而山水画论的出现则为盆景创作奠定了理论基础。

魏晋时期的盆景还远未形成一个独立的艺术体系或门类，无法与绘画、园林等相提并论。盆景的创作和欣赏在理论上常常建构于对绘画、园林等艺术形式的理论总结之上，并通过它们来表达自己的审美追求和美学内涵。盆景的艺术理论实际上是上述艺术理论的扩展。

盆景与绘画的关系古老而且密切，其起源可以追溯到魏晋时期。正是从魏晋时期开始，在魏晋玄学塑造的自然观影响下，画论开始逐渐成为盆景创作的艺术指南之一。魏晋时期，士人在涉足绘画创作的同时也致力于创作经验的总结。盆景的许多创作理论就源于这些山水画论。例如，"缩龙成寸"和"撮土成山"本只是分别出现于《太平广记·壶公》和《西京杂记》中对于"缩地术"的生动说明，后来才演变为盆景创作的重要命题，而这一命题的美学理论根据则是宗炳《画山水序》中关于"小中见大"和透视问题的论述所赋予的。而作为盆景创作又一重要命题的"咫尺有万里之势"，就其出处而言也与绘画创作理论密切相关，且与宗炳提出的"竖划三寸，当千仞之高；横墨数尺，体百里之迥"有异曲同工之妙。

另外，魏晋时期的山水自觉也促成了观照对象从园林向盆景的转移。在魏晋玄学的影响下，人们对自然拥有一种强烈的渴望和追求。这种渴望和追求不但表现在宫苑园林中，也投射到了盆景当中。可以说，盆景将浓缩的自然引入建筑内部和生活实景中，丰富了人类生活与自然接触的方式，在一定程度上满足了人们与自然同在的心愿。人的审美观照对象由园林向盆景发生转移的趋势，一定程度上反映了人们对艺术功能纯化的追求。魏晋时期筑山造园的主导思想侧重于追求自然情致，并最终以追求"象外之象""韵外之致"为指导，艺术追求逐渐内心化，对于外在形制大小的关注程度则相对减弱，因而在一定程度上呈现出对于浓缩和再现自然的热衷。盆景正是在这一思潮影响下不断发展和蜕变，这一方面是由于画论的发展，一方面也是基于盆景自身的特点：在审美功能上，盆景较园林而言更为纯粹，更贴近于魏晋士人在自然山水中关照"道"的审美追求；在创作实施上，盆景也较为简便易行。李渔《闲情偶寄·居室部·山石第五》曰："幽斋磊石，原非得已。不能致身岩下，与木石居，故以一卷代山，一勺代水，所谓无聊之极思也。"[1]"无聊之极思"的产生正是源于对自然的深入肌理的渴求的满足，因而在某种层面上，盆景的出现实现了对这一缺憾的情感补偿。

赏石风习的兴起更推动了盆景的发展。《南史·到溉传》记载：

溉第居近淮水。斋前山池有奇礓石，长一丈六尺。[2]

这是史书中关于置石的最早记载。《南齐书·文惠太子传》也记录文惠太子"多聚奇石，妙极山水"。收藏鉴赏山石的风习在不自觉

---

① 李渔：《闲情偶寄》，中国社会科学出版社 2005 年版，第 211 页。
② 李延寿：《南史》，中华书局 1975 年版，第 679 页。

中开创了赏石与盆盎相结合的山石盆景的新形式。山东淄川出土的北齐崔芬墓壁画和山东青州发掘出的北齐武平四年画像石有力地证明，魏晋南北朝时期，不但园林艺术得到发展，盆景艺术的发展也得到了有力推动。

可以说，正是在魏晋玄学影响下的对自然的自觉，为盆景艺术奠定了后世发展的主导方向，即通过对山水自然的呈现来彰显对自由的追求和对人文精神的安顿和休憩。魏晋玄学影响下的对自然的自觉、对人文精神得以安顿和休憩的追求，为盆景真正提供了自觉的活的精神，而使盆景走出园艺，进入艺术。

四、盆景艺术的审美特点

从对盆景源流的简要略述中不难发现，正如前文所说，盆景从出现到形成，无论是在形式材料上还是在理论指导上，始终与盆栽、园林、绘画保持着紧密的血缘联系。但是我们也看到，盆景并没有因为这种血缘上的亲近而被消解甚至取消，反而总能在发展中从一种艺术形式上寻找到某一因素来与另一相近艺术形式形成区别。正是在对其他艺术形式特点的吸收、融合和扬弃中，盆景形成了属于自己的特点，来保证它作为艺术的独特性。

（一）"人工即自然"

中国传统艺术大都秉承着天人合一的艺术追求和精神境界，即在艺术作品中追求自然，追求人文精神的安顿。但是在众多艺术形式中，很难再找出一个能像盆景一般在"自然"问题上受到如此广泛的质疑，这种质疑主要针对的是盆景对植物的人为捆缚。对植物的人为捆缚、盘扎甚至扭曲是否与盆景呈现自然的追求相违背？这种质疑，自古就有，最具代表性的要数龚自珍《病梅馆记》："江宁之龙蟠，苏州之邓尉，杭州之西溪，皆产梅。或曰：梅以曲为美，直则无姿；以欹为美，正则无景；以疏为美，密则无态。……有以文人画士孤癖之隐，明告鬻梅者，斫其正，养其旁条，删其密，夭其稚枝，锄其直，遏其生气，以求重价，而江、浙之梅皆病。"龚自珍批评以曲为美的观念导致盆梅大多呈现出残疾、病态、畸形和怪异之貌，因而主张"疗之、纵之、顺之，毁其盆，悉埋于地，解其棕缚"。①

　　龚自珍的批评不无道理，但是，却不能统盖盆景的全部方面，更不能取消盆景对自然的追求。首先，以偏概全地认为盆景就是病态美的典范是一种偏见。在盆景的创作上的确有人刻意追求病态美，但是盆景界更多地对这种刻意地追求病态美抱持批评态度而主张创作自然式盆景。中国画论中的许多理论，如"外师造化、中得心源""身即山川而取之"等往往也是盆景的创作原则，也同样为盆景创作所接受。因而，在盆景的创作中特别反对"四强"——强剪、强弯、强扎、强逼。所以，一些盆景作品呈现病态美的特征并不是盆景艺术的本真追求，而只是在盆景发展中的一种现象。其次，之所以出现这种现象，究其根本恰恰是为表现"生命"而做出的过分努力，所谓"过犹不及"。盆景作为中国艺术的一种，在"虽由人做，宛自天开"（计成《园冶》）的艺术追求上与其他艺术形式是一致的。在"做"的过程中，始终坚持遵循自然，淡去人工的痕迹。而对"病梅"的种种诟病正是因为过分着力于人工，而将自然隐去了。现代盆景艺术家周瘦鹃主张盆景制作六分自然四分人工，而即便这四分的人工也应是以"自

————————
　　①　龚自珍：《龚自珍全集》（第三卷），上海人民出版社1975年版，第186页。

然"为目的，最终达于"人工即自然"的高超技艺和艺术境界。

　　值得注意的是，正如朱良志先生所指出，龚自珍的比况之说并不适合算进盆景艺术的范围，因为它们并不是专就盆景艺术而论，而是另有所指。另外，强调"道法自然"并不是简单地保持自然的原样而不允许有任何人工着力的痕迹，真正的盆景艺术也绝不是对鲜活树木进行强剪、强弯、强扎、强逼，而是要在濒于枯萎死亡的枯枝烂木中发现、培养和生发"生"的因素和"生"的意识。那种"枯木逢春"一般的对生命的欢欣喜悦才是盆景制作者所致力于表现的，也才是盆景艺术的真精神。清光绪年间，苏州盆景艺术家胡焕章制作盆景多取山中老而不枯的梅树，截取根部的一段，用刀凿雕琢树身，使之形枯而梅桩不死，古拙苍老但生意留存。现代盆景的制作十分推崇"舍利干"的选择和运用，而所谓"舍利干"并不是将活生生的树木致残致死，而是选取自然界中经过长期风霜雪雨的洗礼，树体的某个部分枯萎、树皮剥落之后，木质呈白骨化的山间老木。干燥洁白质感的"舍利干"与叶片、水线和树干的颜色和质感形成鲜明的对比，为盆景作品丰富姿态线条变化的同时也平添几分古拙之气。其志趣与清人胡焕章选用梅桩相一致，亦在于追求生命与自然的历史感的统一，力图表现强烈的求生意志，较于那些呈现出病态特征的盆景往往更易唤起观赏者的心灵共鸣。

　　（二）持续性和可逆性

　　大多数艺术形式如雕塑、绘画等，在作品创作完成之后，其形象一般来说是保持不变的，艺术作品的再创造往往只能在艺术作品向观赏者敞开的过程中、在观赏者的审美接受中进行，这与盆景大相径庭。盆景的创作是持续性的，甚至是可逆的。

　　植物是盆景作品制作中的重要材料，因而生命性成为盆景艺术的重要属性，这一点在树木盆景上表现得尤其明显。正是植物的生命性，使得盆景创作呈现出只有起点而没有终点的特征，即创作的持续性。园林艺术在质料上对植物也相当倚仗，但是这种创作的持续性却不如盆景明显和突出，其他艺术形式更不可能具有这种连续的可塑性。植物姿态会随着时间的流逝和季节的变换而不断生长和发生变换，植物自然的生命律动造成盆景作品叶长叶消、花开花谢、绿肥红瘦，因而盆景作为审美对象时刻都在生成和变化。正是因为植物会随时间和季节的变换而发生形态上的渐变，如果任其发展而超出一定的限度甚至会彻底改变盆景原有的景致，其自然发展方向的不可预见性使得盆景的形象具有不稳定性。盆景形象发生变化，其审美意象及审美意蕴也就会随之改变，甚至于作为审美对象的植物姿态会自行取消人们赋予它的艺术形象而回归"第一自然"。因而盆景创作者需要不断地对盆景作品进行修剪、造型。此即盆景创作的可逆性。

　　但是，这里又有另一个问题出现：创作者的修剪、造型虽然能在一定程度上对原作进行复原，但是却无法做到艺术形象的完全恢复，只能保持大致上的一致。而面对树木有限的可塑性，这种可逆性也是有限的，甚至在这种以复原为目的的持续创作中，作品形象与原作形象会越走越远，发生不可逆转的改变。

　　可见，对于盆景艺术而言，人类可逆性的持续创作与创作对象有限可塑性和发展的不稳定性之间一直维系着一个微妙的关系。在这种微妙的关系背后是人的主观能动性与自然力量的合作、对抗和相互妥协。因而，人和自然实际上是盆景作品的共同塑造者，盆景作品的创作活动不会因为人们的一次性的造型活动结束而告终，只可能是随着盆景植物生命的完结而告终。

广东省绿化委员会的李整军先生指出，人在盆景创作中"始终起着支配的、主动的地位"①，而笔者认为盆景创作由人而始、由植物生命的完结而终可能更为合适。因为，正如海德格尔将"人"设定在"终有一死者"这个定位上时，其在大地之上的诗意栖居才显现出存在的意义一样，这种始终在自然本性约束下的人的自由创造应该更能显现出盆景创作的真正追求，这也符合周瘦鹃先生所主张的盆景"六分自然、四分人工"的创作要求。相反，过度强调人的主体地位则可能导致病态盆景的出现。盆景创作的可持续性和可逆性特征也构成了盆景"由人复天"式的自然追求的旁证。

（三）直观性与非景点化

中国的传统艺术虽然注重写意，但并不停留在单纯写意的层次，而是循着"观物取象"→"得意忘象""得意忘言"→"神超理得"→"物我两忘"的路线，逐渐走向内向性精神世界的建立，在美学上反映为"卧游""神游""游心"等命题的提出和推崇。这种审美趣味上的取向反映出中国人对于纯粹的艺术境界的孜孜以求。而艺术作品作为这一追求的现实承载物，在其审美功能上也出现纯化的特征。盆景即是如此。

从自然山水到宫苑、园林再到盆景，这种历史发展的过程呈现出审美追求与审美功能的反比例关系：审美追求越高审美功能也就越纯粹，在审美过程中，"心"逐渐不满足于停留在对自然物甚至于对"存在"的观照上，而要求超越于观照进入精神世界的安顿上来。这

---

① 李整军：《盆景艺术的美学特征》，《广东园林》1990年第1期，第35页。

种审美上的追求促使盆景创作中必须注意盆景各要素之间的有机融合，走出"盆景＝植物＋山石＋盆盎＋几架"的机械性堆砌的窠臼，而注重盆景造型上的直观性、形象性和经验性。

为了保证盆景整体上的直观性、形象性和经验性，就必须排拒盆景任何组成要素在造型上的突兀，即拒绝盆景走向景点化，在创作上要求注重主宾关系、藏露关系、巧拙关系，在构图布景时注意变化和呼应，保持盆景整体上的和谐。具体来说，盆中之"景"理所当然是盆景创作和审美的核心，因此，几架、盆盎和摆件必须要依据盆中之景的主题、形制来进行选择和搭配。例如，山水盆景通常搭配以浅石盆和矮几，来展现"远"这一艺术表现中的生命距离感和观照角度；倘若配以深盆、高几，盆景作品原来所要追求的艺术时空感（"远"或"景深"）必然会被现实时空的变化（物理的、可计量的高度）所打破乃至消解。深盆和高几以其突兀的高度必然更容易吸引到关注的目光而成为"景点"。又如，在盆景创作中往往会选择搭配一些摆件以提升盆景原有的人文气息，如小桥、人俑、壶具等。摆件的大小比例和置放关系处理不当则容易形成"喧宾夺主"的突兀效果，而视觉又天生具有追逐突出的、鲜艳的、新奇的事物的热情，因而在欣赏和观照过程中往往导致观照对象选择上的本末倒置，破坏盆景审美形象的统一性和直观性。

盆景艺术审美意蕴的生发过程不同于进行加法算式。尽管一些优秀盆景作品可能采用紫砂制盆盎、黄梨木制几架，为了增强盆景的艺术价值和商业价值甚至会在盆盎上题诗，在几架上进行精雕细刻，但是这些增加艺术作品附加值的活动均不能以破坏盆景作品的整体性为代价。可以说，将盆景作品中某个或某几个组成部分景点化是盆景创作的最大敌人。盆景以其小体量展现大宇宙，故而各个部分之间都应保持和反映自然宇宙中的和谐关系，任何"景点"的形成和出现都意味着盆景作为统一整体的分崩离析。这同时也是我反对将盆景简单定义为"盆中之景"的一个重要原因：一个"景"字无法述说清楚盆中是活泼泼的宇宙万象还是被肢解了的若干景点。盆景至多只可能以统一整体的形象出现，成为家居、园林装饰中的一个景点，但它本身是拒绝景点化的，是非景点化的。

第二节　盆景各要素的审美意蕴生发功能

盆景之所以能够成为一个独立的艺术形式，之所以能够与盆栽、园林、绘画相区别，展现其独特的艺术特点，这都是与盆景的形式构成及其在盆景审美意蕴生发中所起到的有区别但又相统一的作用分不开的。盆面内的景观作为审美观照的焦点，是盆景审美意蕴的生发之本；盆盎则在实现物理性承载的同时还托载起了盆面内的艺术世界；几架通过改变时空关系进而实现了审美观照过程中艺术视域与现实视域的剥离；摆件和题名则赋予了盆景艺术作品更多的人文气息。盆景五大构成要素在审美意蕴生发中的共同作用使得盆景成为名副其实的"艺术"。

一、审美意蕴生发之本

中国盆景向来讲究"一景、二盆、三几架"的基本形制构成，"景"理所当然是盆景艺术审美的核心，更是盆景艺术作品审美意蕴的生发之本。而所谓"景"实际是物、象、境等多层次审美观照对象的复合。

（一）由"物"到"象"的造型活动

盆景之"景"并非盆景作品中的"景点"，而是以一种"造型-构图"关系表现出来的整体形象，进而成为审美创作的核心和审美焦点所在。一般来说，造型主要针对的是艺术作品中各个要素的具象问题，即对于自然物展开的艺术处理；而构图则是对艺术作品各个组成要素或经过处理的艺术形象之间的关系进行整体上的妥善安排和布陈。造型和构图往往是造型艺术在形式美营造过程中的重要步骤。

在造型-构图关系的处理上，最具代表性的艺术形式首推书画。在书画中，造型往往表现在笔法和技法上，以线条为主要表现形式的书画要富有变化必先讲究运笔，在运笔时掌握轻重、快慢、偏正、曲直等方法。比如皴法为中国山水画技法之一，用干、湿不同的笔墨画出树、石、山体的纹理，增强其质感。而构图则多涉及绘画中的布景、比例和造势问题，比如留白、透视和三远法等都属此列。造型和构图有紧密的联系。山峰的摆布位置和方式不同，则相应的皴法也不同：披麻皴一般呈现出放射、修长、波动的线条，展现出活泼、流畅的韵律情致；雨点皴短促的笔触常用中锋间以侧锋画出，表现山石的苍劲厚重。所以，在绘画过程中，造型和构图一般同时进行，甚至造型即构图。在绘画中，不可能脱离形象来谈线条抑或脱离线条来谈形象。线条作为形象的载体，其轻重缓急在一定程度上代表着某种对于形象的价值判断，而皴法使用上的不同会造成形象肌理、质感上的不同感受。因此绘画中的线条即是形象，两者是合而为一的。

盆景创作多借鉴绘画理论作为指南，同样强调造型与构图之间的合理关系和配合，透视法、留白、三远法等构图要法也同样适用于盆景。但是，盆景乃是采用自然物进行造型，因而在造型与构图的关系上，盆景有其独特性。

如果说绘画是否传神主要取决于人的技法和境界，而盆景则更鲜明地将自然引入创作当中，且自然在创作过程中的这种参与更多地以限制性的姿态出现。山的气质含蕴不是通过皴法来表现，而是通过真实山石不同的质地、纹理和色彩的巧妙选择和搭配来呈现，同时还需配合以合适的摆放方向、角度和光照条件，自然因素更多地切实参与到了艺术创作当中。因此，盆景区别于绘画，在景观营造上并不是直接显现以形象，而首先是植物、山石这样的自然物。因而，盆景之"景"首先是"物"与"象"的复合。无论是树木盆景还是山石（山水）盆景，形象并不是完全表现为一种创作目的，更是一种创作的可能，是自然物自身属性的外在化和人对自然条件的把握、感知甚至是超越。盆中无景即不成盆景，但是脱离自然物而妄谈景致又明显是无意义的。盆景创作中形象的可能性只能依靠人们对自然物本身的属性的把握和巧妙运用来得到挖掘和实现。

盆景"物"与"象"的复合往往会因材料质地和创作主题的差异而出现"本形"与"拟形"之分。所谓"本形"，即充分利用质料的天然属性和材质，通过对植物的修剪或对山石的摆置，在自然物身上实施技术行为的同时也针对艺术形象展开造型活动，造型的目的在于使植物和山石的自然本性得以最充分地显现。区别于西方"雕塑使石头更像石头"的创作理念，盆景的"本形"创作力求对植物、山石进行的外形改造保持尽可能的克制，而使盆中之物尽量贴近其本然面目和自然气韵。对某些盆景的艺术加工，如松柏盆景和梅桩盆景的制作，其造型的结果有时并不一定指向或禽或兽或器物的象征性，并形成某种"能指－所指"的象征比喻关系，而是热衷于对各种各样树姿树态的原初呈现，其典型就是"丛林式"植物盆景。

如果说"本形"创作执着于对自然的持续观照和对艺术真实的孜孜以求，"拟形"创作则是充分发挥想象、联想所能提供的广阔视域，以自然材料的无限丰富性超越某种或某几种材料运用上的局限性，将视野投向无限的艺术可能性。第六届中国盆景展金奖作品《凤鸣秋月》便是"拟形"中的上乘之作：以刚劲坚韧的"舍利干"作为主干，呈凤鸟躯干状，胸肌健硕；一条细长的水线蜿蜒向上为树冠提供养料；树冠的柏树枝叶郁郁葱葱，疏密有度，层次鲜明，犹如凤之飞翅；凤头略微回转，凤嘴凤冠清晰、适中，而"舍利干"的独特质地使得凤头更富力度感。树冠两端一枯一荣，相映成趣，整件作品拔地而起，似飞凤翱翔天外。在这个盆景作品中，充分利用了"舍利干"质地坚韧、纹理紧密和柏树蜿蜒盘曲、青葱茂密的物性特征，巧妙发挥了两种材料的不同质感，突破两种木质各自自然属性上的局限，实现了荣与枯、柔与刚的完美结合。

（二）由"象"到"境"的构图活动

由"物"走向"象"只是盆景成"景"的第一步。如果止于这一步，盆景的"景"还仍然是不成熟的，而"景"的生成必然离不开"境"的创造。

由"物"到"象"，很大程度上仍然停留在造型活动上，这一阶段的盆景，其生命感主要依靠的还是外力的赋予，或者可以说这一阶段的盆景仍然是活生生的"死物"：盆面之内并没有形成一个相对独立的艺术生态系统，缺乏生气的流动，这与盆景艺术所追求的呈现自然、实现栖居的终极理想相差甚远。因此，必然需要形成盆景成为"活的艺术"的自生动力，来支撑起盆面内的这一方艺术世界和生命境界。而这种自生动力就源于通过构图活动所获取的"动势"。构图活动通过比例、大小、位置的调整和变化，来使得造型活动的目的和效果不止于显现自然造化的景象，而更深入参同造化的生成活动当中。

构图是在方寸盆面之内实现"仰观宇宙之大，俯察品类之盛"的重要创作活动。谢赫云：

> 六法者何？一、气韵生动是也；二、骨法用笔是也；三、应物象形是也；四、随类赋彩是也；五、经营位置是也；六、传移模写是也。①

其"经营位置"即是强调构图布局。唐代张彦远《历代名画记》将"气韵生动""骨法用笔"列为首要之法。清代邹一桂在《小山画谱》中认为画有八法、四知，并将"章法"置于首位，"笔法"次之，"墨法"又次之，并进而指出：

> 愚谓即以（谢赫）六法言，亦当以经营位置为第一，用笔次之，傅彩又次之，传模应不在画内，而气韵则画成后得之。一举笔即谋气韵，从何着手？以气韵为第一者，乃赏鉴家言，非作家法也。②

---

① 谢赫：《古画品录》，叶朗主编：《中国历代美学文库·魏晋南北朝卷》，高等教育出版社 2003 年版，第 356 页。
② 邹一桂著，王其和点校：《小山画谱》，山东画报出版社 2009 年版，第 103 页。

　　谢赫六法的内部逻辑结构向来惹世人争议。笔者个人认为，无论是创作还是欣赏，气韵生动既是创作要求又是精神指归。出于绘画创作和欣赏的终极关怀考虑，画境的气韵生动，离不开创作者创作之初澄净空明的艺术胸襟和对自然山水的观照经验，此即所谓"澄怀味象"。没有这样一种艺术胸襟和自然体验，画作很可能流于"工"而疏于"意"，从而影响欣赏的效果。至于其他五法，我较为同意邹一桂的意见。谢赫六法中，除"经营位置"明显涉及构图之外，其他则都因侧重形象创作而应归于造型之列。张彦远认为"经营位置"乃是绘画的总要，需要费思安排，而邹一桂亦将"经营位置"列为首要之法。"经营位置"之所以对增强画作的艺术感染力如此重要，是因为在位置的经营中，各个意象之间得以打破原有的相对独立的地位，形成在高度、宽度和深度上相互倚重、相互联系的有机整体。对于艺术作品而言，观照焦点从个体的形象转向形象之间的彼此联系，这是由"象"向"境"的转变。

　　清代石涛《画语录·笔墨第五》有云："山川万物之具体，有反有正，有偏有侧，有聚有散，有远有近，有内有外，有虚有实，有断有连，有层次，有剥落，有丰致，有飘缈，此生活之大端也。"[①] 盆景布局构图与绘画有异曲同工之妙，同样讲究均衡与对称、对比效果和视点的变化。均衡与对称本不是一个概念，但两者本质上都要求具有"稳定"这一内在的同一性。均衡与对称都不是平均，它是一种合乎逻辑的比例关系，相较于平均更富于变化和运动。一般来说，均衡和

---

　　① 石涛：《画语录》，叶朗主编：《中国历代美学文库·明清卷》，高等教育出版社 2003 年版，第 151 页。

对称一般表现为不规则的三角形构图原则（或称为品字形构图）和三七律；对比则主要体现在形状、色彩和明暗之间；视点主要涉及散点透视效果——创作者的观察点不是固定在一个地方，也不受下定视域的限制，而是根据需要移动立足点进行观察，凡各个不同立足点上所看到的东西都可组织进自己的画面上来，关乎景物的层次和疏密等时空结构和时空感。王维所撰《山水论》中，提出处理山水画中透视关系的要诀是：

> 凡画山水，意在笔先。丈山尺树，寸马分人。远人无目，远树无枝。远山无石，隐隐如眉；远水无波，高与云齐。此是诀也。①

仍以盆景作品《凤鸣秋月》为例，如果从构图的角度再来看该盆景作品：以几架中心为基准构成纵向基准线，而从"凤头"到"凤羽"则构成水平基准线（黑色线条）。但是我们注意到，首先，盆盎放置偏右，使得盆景整体形象的中心与基准线发生偏倚；"凤羽"的最末端与"凤头"也形成了一定的仰角。这样的安排虽没有严格地按照基准线构图，但也不失均衡与对称，没有流于平均。其次，盆景形象两端一枯一荣、一白一绿、一疏一密，形成鲜明的对比。最后，凤鸟形象的四个基点形成一个不规则四边形，使得整体形象有一种仰首飞舞的上升之感，而盆盎的摆置位置也使得盆景整体形象向右有所偏

---

① 王维：《山水论》，叶朗主编：《中国历代美学文库·隋唐五代卷》，高等教育出版社 2003 年版，第 388 页。

重，更赋予画面动感。题名虽有"秋月"二字而画面却没有直接出现月亮的意象，但是正是由于盆景向右偏重的整体构图效果，使得秋月虽没有出现但是却能让观者感知到它的存在。这正是利用了散点透视所造成的心理真实的效果，并没有拘泥于对视觉真实的一味追求。倘若将盆体放置在基准线左侧，则右侧形成大量空白，凤鸟翱翔的动势因为空间的增大而受到削弱，艺术效果就会大打折扣。

　　无论是均衡与对称还是对比和视点变化，构图的精髓在于造势。王夫之《姜斋诗话·夕堂永日绪论内编》云："论画者曰：咫尺有万里之势。一'势'字宜着眼。若不论势，则缩万里于咫尺，直是《广舆记》前一天下图耳。"① 如果构图无法形成运动的气势，画面则毫无神韵可言。盆景创作如同绘画，同样讲求取形用势，但是取形只是手段，目的最终要归于用势。可以说"势"是盆景的灵魂。所谓"势"，有姿势和气势之分，其中"姿势"主要偏重造型，而"气势"则偏重构图。这里讲的主要是"气势"。"气势"不同于"姿势"，不拘泥于实物造型和视觉真实，而更强调在运动变化上的心理真实，因此"气势"也有时称为"动势"。"气势"之妙，在于通过对不等边三角形、斜线、曲线、悬垂、奔趋、物象锐角形状等的悉心经营，在保持盆景整体稳定和均衡的前提下产生量的变化和重心的移位，于静止之中赋予运动的力量和趋向。《凤鸣秋月》很明显地出色运用了不等边三角形和奔趋态势来创造气势，而风吹式树木盆景则更多利用悬垂效果，通过植物朝一定方向的偏斜垂悬来展现风的力量和方向。因此，造势

---

　　① 王夫之著，戴鸿森笺注：《姜斋诗话笺注》，人民文学出版社1981年版，第138页。

从某种意义上来说也是在各种对比关系中打破单调、平均的概念，寻求实现均衡与对称的尽可能多的可能性。欧阳吉华先生在其《盆景造型艺术的取形用势之法》一文中指出，在实践应用中，造势之法多种多样，基本上可以概括为"势分则合""势险则撑""势上先下""势左先右""势密则疏"等。以上各法虽然侧重点不尽相同，但是其意旨皆在于赋予分与合、上与下、左与右、疏与密等诸多对比关系以更多的变化和层次，保持形象之间的运动张力。

　　气势的取得必然会引起时空感觉上的变化——左与右、上与下、斜线和曲线的曲折变化必然会引起感官对宽度、高度和深度感知的相应变化。这种时空上的变化在山水盆景中表现得尤其强烈。山水盆景的制作在构图上十分讲究三远法的运用。如王中鑫的山水盆景《烟江滴翠》以突出深远为特色：江水顺着山势蜿蜒远去，我们可以于主、次两峰之间的缝隙处隐隐约约看到远处的一片烟波。如若没有那几片船只泛于江上，则两峰之间必然由于留白太多而显得分离；相反，船只的出现使得两峰于即将分开之处又保持了恰当的空间联系。我们在观赏山水盆景的时候，也很容易体验到这种"远"的时空感，"远"的时空感受实际标志着一种散点透视下的生命距离感。前文曾提及，散点透视因观察点不固定于一处，而处在不断地变化当中，因而可以将眼光所到之处都呈现于一图。这种视点的滑动本身就是一种生命的运动。因而无论在山水画中还是在山水盆景中，"远"作为一种心理真实，本身就包含着生命运动过程中的体验性，这种生命运动必然是时间的也是空间的，甚至有时还是历史的。而盆景由于以实物为创作材料，故而更强化了时空上的三维效果，使得心理真实与视觉真实交会在一起。盆面内景观本身的三维性提供了目之所及以内的形象，而心理真实则超越了视觉真实，将目光放在了比有形形象更深、更高、更远的地方——超出了视线之外的地方，即"象外之象"。这种目光所及之内的"象"与"象外之象"的结合正是产生"境"的重要条件。

因此，盆面内的形象通过构图活动打破相对孤立、静止的存在状态，在创作中获得动势，建立起各个意象之间、意象与时空之间的有机、互动的联系，逐渐形成相对独立的艺术时空——盆面内的形象在大小、比例之间显现律动，在聚散、层次之间显现时空。盆面内这种鲜活、生动的艺术时空的建立使得审美活动不止步于对形象的静态观照，而参与到不断生成的涌现活动中来，以宁静致远的生命之思在参同造化的艺术意境中得以栖居。至此，盆面内的景观终于完成了"物－象－境"的多层次复合。

二、审美视域的剥离和对艺术世界的托载

盆中之景作为盆景作品的主要内核，是盆景艺术审美意蕴的生发之本，构成了盆景审美鉴赏的主要审美对象。但是，盆盎和几架在盆景审美意蕴的生发过程中也担负有重要的作用。笔者认为：几架在整个盆景作品审美意蕴的生发中除了能够营造空间之外，还有一种在现实视域与艺术视域、景物与意象之间产生陌生化效果的"剥离"作用；而盆盎在盆景审美意蕴的生发中具有托载"大地"的作用。可以说，盆中之景能够产生"一峰则太华千寻，一勺则江湖万里"的真实效果和审美意境，绝离不开几架和盆盎的这种剥离和托载作用。套用海德格尔的术语来说，正是在几架将现实视域与艺术视域剥离开后，艺术的真理才能在盆盎所托载的"大地"中显现。因此，笔者打破了传统"一景二盆三几架"的排列顺序，将几架置于盆盎之前进行论

述。可以说，在悬崖式、临水式树木盆景和山水盆景等众多盆景种类中，几架和盆盎的这种独特作用是具有普适性的。

（一）几架对现实视域和艺术视域的"剥离"

几架，造型丰富多样，有博古架、小琴桌、方几、圆几、书卷几、回纹几、多边形几、树根几等，根据高度又分为高几、中几、矮几。几架的配置和使用一般遵循几项基本原则：形状上，一般圆形盆配圆几，方形盆配方几，不规则盆配不规则几，深盆配高架，浅盆宜矮几。但是根据盆景的整体构图和造型要求，有时也会出现混搭的情况，例如方形盆配圆几，椭圆形盆配长方形几等——一切旨在服务于盆景整体形式上的平稳和谐。比例上，一般几架要略大于盆景盆的10％左右，而最忌几架的大小、高低与盆盎均等。色彩上，则一般要求几架色彩要重于盆盎，通常是偏黑或者偏红，以突出盆景庄重沉着的视觉感受。

恰如临水式树木盆景通常所显现的，盆景往往配以中几或高几，几架的高度往往构成整个盆景空间层次性的一部分。但是笔者认为，几架对盆的空间感的塑造并不能被简单地归结为物理高度的增加而形成的空间的延伸。作为盆体与地面、桌案的连接，几架构成了现实视域与艺术视域的分界线，构成了景物与意象的剥离。特别是矮几的应用，由于几架与桌案的距离切近，有时反而使得这种剥离作用更加明显。

所谓"剥离"，是指盆景之"景"脱离开盆景所摆置的现实环境和背景，如桌案、室内或室外的自然景观等，而使得盆景整体进入一种类半开放①的视域当中，盆景的整体意蕴在相对封闭的境域中得以

---

① 在"半开放"之前加"类"字，意在强调这一艺术视域并不等同于一个留有缺口的圆圈，而更贴近于海德格尔的"既遮蔽又敞开"式的开放性。

生发。这种脱离开现实环境和背景、类半开放、带有一种当下圆满意味的境域即艺术的视域。在论及盆景的以小观大问题的时候，朱良志先生指出：盆景是一门"具体而微"的艺术的看法依循的是特殊与一般、整体与部分的西方式的典型概括的思路，而盆景作为一门典型的中国艺术，其创造观念"有一种当下圆满的思想，一花一世界，一叶一如来……自身就是一个完整的意义世界"，这种自足性的反映"关键在于对生命的安顿"。① 而盆景的类半开放则是说盆景的意义世界（艺术视域）需要和期待着人的参与和欣赏，使得人与景都能够获得一种安定。"剥离"的作用就在于此，即使得盆景脱离开现实功利，其艺术意蕴得以生发，使欣赏者得以安顿和休憩。

几架在盆景审美意蕴生发中的剥离作用之所以可能，作者认为乃是依赖于"陌生化"效果。"陌生化"是剥离作用得以实现的运行机制。"陌生化"的概念是由俄国形式主义奠基人之一的什克洛夫斯基提出的，并最终成为该流派的一个核心理论。该理论提出伊始主要针对的是对文学作品语言的各要素进行"变形"并达到"疏离"或"陌生"的效果，这使读者在欣赏作品的过程中得到一种审美的新鲜感。随着现代艺术的发展和理论的相互渗透，"陌生化"理论已经突破文学语言的藩篱进入摄影等艺术领域。笔者认为，盆景的几架也可以产生"陌生化"的效果。几架的使用，使得盆景与地面、桌案之间形成一种现实空间上的高度差，尽管有时这种由几架（几案）创造的高度差是十分有限的，但是却足以造成时间感上的延宕。进而，时间感上

① 朱良志：《天趣——中国盆景艺术的审美理想》，《学海》2009 年第 4 期，第20 页。

的延宕甚至"停滞"转化成为审美意向性结构上空间感的扩展，使得审美主体对审美对象产生陌生感。这一时空感觉上的变化打破了人们在日常生活中的视觉习惯，瓦解了包括视觉在内的感官运作上的自动化和心理上的惯性化。① 什克洛夫斯基在《作为技术的艺术》中表示，那种被称为艺术的东西的存在，正是为了唤回人对生活的感受，使人感受到事物，使石头更成为石头。艺术的目的是要人感觉到事物，而不是仅仅知道事物。而盆景的几架正是担负着这样的作用：几架的使用造成的时空感受上的变化，使得人们对观照对象产生陌生感和新鲜感，催促人们摆脱日常的思维习惯和实用功利思想，在感性直观中对审美对象进行整体的摄取和重新发现，因而在一定程度上碰触到了世界的真实性问题。这种由"陌生化"引起的非认知性发现实现了现实视域与艺术视域的剥离，从而使得艺术的真实能够在盆盎的托载中得到安顿。

值得注意的是，几架虽然对于盆景艺术审美意蕴的生发具有重要的作用，但是在实际应用中，几架在外形上不同程度地显示出弱化和虚化的趋势。这一方面是由于盆景整体和盆景用盆形式上的多样性，另一方面也是由于盆景摆放位置选择上的多样性。所谓"几架"实际上是个统称，包括了几、架、案、板等多种形式的物理支撑性的构件。依前所言，几架的选用需要考虑到盆面内的景观、用盆等多种因素的整体效果，而摆放位置也同样影响着几架的形制。例如，倘若欲将盆景置于建筑角落或背靠建筑墙体，则适宜采用架；如果是进行室外展

———————

① 盆景形式众多，所以盆景对人们的时空感觉所造成的刺激不只是视觉上的，有时还体现在气味、声音等方面。

出，则往往配置桌案、几案；而当盆景被置于室内桌案之上的时候，则通常选用"书卷几"式的矮几，有的甚至不采用几或架，而是以石板代替，甚或直接置于书案之上。须要强调的是，虽然几架的选用方式多种多样，但是几架的作用却是基本相同或是相近的，其根本都在于实现现实与艺术两种视域的剥离。即使将盆景直接置于室内的书案之上，几架的作用仍然存在，只不过不再由几架独立承担，而是转移到盆盎的盆足上——发生了形式或载体上的变化。由此可见，几架形式上的弱化和虚化现象并没有取消其剥离作用和陌生化效果，反而有时会使得这种作用更加易于察觉，效果更为明显，最具代表性的盆景形式就是山水盆景和丛林式植物盆景。

（二）盆盎对"大地"的托载

从最一般的意义上来讲，如若盆景无盆，那也就不能成其为"盆"景。所以，盆盎对于一件盆景作品而言是一种必需。同样是从最一般的意义上来说，盆盎在盆景作品中的作用与盆具在现实生活中的作用是一致的：作为一种容器负有装载、承载、托载的作用。然而在盆景艺术中，盆盎不但继承了其现实生活中的实用意义，更具有一种脱生于实用意义的美学上的意义：它不仅实现了对作为自然物的土壤、植被、山石和水的承载和装载，同时它更托载起了负有让生命安顿使命的艺术世界。"盎"的本义是一种腹大口小的盆。在保持与一般意义上"盆"在使用功能上的一致之外，当"盎"作为动词出现的时候就衍生出了"盛"（shèng），（使）充盈之义，例如"生意盎然"。这种"充盈"正是生命圆满的表现。

在盆景艺术中，盆的体量、形状和色彩直接影响到盆景的观赏价值。在盆景的制作过程中，盆盎的使用一般遵循以下几项基本规则：首先，盆盎的大小需要适中。过大则显得盆内空旷，过小则会导致稳定性的削弱，用浅盆时盆口面宁大勿小，用深盆时则宁小勿大。其次，盆盎深浅要恰当，否则会造成盆内景观比例上的失调。再次，盆盎款式要与盆景整体相配。景物姿态苍劲挺拔（如丛林式盆景），盆的线条也宜乎刚直；景物姿态蜿蜒流转（如临水式盆景），盆的轮廓也应以曲线为佳。最后，盆盎的色彩、色调既要与景物形成对比又要达成调和。

几架在盆景审美意蕴的生发中将现实视域与艺术视域剥离开，使得盆景的艺术意蕴具备了非功利、非实用的生发环境。但是几架却无法直接担负起对景观的托载，也无法直接为盆中活物提供生存的条件，这些职能只能由盆盎来完成。因此，在传统看法中，"盆"比几架更为重要，而在排序时仅次于"景"。笔者认为，盆盎在托载景物并为之提供生存条件的同时，还托载起了荫蔽万物、让万物如其本然地显现的"大地"。

"大地"是海德格尔在《艺术作品的本源》中提出的与"世界"相对的一个概念，但是此概念没有文字，其本身只能被理解为一种存在的隐匿，但是"大地"可以"让自己被阅读。"海德格尔认为"制造大地"和"建立世界"是艺术作品的两大特征。"世界和大地本质上彼此有别，但却相依为命。世界建基于大地，大地穿过世界而涌现出来。"① 二者的关系显示为一种外在的斗争："大地"要求艺术作品质料坚守于物性从而将质料作为物的可靠性遮蔽起来，不至于被物的有用性消解；另外，"世界"则要求艺术作品的意蕴实现自行的敞开。"大地"与"世界"之间的亲密争执使得双方相互进入其本质的自我

①　海德格尔著，孙周兴译：《林中路》，上海译文出版社 2008 年版，第 30 页。

确立当中，最终实现相互依存，艺术作品实现自身的统一，真理随即自行置入艺术作品当中。海德格尔从荷尔德林诗歌中引入"大地"的概念，并赋予其丰富的内涵，使之成为一种深沉的道说。海德格尔在追问存在的意义的时候，发现古希腊人用"自然"一词来追问存在，并用来指称"既绽开又持留的强力"，而这强力就是存在本身。所以在海德格尔看来，"存在"就是一种不断涌现的生成活动，不断显露着的活的过程，是自行开启。自然"是涌现着向自身的返回，它指说的是在如此这般成其本质的作为敞开域的涌现中逗留的东西的在场"①。而"大地"则在一定意义上被海德格尔用作存在自身的同义词。"作品回归之处，作品在这种自身回归中让其出现的东西，我们曾称之为大地。大地是涌现着——庇护着的东西。"② 正是在对存在原始的返回步伐中，海德格尔赋予"大地"遮蔽和庇护的因素。

在盆景艺术中，盆盎从几架的"剥离"中所继承的就是这种对"大地"的托载。为什么说盆盎托载起的是"大地"呢？因为从一定意义上来说，盆盎具有与"大地"相近的属性。盆面内的植物、山石等质料构成了盆景艺术作品生发审美意蕴的根基，而这些质料之所以能够散发出审美意蕴乃是出于"作品把自身置回到石头的硕大和沉重、木头的坚硬和韧性、金属的刚硬和光泽、颜料的明暗、声音的音调和词语的命名的力量之中"。盆盎正是实现了盆面内艺术品质料从自身敞开状态的退回，从而将其作为"物"的可靠性遮蔽起来。这一功用的结果就是将山石和植物的本质存在充分地保留下来，保证其物性的充

① 海德格尔著，孙周兴译：《林中路》，上海译文出版社 2008 年版，第 65 页。
② 海德格尔著，孙周兴译：《林中路》，上海译文出版社 2008 年版，第 28 页。

实，进而使其审美观照下的质感真正显现出来。

盆盎盆面内是一个相对自足圆满的意象世界，这个意象世界在艺术视域中是自行封闭的。海德格尔有一段生动的论述不失为对这种自行封闭性的最好阐释："石头负荷并且显示其沉重。这种沉重向我们压来，它同时却拒绝我们向它穿透。要是我们砸碎石头而试图穿透它，石头的碎块却绝不会显示出任何内在的和被开启的东西。石头很快就又隐回到其碎块的负荷和硕大的同样的阴沉之趣中去了。要是我们把石头放在天平上面，试图以这种方式来把捉它，那么，我们只不过是把石头的沉重代入重量计算之中而已。这种对石头的规定或许是很准确的，但只是数字而已，而负荷却从我们这里逃之夭夭了。……大地让任何对它的穿透在它自身那里破灭了。"① 在盆盎托载起的"大地"中，无论是作为实物存在的土壤、植被、山石和水还是各种意象，都拒绝海德格尔所谓的人为的带有实用、功利性的穿透和肢解。只有如此，盆景才能以各种要素的统一作用散发出艺术的光晕。盆盎所托载的正是这样一个作为"存在的隐秘的形象的别名"的"大地"：倘若这个"大地"被撕裂，盆盎就只是一个毫无生气的容器，而这个容器中的植物、山石就丧失了作为存在的"强力"，而呈现为盆栽、盆花、盆山式的存在者，而"盎"在中国古汉语中所蕴含的"充盈"之意、盆景所追求的生气之圆满就消散了，生命的安顿开始陷于困境。

但是，盆盎所托载的"大地"同时也是展开者和涌现者。"大地的自行锁闭并非单一的、僵固的遮盖，而是自身展开到其质朴方式和

---

① 海德格尔著，孙周兴译：《林中路》，上海译文出版社 2008 年版，第 28 页。

形态的无限丰富性中。"① 正是在盆盎所提供的生命养料和盆面空间中，从自然山林中获取来的石头和植物在其质地、纹理等物理特性中能够拾回作为自然存在的记忆，并通过人为的象征等手法使存在之状态得以持留和绽开，在盆盎的盆面中得到庇护。正是在这庇护中，盆盎不但使得植物得以存活，同时使其生气充盈，在古拙中展现对"生"的追求和礼赞。

笔者认为，盆盎的这种遮蔽而敞开的托载，在山水盆景中表现得最为明显。山水盆景因着力表现自然山水风景之生气，故而必须使用浅盆，通常为白色长方形或椭圆形大理石盆，且要求盆口面不宜过大或过小，否则会造成山峰的矮小或景物的臃肿。

遮蔽性对于"大地"而言比无蔽性似乎更为本原，但是作者认为，"大地"作为一种显露着的活的过程、永不停息的涌动，其敞开的无蔽也应当得到重视。

盆盎和"大地"究竟是怎样一种关系？笔者认为，不能简单地说盆盎就是"大地"自身。盆盎与"大地"有时是不相符合的，"大地"有时显现为盆盎之上浮动的一种审美视域，它不能脱离盆盎这一物质性实在而存在；但是另外一些时候，盆盎和"大地"则是统一在一起的。盆盎与"大地"的呼应关系依赖于具体作品的整体意蕴，关键在于在具体的某一作品中盆盎是否如"大地"一般"作为敞开域的涌现中逗留的东西的在场"，切不可一概而论，而与盆景艺术"观生意"的艺术追求和"活的艺术"的基本特征相悖。简单来说就是，我们应当从功用、价值和意义的角度来看待两者的关系，而不是仅凭外在形式展开判断。

---

① 海德格尔著，孙周兴译：《林中路》，上海译文出版社 2008 年版，第 29 页。

三、人文境界的提升

盆景的摆件和题名并非所有盆景作品所必备，但是其作用却不容小觑。中国艺术如诗文、绘画等往往表现出一种寓情于景、借景抒情、情景交融的基本特点。这一特点在盆景的创作中不仅反映在对植物、山石的造型和构图活动中，而且还表现在盆景的另一构成要素——摆件中。由于盆景在制作、保养上技术要求高的限制，盆景在中国古代一般只为士人阶层所拥有。而作为古代文化创造和传播的中坚力量，士人在欣赏盆景的时候要求在呈现自然万物的同时还要展现社会人文景观，于是在盆景中添加白帆点点，在山石松柏之下置放竹桥茅屋，盆景陡增超尘拔俗之气。盆景被誉为"无声的诗"，而"一个好的题名更是能对盆景所表现的诗情画意具有一种高度的概括和升华作用。而且这种简练而致远的艺术语言更是凝结了作者和作品的形、神、气、韵，从而使得作品的意境域得以扩展"。① 盆景区别于一般的盆栽而能够被称为一种独立的艺术形式的原因，在于盆景艺术在审美上并没有单纯停留在对作为存在的景物和意象的观照上，而在一定程度上提拔到了对人生境界的参悟上。这往往就得益于盆景的题名和摆件。可以说，摆件和题名可以在景、盆、架三者的共同作用下，将审美意蕴的生发从关注存在提拔到关注境界的高度。正是在此意义上，笔者将这两种形式要素置于一章来写。

（一）摆件将"人"引入自然

摆件常常以桥、塔、舟、舍、亭、榭、楼阁、人物及动物等形式

①　夏著华：《简论中国盆景的五要素》，《中国花卉盆景》2008年第3期，第42页。

出现在盆面景观当中，其制作原料也多种多样，主要有陶、瓷、石、金属等。摆件并非是所有盆景作品的必需，而应根据盆景的整体立意和造型构图的需要进行布置。

摆件因直接参与到盆面景观的创作活动中，因而无论是在造型上还是在构图上，都应把摆件如何摆置纳入盆面景观的整体考量中。在实际操作中，应充分考量和利用摆件的大小、质地、色彩和摆放位置，切忌不讲比例、不分远近、大小一样、以多为好。上文言及的王中鑫的山水盆景作品《烟江滴翠》，帆船的点缀丰富了平坦但显苍白的江面景观：在数量上则充分考虑到江面的宽度，简单却恰到好处地布置了三点白帆；在色彩上，白色船帆与深色山体既形成区别却又不显得突兀；在大小上，船体十分小巧，与高耸的两峰产生鲜明对比，充分顾及透视效果；在位置上，三片小舟错开排布，与两峰之间形成联系但又偏向于略低的次峰，达到了势分则合、势左先右的创作要求。王维《山水论》中有云："山腰掩抱，寺舍可安。断岸坂堤，小桥可置。有路处则林木，岸绝处则古渡，水断处则烟树，水阔处则征帆，林密处则居舍。"① 王维所讲绘画中的布局恰到好处地为盆景摆件的放置做出了指导，后世的盆景创作基本上都依循此理布置摆件：近大远小、上小下大、有藏有露、有聚有散、不宜繁杂、色彩淡雅，在前后主次之间灵活变化，与周围景观的时空条件相呼应，与景观的整体风格和格调相统一，严格把握透视关系。常见的几种摆件中，屋舍常置于近水处，寺庙常置于林密隐逸处；宝塔宜置于峰顶，凉亭宜置于山腰；

---

① 王维：《山水论》，叶朗主编：《中国历代美学文库·隋唐五代卷》，高等教育出版社 2003 年版，第 388 页。

水深开阔则扬帆，浅水急流则放排；至于人畜则常置于烟柳松柏之下，或坐或卧，姿态不一。归根到底，摆件的点缀放置应该"因景制宜"。

在盆景的五大构成要素中，摆件在实际应用上并不是盆景的必备要素。但是从盆景作品审美意蕴生发的角度来看，摆件并不是一般意义上整个盆面景观中可有可无的某种添加，不是单纯为了对盆面空间进行"补白"，或者为了丰富盆面内形象和色彩的多样性，而被"随意地"添置到盆面内的"配件""配景""衬景"或是"补景"。恰恰相反，摆件往往深入地参与到景观创作当中，在造型与构图中起到举足轻重的作用，它是盆景作品意境生成的又一重要条件。盆面内景观的构图活动使得盆面内的形象富于动势，动势的取得使得形象被置入一定的时空关系中，这是产生"境"的一个条件。将盆面内的景观置入一定的时空关系中并是其所是、如其本然地显现，这往往并不能完全满足中国人的审美需求。魏晋玄学以降，无论是山水玄言诗还是山水画，都不约而同地将人文精神的安顿栖居作为艺术创作和欣赏的重大使命和目的。因而，在盆景中，也应通过某种形象的创造和参与展现出人在自然中的安顿这一主题，要求盆面中的景观在显现自然造化的同时也显露人类活动的痕迹。摆件所显现出的人类活动参与自然景观的要求也正符合了中国传统天、地、人"三才"的基本观念。

"三才"是中国传统哲学思想中的重要概念。尚在甲骨文和商周金文中，"才"与"在"即发生了混用并开始指涉"存在"。虽然在指涉"存在"意义上，"在"在使用上逐渐取代了"才"，但是"才"指涉"存在"意义的功能仍以"三才"这样的词组形式保留下来。《周易·系辞下》中明确："古者包牺氏之王天下也，仰则观象于天，俯则观法于地，观鸟兽之文，与地之宜，近取诸身，远取诸物，于是始作八卦，以通神明之德，以类万物之情。"孔颖达疏曰："'以类万物之情'者，若不作易，物情难知。今作八卦以类象万物之情，皆可见也。"《周易·系辞下》又言："易之为书也，广大悉备，有天道焉，有人道焉，有地道焉。兼三材①而两之，故六。六者非它也，三材之道也。"② 天、地、人不是三种狭隘的"所指"，而是内涵丰富、充分包容的"能指"，是将宇宙万物划之以"类"，分别纳入天、地、人"三才"的范畴内，是始终处在生成变化中的某种"存在"。从对"三才"概念的初步梳理和研究出发，笔者认为，中国传统思想发端上是一种混沌性的思维方式，这种混沌性思维促成了中国古人认为以天、地作为代表的自然与人均为道之所生、气之所化，人并不脱离也不能脱离自然而存在。这种认识具体反映在盆景艺术中就表现为：既已形成了以盆面、盆内景观为代表的"地"和以时空关系为代表的"天"，而只有加以人的参与，宇宙造化的恢宏图景才得以完整。人类活动的图景作为宇宙本体运化的结果之一，理应反映在盆面之内；也唯有如此，"三才"之间相生相依的天人合一关系才能得以实现，人才能于天地自然的域场之中得以安顿休憩。

从一定意义上讲，摆件的出现和合理摆置还代表着盆景创作和欣赏中，人作为一种"存在"的自觉。自远古三皇五帝时期开始，中国古人就是在混沌性思维框架下以仰观俯察、观物取象的方式观照宇宙万物，并逐步在发展中开始形成对"人"自身的体认。而类似于"道是什么"这样的对本体的追问不能借由人和"言"来直接给予回答：

---

① "三才"在《周易》的诸多古本中有的作"三材"。"才"通"材"。
② 王弼著，孔颖达疏：《周易正义》，北京大学出版社 2000 年版，第 350—351、375 页。

儒家崇"仁","仁"怎么显明呢？而只能通过"爱人"的行动来呈现；道家尚"道"，而"道"是一种勉强的称呼，只能通过天地万物生生化化来把握；禅宗要求"明心"，但是"过去心不可得，现在心不可得，未来心不可得"，"心"只能通过刹那间的"顿悟"来把握，不立文字、不可言说成为禅宗传法的重要法门。如邓晓芒先生所指出的，中国传统哲学在最高范畴上的经验性一方面促使中国人需要在对存在者生成变化的观照中去把握那个创生者，另一方面则要求用我们经验事实中最直接的概念，即我们赖以生存之"本"和我们既已生成之"体"，而把"人"也视为存在的一"类"。在中国人的思想中，无论"体"如何重要，它的重要性都是间接的，是依附于"本"的，所以中国传统哲学更注重对本体的追问和阐释，对于"存在"，则将其视为本体作用的"理所当然"和"自然而然"。这种情况下，对于本体的追问就自然地成为思想轨迹的起点。但是本体缥缈不定，语言不可触及，因而怀着对语言的不信任感，中国传统思想不得不以"存在"和"存在者"作为实际论述的起点。"存在"一方面秉承着本体赋予的化育万物的德行，一方面又以其可经验性，成为"明天人之际"的中介。

在对天人关系的经验和把握中，人不复再是存在者，而成为一个特殊的存在，是"此在"，如"念天地之悠悠，独怆然而涕下"的人生感和历史感油然而生。汤用彤先生曾说："中国之言本体者，盖未曾离于人生也。所谓人生者，即言以人生之真之实证为第一要义。实证人生者，即所谓返本。"① 实证人生实际上就是体验，也就是从"存在

---

① 《汤用彤全集》（第五卷），河北人民出版社 2000 年版，第 188 页。

者"向"存在"的转变。这种从"存在者"向"存在"的转变构成了境界生成的重要条件，境界实际上是建立在"此在"的自觉的基础上的。盆景艺术也不悖于此道：负载了"三才"之中"人"的意义的摆件，代表着人对于流转于盆面内的自然生气的追寻和参与；各种建筑、家畜包括人偶在内，虽然以"物"的形态出现在盆面景观中，但是实际上却指向了作为"存在"和"此在"的人，指向了人于盆面自然的观照中开始体证自身的意向性活动。得益于人的自觉和参与，盆景作品的艺术意境才算生成并更加完整了。

（二）题名将"诗"引入"画"中

在盆景的五大构成要素中，题名是唯一没有直接参与到具体创作活动当中的。但是，题名却也堪比摆件在盆景审美意蕴生发中所能起到的卓越作用。如果说盆中之"景"可与绘画一较高下，题名则将"诗"引入"画"中，实现了诗情画意的结合，同时也是人于景中参证自身的又一形式。

中国诸多艺术形式都有题名、题款的传统，例如：中国古典园林景观都有"题署"，包括楹联、匾额；中国书法和绘画有题、跋、落款；对戏剧、诗歌更是有进行批注的风习。题名和题款往往借助表意的汉字或成语典故的内涵，引发人们进行联想和想象，引发观者对审美对象更深层的感受和体验以及审美回味，唤起审美主体的共鸣。盆景的题名也是如此。

盆景的题名，作为一种文化现象，实是以文学语言的描述深化盆中的视觉形象。由于形式上的限制，盆景的题名不能像绘画的款书、题画、诗款一般尽展辞藻风华，但是其精练的用词却更考验创作者的匠心独具。好的题名能够仅凭寥寥数字点明主题，深化意境和引导观者想象，通过引发观赏者的主动思维想象活动，令有限的创作空间得以无限地外延，甚至超越作品本身，与款书、题画一般，也能同样达到"弦外有音"的艺术效果。从这点出发，可以说，题名的出现更像是创作者发出的一份邀约，主动邀请观赏者参与到审美接受和再创作的过程中来，是创作活动从创作者向观赏者转移的重要中介。

为盆景题名，一般常采用以下的形式：一、用古诗名句点景，如盆景《独钓寒江雪》即是根据唐代诗人柳宗元《江雪》诗句来为盆景点景。这种题名方法通过让人耳熟能详的诗句立即将盆景的大致景观容纳于胸，使人看其名、品其景，增强观赏者的审美期待与盆景形象的复合性。这种题名方式要求盆景景观与题名必须十分相符，否则容易出现名不副实的尴尬。二、用作者不断经营推敲的艺术语言。这一方式要求创作者具备澄净的审美心胸和高超的文字驾驭能力。三、用名胜古迹名称。四、使用成语、格言。五、利用盆景的主景实体名称，如"五叶松""古柏"等。这种题名方法的核心在于大巧若拙，将盆景的艺术意蕴完全开放给观者，充分发挥"一千个观众心中有一千个哈姆莱特"式的开放接受空间，但是这种题名方式也可能招致过于直白的非议。

不论作者采用何种题名方法，都必须力求简练、含蓄、准确和贴切，切不可为了附庸风雅，而强加命名或是玩弄生僻词句抑或文不对题、拾人牙慧。题名本身也是盆景创作的重要组成部分，事关盆景整体的艺术效果，倘若命名不慎则可能使得盆景的艺术意蕴大打折扣，其再创作空间受到挤压。题名作为盆景艺术作品与观赏者之间进行交流对话的一种重要媒介，更加突出其开放性，如若对盆景题目没有十分把握，不妨将这种命名权交予观赏者，创作者则可以暂缓题名或干脆免题。

就题名在盆景艺术审美意蕴生发中的作用而言，题名往往作为盆景的"文眼"，起到审美导向的作用。中国诗文讲究"文眼"和"诗眼"，即那些最富表现力和感染力的关键性词句，"文眼"和"诗眼"一直是创作者着力刻画、描摹的重点和创作主题的凝聚点，因而往往被冠以"画龙点睛之笔"。盆景被称为"无声的诗"，亦讲究"文眼"，而"文眼"所在即是题名。前文说过，盆面内的景观虽然作为审美活动的核心，但是并不一定完全构造起"意境"，"意境"生成需要摆件的合力作用，也包括题名。题名并不单纯是对盆景的命名称呼，不是一种标签。盆景的题名除了要能够揭示盆景作品的内容和主题，同时还应能够表现甚至扩展作品的意境。盆景创作不同于绘画过程，受到自然条件很强的参与甚至限制，因而需要"因形赋意"，而"形"的表现与"意"的揭示有时就是通过题名这个盆景的"文眼"来实现的。题名往往构成对盆景作品审美角度和审美内涵的确定和导向。如《凤鸣秋月》，盆面内并没有出现与"月"有关的形象，但是在植物动势和题名的共同作用下，"秋月"成为象外之象，成为一种审美期待和心理真实。题名中的"秋月"二字无疑扩充和延展了盆面内的意象，使得观赏者的注意力转移到了盆面有限形象之外的那种可能性上，并将这种无限丰富的可能性引导到一种相对确定的方向上来，使得艺术世界始终能够保持它的开放性与封闭性、无蔽性和遮蔽性的统一。

盆景的题名是作者强化作品主题的重要手法，是作者把盆景景观"诗化"和"人化"，增强盆景艺术境界的重要手段。如前所说，仅仅实现自然景观的复现，仅仅将审美视野停留在对"物"的关照上是无法完全满足中国人对艺术作品的审美追求的，他必然要求艺术作品更深地打上"人"的烙印，要求艺术作品不但能够反映现实生活，更要实现人的诗意栖居。《清明上河图》不但呈现出宋代都市的繁荣景象，更是以繁荣安定作为一种内生动力和人生希冀。在盆景艺术中，题名与摆件相类似，同样在一定程度上实现了审美追求的升华，将自然景观赋予诗意，将审美注意力从对景物的关照上引导到对人生境界的参悟上，将审美追求从单纯的感官愉悦提升到审美感兴的超越性上来。

应当说明的是，盆景的题名并不就是"诗"。从形式上来看，盆景中的"诗"是无言的，是依托于盆面内自然景观，寄寓于盆景的艺术意蕴当中的，即海德格尔所谓的"世界"。从审美追求上来看，"诗"趋向于建构一个能够实现人的栖居和休憩的精神世界，即海德格尔所说的"世界的世界化"。而题名并不完全具备"诗"的这种功用，所以，盆景的题名只能视作"诗"入于"画"的引介，是将盆景的艺术境界和人的艺术追求导向更深层次的"摆渡者"。

第三节　盆景的审美境界

中国哲学与中国美学具有相似的理论模型框架：以对本体的追问作为思考的起点，以对"存在者"和"存在"的观照和体验作为论述的起点，而终点则都逐渐走向人的内向型精神世界——对于境界的领悟，完成代表着自然造化的"道"和由人复天的"德"这两种位格上的和谐统一，达于圆满。盆景艺术，亦是如此。钟表的发明把时间从人类的活动分离出来，分分秒秒的存在成为人类和自己对话的结果。与此相似，从一定意义上说，盆景之所以能够在历史演化中逐渐独立于盆栽、盆山，其原因就在于，作为又一种人与自身进行对话的方式，盆景的存在超越了对单纯的官能享受的满足而成为人类复杂情感活动中的有机组成，因而在"道"与"德"的相辅相成上，在天人之际的分野线上，盆景艺术担负着重要的沟通作用。

一、雅境

盆景的制作和养护具有对技术的较高要求，且费用不菲，因此，在中国古代，盆景长期只为皇室贵族所供养。虽然随着栽植养护技术日臻成熟，盆景逐渐成为士人阶层的普遍爱好，但还是难以突破普及的发展瓶颈。这一普及性上的局限却从另一个方面树立起了盆景以"清雅"为代表的艺术追求和审美精神。与代表着底层平民化"俗"的审美追求相反，对"雅"的审美追求展现的是以士大夫阶层为代表的主流文化和精英化审美意识，充溢着儒家美学思想。在礼乐文化这一思想基础的支撑下，对"雅"的追求显露出鲜明的政治和伦理上的教化倾向。因此，儒家美学思想成为盆景艺术"雅境"的思想渊源。

（一）尚雅传统

诚如李天道先生所指出的，"中国传统美学总是以人为审美境界发生构成的原初出发点。这一基本特点体现着中国人对于人的生存意义，存在价值与人生境界的思考与追寻，其要旨在于说明人应当有什么样的精神境界。怎样才能达到这种精神境界，正是基于此，才有了雅与俗的探讨与争论。可以说，雅俗之争，雅俗之辨，首先考虑的就是人格的完善与人生境界的创构。""就文艺思想来看，'雅''俗'之别与雅俗分野主要源于儒家美学思想的作用。"① 在中国传统精神的三大支柱当中，儒家最为推崇自强不息、刚健有力的人格，这种带有强烈伦理色彩的完美人格取向深刻地影响了以士人阶层为代表的中国美学主流思想中的雅俗观念。

孔子将"仁"设定为人生价值的第一要义和人的本质特性。"仁者爱人"，"仁"的终极价值需要在爱自己、爱他人、爱社会以及爱自然的行动中将一腔赤诚展现出来，对于生命、人生抱以最为本质的尊重和热爱。孟子继而讲"浩然正气"，倡导树立自强不息、至大至刚的道德情操。在孔孟二圣那里，儒家建立起了后世所一直推崇的君子人格：向上是以德合天、赞天地之化育的超越，向下则是明心见性、尽善尽仁。在上下之间，"天道"与"人德"达到"道惟在自得"一般的深度契合，因而造就了以"仁"为核心动力、以"和"为外在表现的儒家美善统一论。"人生与人格审美化，而审美则道德化。"② 正是由此出发，儒家强调礼乐教化的社会价值和现实应用。在道德层面，在中国古代宗法血缘关系为纽带的作用下，森严的等级制度建立并促生出贵贱之分。为了维护这种等级宗法制度和社会秩序，"礼"被赋予了鲜明的道德力量甚至于由律法保障的强制力。"礼"是制约天地万物和人类社会的总规范，上到天尊地卑，下到三纲五常，伦理道德、文化艺术、政治制度、律法等级无不纳入"礼"的这种社会调节和规范力量当中。而"温文尔雅""温柔敦厚""乐天知命"则成为自觉尊重他人地位而尽到自己义务的人的人格褒奖。人格上的贵贱区分辅以

---

① 李天道：《中国美学之雅俗精神》，中华书局 2004 年版，第 2、224 页。
② 叶朗：《现代美学体系》，北京大学出版 1999 年版，第 80 页。

出身、文教、贫富上的差别构成了雅俗分化的重要动因。因此，崇礼与尚雅之间有着密不可分的有机联系，"雅"是一种因重礼、守礼、行礼而达到的成熟的人格风范和审美境界。《荀子·修身》就提出了"由礼则雅"的命题，以此说明崇礼与尚雅之间的紧密联系。

从划分和维护宗法等级的角度出发，儒家将和谐稳定的社会秩序作为审美生存的重要条件，并要求人们克制对物质欲望的过度追求，以构成对世俗的超越。也正是由此，"雅"被赋予了超世绝俗、清净和顺的品格，是儒家"温柔敦厚""彬彬有礼"的人格风范的延伸，成为一种审美化的人生品位和人生境界的代表。究其根本，"雅"所反映的仍是儒家思想中更为根本性的"明心见性"的精神要求，是审美主体品德、才学等方面的极大充盈而获得的平和之态。"心生而言立，言立而文明。"在儒家美学思想的熏陶下，中国美学中讲究"诗如其人""文如其人"，将对文艺作品的艺术价值判断与创作者的人品高下联系起来，相信优秀的文艺作品必定出自具有灵慧的心胸、清雅的气质的创作主体之手。主体个性中的人品与文艺作品中某种深层的审美价值由此构成相关。"文之德也大矣。"作为创作主体精神境界的某种投射，"文"不但要载"道"，同时也要载"德"。天地之文是否能够在人文当中是其所是、如其本然地显现不仅仅是辞藻修饰的功夫更关乎创作主体精神境界的完整，只有德才兼备才能达到"原心""原道"的本真状态。这种绚烂之极而归于平淡的雅境"既是人生化又是内省式的审美境界构成方式，在某种程度上的确把握住了人类要求和谐发展和个体需要健全自由的历史必然性，肯定了人的生存价值"①。

---

① 李天道：《中国美学之雅俗精神》，中华书局2004年版，第5页。

（二）清雅与比德

循着尚雅传统，中国美学思想中不乏文雅、高雅、典雅、淡雅、清雅之说，其中，"清雅"以其超尘拔俗、冲淡质朴的品格成为一种最高的雅境的体现。从魏晋时期的人物品藻开始到钟嵘《诗品》中"气候清雅"的评价，后世之李白、杜甫、司空图、苏轼无不对"清"情有独钟。根据儒家美学思想，"清雅"不仅是一种人格境界，也是一种艺术境界。如前所述，"三才"之天、地、人并非狭隘的所指，而是以"类"划分的能指。艺术作品作为人类活动的产物也应划入"人"这一序列当中，所以，艺术品不但可以而且应当反映出创作主体的精神境界。在"德"这一指示境界的位格上，人格境界和艺术境界是相通的。

"雅"，始肇于音乐和文艺，后作为一种艺术境界的评判标准，逐渐为各种艺术评价所接受。盆景艺术亦包括在内。

从盆景的名称演变来看，元代出现了"盆槛之玩"，明代出现了与之具有相同含义的"盆玩"一词。明代文震亨《长物志·花木》中有《盆玩》一节，对当时的盆景形制种类和用盆进行了论述，并有"盆玩，时尚以列几案间者为第一，列庭榭中者次之，余持论则反是"的记述。与此相似，宋诩《竹屿山房杂部》和周文华《汝南圃史》中都称盆景为"盆玩"。与此同时，"盆中清玩"也开始出现。《汝南圃史》曰："一曰水竹，作盆中清玩，喜瘦不喜肥，宜浇水及冷茶。"此外，后世还将盆景视为"清玩""清供"的一种。清代曹寅《浮石山歌》有云："盆池磊砢不常见，乍来几榻供清玩。"鲁迅《南腔北调集·小品文的危机》有云："他们所要的，是珠玉扎成的盆景，五彩绘画的瓷瓶，那只是所谓士大夫的'清玩'。"盆景之所以能以"清"冠之，最为根本的原因还是在于儒家美学中"美善统一"的思想。"清"与"浊"相对，标示的是清介、清明、清远、清净、清洁的审美情趣和理想，在其背后是"天人合一"的宇宙意识和生命意识在起作用：中国美学注重人与自然、人与社会甚至人自身的和谐统一。主体与对象休戚与共、相辅相成的存在状态成就了人对自然平等、自在、平和的审美态度，进而反映在人的精神状态上就是中正平和的"雅"。盆景艺术"虽由人做，宛自天开"的创作要求所体现的正是这种和谐的志趣。"如果我们把'大自然'称为第一自然，'园林艺术'称为第二自然的话，则可把'盆景艺术'称为第三自然。"① 盆景确是这样一种独特的艺术，不外于自然，但又不离人工，"于天地之外，别构一种灵奇"的创作目标，所显示的是人类对天地造化的赞誉，更为根本的是人类对宇宙、生命和自身价值的自觉和体认。这样一种"由人复天"式的自觉，要求创作主体和艺术品必须排拒"荒淫""粗俗""浅薄"等粗鄙的取向而走向现世中的超越，达于澄净空明、平和中正的"清雅"之境。

另外，"君子比德"的传统也始终贯穿在"清雅"之境的创构当中，对盆景艺术的创作发生作用。自《诗经》《楚辞》开始，中国文人即有以佳木香草比德的传统，及至孔子提出"知者乐水，仁者乐山"的命题，比德理论开始发展起来，汉代之后"比德说"正式形成。"知者乐水"在于达于事理而周流无滞，"仁者乐山"在于安于义理而厚重不迁。"比德说"为审美主体对自然美的选择性现象附上了伦理色彩，使得对于自然美的欣赏活动包含了道德内容，且审美愉悦

---

① 李树华：《中国盆景文化史》，中国林业出版社 2005 年版，第 4 页。

正是源于对这种道德内容的发现。这种观点逐渐为人们所接受和习惯，以至于在美学史、文学史和艺术史上形成了一股洪流。无论在文艺作品还是在书画作品中，比德现象俯仰皆是，书画、陶瓷、建筑题名当中，松、柏、梅、兰、竹、菊、荷等都是最为常见的几种形象。这种比德风尚和传统当然也影响到盆景的创作：松柏一直是制作植物盆景、树石盆景的首选；《全唐诗》中则保留了多首以"盆池"为题的诗篇来咏颂盆荷，另外还有王维制作兰石盆景进行赏玩的记录；宋代植物盆景多用松、梅，另有于盆中栽植石榴、桂花、菖蒲、芭蕉的记录；元代时多种竹类被用于盆景制作；明清时期植物盆景所用树种分为了四大家（金雀、黄杨、迎春、绒针柏）、七贤（黄山松、璎珞柏、榆、枫、冬青、银杏、雀梅）、十八学士（梅、石榴、蜡梅、罗汉松、虎刺、翠柏、栀子花等）、花草四雅（兰、菊、水仙、菖蒲）等，总数达70种以上。植物盆景作为我国盆景文化中的最主要部分，比德传统具有巨大的助推作用。

二、生境

盆景被称为"活的艺术"。盆景多是具有生命的艺术品，盆景因多采用植物活体作为制作材料，因而具有了艺术创作的持续性和可逆性特点，从盆景的形态来看盆景的确是"活"的艺术。陈毅元帅又称盆景是"高等艺术"，那么盆景艺术"高"在哪里？前文说过，盆景艺术在历史发展中逐渐与园林（园艺）、盆栽发生分化，但却并未说过盆景在艺术价值或艺术地位上高于它们。中国传统美学思想认为，世间万物皆是道之所生、气之所化，在本质上是同源同构的，万物只是如此这般地存在着的，它们本身并不包含着任何价值判断，价值判断皆是由人做出的。因而，称盆景为"高等艺术"必然是人赋予了其特别的意义。就盆景艺术而言，"活"的不仅是盆面内的植物，更是人们在对盆景艺术的观照中发现的"活"的精神。这种"活"的精神成就了盆景艺术的"生境"，使之成为一种高等艺术。

（一）"生命"之境

当提及"生命"一词的时候，大多数人不禁会将之与"生存""生活""人生"相联系起来。的确，"生命"与上述几个词之间有着复杂而紧密的联系。而笔者在这里更愿意从"存在者"的短暂性这一角度来理解"生命"，"生命"和"生活"是"人生"这一重大课题下的两个不同层面。

"生命"较之于"生活"，其重点在于"命"，而"命"的视野则更多地投注在时间的维度上，更准确地说，是投注在阶段性的时长上。正是因为发现作为"存在者"在时间维度上的短暂性，中国古人才展开了各种尝试以延长存在的时长：从原始崇拜到神仙思想的产生再到对成熟宗教的笃信，展现了中国人对延长生命时长的灼热渴望，"念天地之悠悠，独怆然而涕下"的诗句当中不无对生命短暂的慨叹和对长生的希冀；而中国古代的宗法制度则试图通过血缘承继关系，以孝悌观念为内容，打破单一存在者的短暂性，"递三世可至万世而为君"，成为姓氏家族上的"存在"——中国人习惯称之为"血脉"，即以整个血亲关系作为一个统一的整体存在。这种对于生命节律的有限性及其变化的关注逐渐深化，追求"长生"的方式也逐渐丰富，出现了"立德""立功""立言"——"三不朽"。而此时，艺术也被纳入进来，成为又一种对有限生命进行超越和延续的方式。

"中国艺术的审美精神发生于人与宇宙的生命共感，传达着天地宇宙的生命节律。"① 因此，中国艺术的创作和欣赏在更深层次上都担负和运化着中国人对生命、精神、价值的希冀和不懈追求。《礼记·乐记》云："凡音之起，由人心生也。人心之动，物使之然也。……六者非性也，感于物而后动。"② 这段记录不仅说明了艺术如何发生，更潜在地揭示了艺术对于人生体验所具有的"记录"效果。因而，艺术成为一种生命存在的特殊方式。中国传统美学思想认为，艺术在根本上被投射上了人们对价值和意义问题的追寻以及拟给出的答案。人们通过艺术创作来实现人生的审美化，通过无限的创意和灵感来延续和赞颂生命的光辉。盆景艺术也是如此。

从盆景文化发展史中不难发现，直接或间接地出于"长生"的理想，某些植物和山石在原始崇拜中被赋予了特别的意义；神仙思想兴起后，山海被视为某种神圣的地域，而作为对传说中的山海的仿制和"迁移"，"蓬莱""方丈""瀛洲"等神话中的地点成为现实中的景点，而栽植具有吉祥含义的树木也成为风尚；儒家比德传统将这种原本带着迷信色彩的祈求长生的外在努力内化成为人的道德境界；魏晋玄学唤起了人们对山水自然的自觉，但是也没能从根本上改变由对生命苦短的超越转向追求精神自由这一发展趋向，反而这一内向型精神世界进一步巩固了。唐、宋、元、明、清，盆景在"生命"这一主题上不断穿插着"君子比德"和"山水自觉"的踪影。

盆景被称为"活的艺术"，不仅在于它大都以活体为材料进行创作，同时还在于在盆景当中投注和凝结了人对生命的诸多希冀。某种

---

① 皮朝纲主编：《审美与生存》，巴蜀书社1999年版，第632页。
② 郑玄注、孔颖达疏：《礼记正义》，北京大学出版社2000年版，第1251—1253页。

程度上说，盆景就是以形象来反映生命的一种艺术形式。一方面，盆景的形象动势具有活泼泼的"生姿"。植物盆景不同于其他艺术品，盆面内的植物本身也是有着荣枯命运的生命，但是绝佳的植物盆景乃是于绝处逢生机，于枯木观春意，在曲直、荣枯之间展现生命的柔软和坚强。《病梅馆记》中的病梅虽多遭诟病，但说到底也毕竟是对"生命"过分追求而过犹不及的表现。至于山水盆景，其材料虽多为生物学上的"死物"，但是于山石之间巧心经营并辅以一汪清水，其灵秀之气还是足以打动人心。更何况盆面之内动静结合、虚实流转，盆景成为生命的形象显现。另一方面，《乐记》中的"物感"说提醒我们，生命节律的变化往往构成艺术的发生。艺术终究是人的艺术，盆景也终究是为人而做。万物与人的同源同构为这种感应学说提供了思想的基础。"万物负阴而抱阳，冲气以为和"，阴阳二气相感相化而生万物。艺术的发生必然地和个体生命与宇宙生命的节奏联系在一起，因而，"生"被寄予了更为本体的意义。"'生'与'性'相通。甲骨、金文无'性'字，先秦典籍中'生'与'性'并有，然又多以二者通用。"① 生为之性，故而，生命即是自然的本性也就能说得通了。既然自然和人都以生命为其根本特点，那么自然物的生命节律也必然构成人对生命本性自觉的投射，其结果是人们对包含自身生命在内的宇宙生命认识的飞跃。因此，人们在对盆景的审美观照中，不但要收获自然物生命存在的显现（"生"），更是对包含自身生命在内的生命本真的认知、感觉和体验（"性"）。依靠于盆面内的真实生命，人们得以完成与自身的对话，将自身有限的生命投入无限的化生活动当中，

---

① 朱良志：《中国艺术的生命精神》，安徽教育出版社 2006 年版，第 2 页。

将无限的创意与植物、山石的无限变化关联起来，达生、卫生、赏生，人与自然相互成就，此即为"生生之德"。

(二)"生活"之境

单就在"生命"的层面上，盆景不是唯一一种能够让人产生"生命"意识的艺术形式，但是盆景确是少数能够如此真实地让人感知和体验到生命时序与节奏的艺术形式。盆景艺术的成就离不开它的"生姿"和"生意"，同时盆景也正是依靠这种鲜活的生命形式将"生命"的概念带入日常起居，使"生命"以鲜活的"生活"形式展现出来。

席勒曾说："肉体的人是现实的，而道德的人却是令人质疑的。""理性从人那里夺走他所实际拥有的东西，而没有了这些东西他就一无所有了，而且理性为此还给人指定了他能够和应该拥有的东西；……这样，在人还没有来得及用他的意志牢牢把握住法则之前，理性就已经从人的脚下抽去了自然的阶梯。"① 从这个意义上讲，中国人既不属于完全臣服于感官欲望的"肉体的人"，也不属于由绝对理性操纵的"道德的人"，毋宁说，中国人更接近"生活的人"。这种"生活的人"更愿意将目光投注在"活"的过程当中，投注在"活"的质量上，而不是投注在"活"的时长问题上。这种人生态度反映在社会关系上，使得显贬义的"人情"转身成为褒义的"人情味儿"；而在艺术和美学上，"味"也同样被视作重要的美学概念。当"生活"与"生命"重叠，人生的意味不但具有广度更具有了深度。中国人对于生命存在的这种态度反映在其生活方式中，就是对诗化人生的践行，抑或称为"日常生活审美化"。

---

① 席勒著，张玉能译：《审美教育书简》，译林出版社 2009 年版，第 6 页。

"日常生活审美化"是后现代思潮背景下西方美学提出的命题，学术界对其褒贬不一，但是更多的人表现出的是一种不可逆转的无奈和对危机的警觉。这一命题的提出者之一费瑟斯通在《消费文化与后现代主义》一书中提出，"日常生活审美化"首先是艺术亚文化的兴起，艺术与生活的界限逐渐模糊和受到消解，同时也将生活转化成了艺术作品的谋划，并将使得生活成为符号和影像的泛滥。"日常生活审美化"的背后隐藏着消费活动的巨大助推力，而"日常生活审美化"的消费文化背景在将艺术的光晕普遍播洒的同时也会导致艺术光晕的逐渐消逝，高雅艺术所代表的精英文化也将被迫接受大众文化的挑战、与其妥协甚至被取代，艺术的自律性被打破而将面对泛化、媚俗化甚至价值丧失的危机。对于这一系列的危机警报，人们大都抱持着审慎的态度。

笔者注意到，这一系列危机警报的发生有两大背景：一是现代社会，二是西方社会。余虹指出："艺术世界与生活世界的分离在现代审美文化阶段才成为可能。"① 假如我们将"日常生活审美化"这一命题放在中国传统社会的背景下，可能会生发出一些不一样的阐释空间。首先，中国传统社会不具备现代社会这样强大的消费推动力，因而现代艺术创作的机械复制所带来的艺术光晕的消逝问题就削弱了；其次，技术的发展仍会使得艺术抱持受节制的开放状态，这样艺术的自律性和他律性就获得了平衡的可能，因而，雅与俗有望实现自我超越和彼此超越以弭消雅俗之间、精英文化与大众文化之间的巨大隔阂；最后，摆脱了消费主义的怂恿，日常生活和艺术审美不再以经济为目的，艺

---

① 余虹：《审美文化导论》，高等教育出版社 2006 年版，第 48 页。

术和生活不再呈现出一方高蹈于另一方之上的君临姿态，而可能实现另一种意义上的合一。

当然，笔者不得不承认这一系列假设是趋于理想化的，而实际上所谓艺术和生活"新的合一"的发生相较于西方"日常生活审美化"命题中隐含的"民主""公平"也还是具有相当局限性的，大多还仍只限于文人和士大夫阶层。但是，即使是这样缥缈的光芒仍然让笔者感到一丝兴奋。因为中国艺术的发展确实在一定程度上与上述的理想走得很近。中国艺术也有雅俗之分，但两者之间没有绝对的分野，大俗大雅、化俗为雅、雅俗相通是中国艺术的重要特点，孟子就曾提出"世俗之乐犹先王之乐"的观点。《礼记·乐记》云：

> 乐者为同，礼者为异。同则相亲，异则相敬。乐胜则流，礼胜则离。……礼义立，则贵贱等矣。乐文同，则上下和矣。①

《诗经》"乐府"的艺术成就究其根源乃是受民歌民谣这些大众文化所滋养，并以之为动力，而生活正是这一动力的源泉。离开生活，离开"活"这一生成活动，艺术之"体"则将丧失其赖以存在之"本"。

《诗经》"乐府"走向了文艺走向了高雅，但是还有诸多艺术以各自或俗或雅的不同形式渗透在生活的各个细节当中。如果说《诗经》"乐府"是日常生活的"审美化"喟叹，那么诸如绘画、装饰以及各

---

① 郑玄注，孔颖达疏：《礼记正义》，北京大学出版社 2000 年版，第 1264—1265 页。

种摆件、"玩意儿"则将日常生活审美化了。"审美日常生活化"和"日常生活审美化"两个过程的交互结合构成了艺术与生活之间交互运动、相辅相成的表现方式。而盆景也是这一交互运动的产物。盆景被称为"清玩"，一个"玩"字透露出盆景在日常生活中不但具有清雅的艺术境界，更具有实用的装饰作用和娱乐效果。盆景连同各种装饰、摆件——大如园林、建筑，小如鼻烟壶、砚台或是服装上的襻扣——将日常生活中的点滴都赋予审美发生的可能，而这些审美经验并不停留于感官享受和娱乐快感，其背后丰富的文化背景同时还能唤起欣赏者对审美对象审美意蕴的洞照。"日常生活审美化"命题的另一重要提出者韦尔施说："严格地说，我们并不将一切感性的东西都称为'审美的'。我们更经常地将之同粗俗的感性区分开来，只把目光盯住经过培育的感性。……感性的精神化、它的提炼和高尚化才属于审美。"① 中国传统艺术的多样性并没有造成"乱花渐欲迷人眼"的审美困惑和干扰，反而从各种层面和角度丰富和巩固着传统的审美观念。由此观之，中国人的传统审美价值取向与西方"日常生活审美化"命题所提出的"趋向个体的日常生活过程"这一点上是相一致的，但是两者的支撑点却大相径庭：前者为人与自然的共感，后者为消费主义。支撑点上的分野反映了在对待物我关系和天人关系上中西方态度上的巨大差异。这一差异使得中国传统与西方现代在艺术与生活之间的界限日益趋于模糊的相似性状表现下，走向不同的发展道路：前者的生活中充满了发生审美的可能和审美愉悦；而后者则面临着机械复制时

① 韦尔施著，陆扬、张岩冰译：《重构美学》，上海译文出版社 2002 年版，第18 页。

代单位时间内产品数量越多，单位产品价值量越小的窘境。

当今的中国社会已深入地参与到现代化和全球化的变革中来，随之而起的经济发展催生了消费的增长。在这一背景下，中国传统艺术——绘画、雕刻、陶瓷甚至自律性甚强的音乐也难以摆脱被机械复制的命运。但是盆景艺术却是少数"例外"。盆景作为"活的艺术"，其创作并不是完全能够由人掌控的，盆景创作的持续性和可逆性会使得对它的复制难度和复制成本居高不下，更何况即使强行实现批量化生产，这些产品也会因过度而明显的人工痕迹丧失掉"天趣"这一盆景艺术的最高审美理想而导致身价暴跌。制作上的苛刻要求使得盆景艺术较完整地保存了它作为艺术的本真状态，在众多艺术面临越来越强的他律影响下，盆景则顽强地保留下了艺术的自律性。这份自律性使得中国传统艺术生命精神的光晕得以继续照射进现实生活，日常生活审美化的理想不致因消费而走上歧途。

三、圆境

佛教的传入对中国传统文化影响深远。佛教的基本教义与中国本土文化相结合产生了极富特色的禅宗。但是这一过程并非是单向度的附和，禅宗思想也回向（政治意义上）世俗化的中国社会，以"无缘大慈，同体大悲"的姿态俯临大地。

佛教空观思想使得中国原有的虚静观、体用观、道德人格的审美品格以及自然观的唯美化等一系列美学问题发生微妙的转变：传统对人性的关注逐渐趋向于对佛性的把握，心物关系与色空关系相联系，传统带有伦理色彩的"清"拥有了"空"的新的品格，庄子"心斋""坐忘"的修养方式转变成了"禅悟"……"这些变化，一言以蔽之，集中地表现出佛教空观的现象学的特点。庄子和玄学都有现象学的倾向，但真正完成现象学的转变，则还是佛教的大力。"① 禅宗"一花一世界，一叶一如来""释迦拈花，迦叶微笑"式的审美观照方式和境界追求使审美活动向着审美主体精神的更深处掘进，即所谓"教外别传，不立文字，直指人心，见性成佛"。禅宗以"心"为本体，要求摒除"妄心""分别心"，领悟和把握"真心""自觉心"，恢复到心性的本真面目，而这种"真心""自觉心"从根本上乃是"性空无相"的。"菩提本无树，明镜亦非台，本来无一物，何处惹尘埃。"这种由自"性空无相"的"真心"在审美过程中自然要求摆脱对于事物表象的执着，从"见山是山，见水是水"的"色"中解脱出来，转向"见山不是山，见水不是水"的对"空"的把握。然而无论是人心还是自然万物，都是真心与妄心的统一，是真实世界与虚幻世界的统一，故而"见山只是山，见水只是水"，开悟之后真心与妄心一体两面、现象与本体同一源泉。"禅宗宣扬'顿悟成佛'说的目的，就在于使生命的原型本色从仁义道德等妄识情执（社会之道）和天地万有的虚幻现象（自然之道）的束缚中解脱出来，刹那间进入个体本体（自性）与宇宙本体（法性）圆融一体的无差别境界——'涅槃'境界，'是个人与宇宙心的同一'——从而获得瞬刻即永恒（顿现真如自性而成佛）的直觉感悟。"② 在艺术审美过程中，这种刹那间获得的直觉感悟一方面弃绝了语言文字，也就是弃绝了理性（知识理性、道德理性和工具理性）在这一过程中的作用；另一方面，这种直觉感悟也没有停

---

① 张节末：《禅宗美学》，北京大学出版社 2006 年版，第 54 页。
② 皮朝纲主编：《审美与生存》，巴蜀书社 1999 年版，第 112—113 页。

留在艺术品的外在形式上，没有耽搁于感官快感之上，而是直指人心，指向人心中那片"色不异空，空不异色，色即是空，空即是色"的圆融之境。

盆景艺术与佛教也有较为深厚的渊源。在盆景发展史上，盆景的形象曾多次出现在诸如禅诗、佛教石窟雕刻和绘画中。《晋书·佛图澄传》中"澄即取钵盛水，烧香咒之，须臾钵中生青莲花，光色曜日"成为最早见于文字的涉及佛教与盆景关系的记录。敦煌壁画中也多有出现盆栽、盆景的形象和手捧盆花的菩萨像。中唐时期卢棱伽的《六尊者像》第八幅中绘有外族二人向一僧者献盆景的情景。宋代赵伯驹《海神听讲图》中也出现了盆石的身影。元代僧人释明本写有《和盆梅》一诗："月团香雪翠盆中，小技能偷造化工。长伴玉山颓锦帐，不知门外有霜风。"明万历年间王圻刊本《三才图会》记载："第十六尊者：横如意趺坐，下有童子发香篆，侍者注水花盆中。颂曰：盆花浮红，篆烟缭青，无问无答，如意自横。点瑟既希，昭琴不鼓，此间有曲，可歌可舞。"并配有插图。清代李斗撰《扬州画舫录》中记述了清代苏州盆景名家僧离幻的事迹。从上述记录来看，可以说盆景与佛教有着紧密的联系，原初可能是与佛教崇尚荷花有关。

在盆景艺术的起源与佛教传入之间的确切关系问题上还有很多的地方是未明的。但是不可否认，佛教的传入和禅宗的产生对于盆景艺术的审美是有影响的。佛教禅宗的"空相观"既然要求在审美观照中"离形去智""直指人心"，那么审美对象的大小、质地、色彩等形式因素也都被划入"色相"当中，是应当被"放下"或者"超越"的。盆景艺术尤其是植物盆景历来讲求"古拙"，明代文震亨《长物志·卷二·盆玩》云："盆玩，时尚以列几案间者为第一，列庭树中者次之，余持论反是。最古者以天目松为第一。""又有古梅，苍藓鳞皴，苔须垂满，含花吐叶，历久不败者，亦古。"① 这种"古拙"的艺术追求其本意并不在于过度的"人工"雕琢而使盆景显现出病态，而是要透过古拙的树体和苔痕的点布，反衬出生命的存在和本真。"古拙"也好，"布苔"也好，都只是形式因素，是对盆景外形创作和欣赏的追求，而根本还在于使人们在审美过程中迅速领略和沉浸到盆景作品静谧、幽深的历史感、宇宙感和人生感当中。这种对宇宙生命本真的把握带来的是对时间的超越，人们越专注于现实世界中盆景所具有的清净，在内心世界上也就越接近那个生命的本真，而对时间的感知也就越模糊。如前文所引述的那样，分分秒秒的存在成为人类和自己对话的结果，但是倘若因沉浸于艺术的世界当中而引起对时间的概念和感知越来越模糊以至于几近消失的时候，人也就不需要再同自己发生对话，人的生命存在与"心"合而为一，这个世界里空寂无音但又饱满充溢。另外，禅宗美学思想将"大小"视作"色"，因而在色空思想的引导下，即使如沙粒、花朵一般的微小之物也同样可以成为极为丰富的世界，盆景亦是如此。当人们还沉浸于"直指人心"的掘进过程中时，空间的概念随着时间感的变化也发生了变化。在精神的世界中，空间可以是无限大的，绵延无际；盆面的区区弹丸之地也足以在精神世界中投射成一个圆满自足的整体。这一时空感的变化过程是不需要言语也是无法用言语完全言说的；即使言说，也往往是滞后的，而且会感到言语对于那个当下自足、圆融清净世界的乏力。"'小'只

---

① 文震亨著，陈植校注：《长物志校注》，江苏科学技术出版社 1984 年版，第 96—97 页。

是构成中国盆景的形式因素，并不是它追求的目的。""人们在小小的盆景中，感觉到的是心灵的怡然，这和所谓微缩景观了不相类。"①

---

① 朱良志：《天趣——中国盆景艺术的审美理想》，《学海》2009 年第 4 期，第 21 页。

主要参考文献

一、中国古典

白尚恕：《〈九章算术〉注释》，科学出版社 1983 年版。

曹炳章编：《中国医学大成续集（校勘影印本）》，上海科学技术出版社 2000 年版。

《道藏》，文物出版社、上海书店、天津古籍出版社 1992 年版。

段逸山主编：《医古文》，人民卫生出版社 2001 年版。

段玉裁：《说文解字注》，上海古籍出版社 1981 年版。

范晔：《后汉书》，中华书局 1974 年版。

房玄龄等：《晋书》，中华书局 1974 年版。

冯友兰：《中国哲学史新编》，人民出版社 1998 年版。

龚自珍：《龚自珍全集》，上海人民出版社 1975 年版。

顾宝田、张忠利译注，傅武光校阅：《新译老子想尔注》，台湾三民书局1997 年版。

郭霭春编著：《黄帝内经素问校注语译》，贵州教育出版社 2010 年版。

郭庆藩：《庄子集释》，中华书局 1985 年版。

何宁撰：《淮南子集释》，中华书局 1998 年版。

洪亮吉撰，李解民点校：《（十三经清人注疏）春秋左传诂》，中华书局1987 年版。

洪应明撰，韩希明评注：《菜根谭》，中华书局 2008 年版。

黄淮信、张懋镕、田旭东撰，李学勤审定：《逸周书汇校集注》，上海古籍出版社 1995 年版。

吉川忠夫、麦谷邦夫编，朱越利译：《真诰校注》，中华书局 2006 年版。

姜宝昌：《墨经训释》，齐鲁书社 2009 年版。

黎翔凤撰，梁运华整理：《管子校注》，中华书局 2004 年版。

郦道元著，陈桥驿校证：《水经注校证》，中华书局 2007 年版。

李克光、郑孝昌主编：《黄帝内经太素校注》，人民卫生出版社 2005年版。

李民、王健撰：《（十三经译注）尚书译注》，上海古籍出版社 2004年版。

李时珍撰，刘衡如、刘山永校注：《本草纲目（新校注本·第三版）》，华夏出版社 2008 年版。

李昉等编：《太平广记》，中华书局 1986 年版。

李延寿：《南史》，中华书局 1975 年版。

李渔：《闲情偶寄》，中国社会科学出版社 2005 年版。

刘安编著，高诱注：《淮南鸿烈解》，中华书局 1985 年版。

刘劭著，梁满仓译注，《人物志》，中华书局 2009 年版。

刘勰著，范文澜注：《文心雕龙》，人民文学出版社 1958 年版。

刘义庆著，刘孝标注，余嘉锡笺疏：《世说新语笺疏（修订本）》，上海古籍出版社 1983 年版。

逯钦立辑：《先秦汉魏晋南北朝诗》，中华书局 1983 年版。

阮元校刻：《十三经注疏》，中华书局 1960 年影印版。

山东中医学院校释：《针灸甲乙经校释》，人民卫生出版社 1979 年版。

上海古籍出版社编：《汉魏六朝笔记小说大观》，上海古籍出版社 1999 年版。

邵雍著，黄畿注：《皇极经世书》，中州古籍出版社 1993 年版。

宋应星著，潘吉星译注：《天工开物译注》，上海古籍出版社 2008 年版。

孙思邈：《千金方》，中国中医药出版社 1998 年版。

孙诒让撰，孙启治点校：《墨子间诂》，中华书局 2009 年版。

苏舆撰，钟哲点校：《春秋繁露义证》，中华书局 1992 年版。

王弼著，楼宇烈校释：《王弼集校释》，中华书局 1980 年版。

王夫之著，戴鸿森笺注：《姜斋诗话笺注》，人民文学出版社 1981 年版。

王明：《抱朴子内篇校释》，中华书局 1985 年版。

王明编：《太平经合校》，中华书局 1960 年版。

王聘珍撰：《大戴礼记解诂》，中华书局 1983 年版。

王先谦撰，沈啸寰、王星贤点校：《荀子集解》，中华书局 1988 年版。

王先慎撰，钟哲点校：《韩非子集解》，中华书局 2013 年版。

魏徵等：《隋书》，中华书局 1997 年版。

闻人军：《考工记》，中国国际广播出版社 2011 年版。

文震亨著，陈植校注：《长物志校注》，江苏科学技术出版社 1984 年版。

吴毓江撰，孙启治点校：《墨子校注》，中华书局 1993 年版。

萧子显：《南齐书》，中华书局 1972 年版。

徐春甫编集：《古今医统大全》，人民卫生出版社1991年版。

严可均校辑：《全上古三代秦汉三国六朝文》，中华书局1965年版。

袁行霈撰：《陶渊明集笺注》，中华书局2003年版。

张介宾：《类经》，人民卫生出版社1964年版。

张彦远著，俞剑华注释：《历代名画记》，上海人民美术出版社1964年版。

钟嵘著，周振甫译注：《诗品译注》，中华书局1998年版。

周振甫译注：《周易译注》，中华书局1991年版。

朱谦之撰：《老子校释》，中华书局1981年版。

左丘明著，上海师范大学古籍整理组校点：《国语》，上海古籍出版社出版1978年版。

二、中国近世

北京大学哲学美学教研室编：《西方哲学家论美和美感》，商务印书馆1980年版。

陈美东：《中国古代天文学思想》，中国科学技术出版社2007年版。

陈炎主编：《中国审美文化史》，山东画报出版社2007年版。

陈遵妫：《中国天文学史》，上海人民出版社1984年版。

程雅君：《中医哲学史（先秦两汉时期）》，巴蜀书社2009年版。

董英哲：《中国科学思想史》，陕西人民出版社1980年版。

杜石然、郭书春、刘钝主编：《李俨钱宝琮科学史全集》，辽宁教育出版社1998年版。

盖建明：《道教科学思想发凡》，社会科学文献出版社2005年版。

葛兆光：《想象力的世界》，现代出版社1990年版。

郭沫若：《天地玄黄》，新文艺出版社1954年版。

侯外庐、赵纪彬、杜国庠：《中国思想通史》，人民出版社 1957 年版。

胡孚琛：《魏晋神仙道教》，人民出版社 1989 年版。

胡适：《先秦名学史》，安徽教育出版社 2006 年版。

孔令宏：《宋明道教思想研究》，宗教文化出版社 2002 年版。

李绍崑：《墨子研究》，台湾商务印书馆 1971 年版。

李申：《中国古代哲学与自然科学》，上海人民出版社 2002 年版。

李树华：《中国盆景文化史》，中国林业出版社 2005 年版。

李天道：《中国美学之雅俗精神》，中华书局 2004 年版。

李瑶：《中国古代科技思想史稿》，陕西师范大学出版社 1995 年版。

李泽厚：《美学三书》，天津社会科学院出版社 2003 年版。

李泽厚：《中国古代思想史论》，天津社会科学出版社 2004 年版。

李泽厚、刘纲纪：《中国美学史》，安徽文艺出版社 1999 年版。

梁启超：《墨经校释》，中华书局 1941 年版。

廖育群：《医者，意也——认识中医》，广西师范大学出版社 2009 年版。

刘小枫主编：《人类困境中的审美精神——哲人、诗人论美文选》，东方出版中心 1994 年版。

刘仲宇：《道教法术》，上海文化出版社 2002 年版。

鲁迅：《鲁迅全集》，人民文学出版社 2005 年版。

牟钟鉴、张践：《中国宗教通史》，中国社会科学出版社 2007 年版。

南怀瑾：《小言〈黄帝内经〉与生命科学》，东方出版社 2008 年版。

皮朝纲主编：《审美与生存》，巴蜀书社 1999 年版。

皮朝纲主编：《中国美学体系论》，语文出版社 1995 年版。

潘显一、李斐、申喜萍等：《道教美学思想史研究》，商务印书馆 2010 年版。

沈有鼎：《墨经的逻辑学》，中国社会科学出版社 1982 年版。

汤用彤：《汤用彤全集》，河北人民出版社 2000 年版。

万光治：《汉赋通论》，中国社会科学出版社 2004 年版。

王锦光、洪震寰：《中国光学史》，湖南教育出版社 1986 年版。

席泽宗：《中国科学思想史》，科学出版社 2009 年版。

向世陵：《中国学术通史》，人民出版社 2004 年版。

徐恒醇：《技术美学》，上海人民出版社 1989 年版。

叶朗：《美学原理》，北京大学出版社 2002 年版。

叶朗：《中国美学史大纲》，上海人民出版社 1985 年版。

叶朗主编：《中国历代美学文库》，高等教育出版 2003 年版。

余虹：《审美文化导论》，高等教育出版社 2006 年版。

袁运开、周瀚光：《中国科学思想史》，安徽科技出版社 1998 年版。

恽铁樵著，张家玮点校，余瀛鳌审定：《群经见智录》，福建科学技术出版社 2007 年版。

詹剑锋：《墨子的哲学与科学》，人民出版社 1981 年版。

张世英：《天人之际》，人民出版社 2007 年版。

赵逵夫、韩高年主编：《历代赋评注》，巴蜀书社 2010 年版。

周来祥：《论美是和谐》，贵州人民出版社 1984 年版。

朱光潜：《西方美学史》，人民文学出版社 2001 年版。

朱良志：《中国艺术的生命精神》，安徽教育出版社 2006 年版。

朱志荣：《夏商周美学思想研究》，人民出版社 2009 年版。

宗白华：《美学散步》，上海人民出版社 1981 年版。

三、外国

阿尔夫雷德·赫特纳著，王兰生译：《地理学：它的历史、性质和方法》，商务印书馆 1986 年版。

爱因斯坦著，许良英等编译：《爱因斯坦文集》，商务印书馆 1983 年版。

巴尔塔萨著，曹卫东、刁承俊译：《神学美学导论》，生活·读书·新知三联书店 2002 年版。

海德格尔著，孙周兴译：《林中路》，上海译文出版社 2008 年版。

吉元昭治著，杨宇译：《道家与不老长寿医学》，成都出版社 1992 年版。

卡西尔著，甘阳译：《人论》，上海译文出版社 1985 年版。

康德著，邓晓芒译：《判断力批判》，人民出版社 2002 年版。

李约瑟：《中国科学技术史》，科学技术出版社 1991 年版。

刘小枫主编：《20 世纪西方宗教哲学文选》，上海三联书店 1991 年版。

M·克莱茵：《西方文化中的数学》，复旦大学出版社 2004 年版。

马克思：《1844 年经济学哲学手稿》，人民出版社 2000 年版。

苏珊·朗格著，滕守尧译：《艺术问题》，南京出版社 2006 年版。

韦尔施著，陆扬、张岩冰译：《重构美学》，上海译文出版社 2002 年版。

席勒著，张玉能译：《审美教育书简》，译林出版社 2009 年版。

亚里士多德著，吴寿彭译：《形而上学》，商务印书馆 1959 年版。

后 记

在跟随钟仕伦老师读硕士研究生时，常思考魏晋时期自然审美的发生机制，对这一时期天文学、化学、医学的发展与审美之间的互动渐生兴趣；后来在潘显一老师的指导下读博士研究生，研究道教与中国古代小说之间的关系。这种致思路径使我特别关注中国审美精神发生的文化背景。而美学是感性学，高度精粹的美学范畴命题是以丰富的生活为背景的，经济、科技、政治、宗教等都与审美存在着复杂而深刻的联系。科技是直接参与人的生产生活的力量，也是审美活动的重要推动力量，对科技与审美之间或隐或显的联系的探讨，可以深度阐释中国美学精神的动力机制。

基于这个思路，我以"中国古代科技思想与美学理论研究"为题，申报了国家社科基金。原计划对中国古代科技与审美之间的互动进行一次清理，无奈事务冗杂，最后只完成了唐前的部分。虽然课题结项等级评定为"良好"，但是我自己是不满意的，希望以后能够有时间弥补。

在课题研究的过程中，候祥睛、赵梳羽、刘旭同学帮忙查核资料，做了不少工作；商务印书馆成都分馆的黄帆先生对本书的出版给予了大力支持，责任编辑陈涛先生是一位特别严谨且细致的老师，他的层层把关是本书面市的重要保障。在此一并致以深切的谢意！

刘　敏

2021 年 11 月于成都万科城市花园

图书在版编目(CIP)数据

先秦汉魏科技思想与美学理论研究/刘敏著.—北京：
商务印书馆,2021
ISBN 978-7-100-20360-9

Ⅰ.①先… Ⅱ.①刘… Ⅲ.①科学技术—思想史—
研究—中国—先秦—魏晋南北朝时代②美学理论—研
究—中国—先秦—魏晋南北朝时代 Ⅳ.①N092②B83

中国版本图书馆 CIP 数据核字(2021)第 184865 号

XIĀN QÍN HÀN—WÈI KĒJÌ SĪXIǍNG YǓ MĚIXUÉ LǏLÙN YÁNJIŪ
先秦汉魏科技思想与美学理论研究
刘敏 著

商 务 印 书 馆 出 版
(北京王府井大街 36 号 邮政编码 100710)
商 务 印 书 馆 发 行
四川福润印务有限责任公司印刷
ISBN 978-7-100-20360-9

2021 年 12 月第 1 版　　　开本 880×1230 1/32
2021 年 12 月第 1 次印刷　　印张 11⅜
定价:118.00 元